高水平大学建设规划教材

电路电子实验

下册　模拟电子部分

主　编　游春豹
副主编　丁易新

中国科学技术大学出版社

内 容 简 介

本书是针对电类专业本科学生独立开设的电路电子实验课中模拟电子部分的实验指导书，主要围绕模拟电子技术理论课组织内容，同时与电路部分和数字电子部分也会有交叉综合。包含了示波器、信号发生器等电子仪器的介绍和使用方法、常用电子元器件的介绍、模拟放大器的基本实验方法和虚拟仿真软件 Multisim 的介绍等，最后一章给出了若干实验项目，便于课内课外选做。

本书可作为高等学校电气、自动化、电子等电类专业和部分非电类本科专业独立开设的电路电子实验相关课程教材，也可以作为工程技术人员的参考书。

图书在版编目(CIP)数据

电路电子实验. 下册，模拟电子部分/游春豹主编. —合肥：中国科学技术大学出版社，2021.11

ISBN 978-7-312-05211-8

Ⅰ. 电… Ⅱ. 游… Ⅲ. ①电路—实验—高等学校—教材 ②电子技术—实验—高等学校—教材 Ⅳ. ①TM13-33 ②TN01-33

中国版本图书馆 CIP 数据核字(2021)第 112792 号

电路电子实验(下册：模拟电子部分)

DIANLU DIANZI SHIYAN(XIACE：MONI DIANZI BUFEN)

出版 中国科学技术大学出版社
安徽省合肥市金寨路 96 号，230026
http://press.ustc.edu.cn
https://zgkxjsdxcbs.tmall.com

印刷 合肥华苑印刷包装有限公司

发行 中国科学技术大学出版社

经销 全国新华书店

开本 787 mm×1092 mm 1/16

印张 12.5

字数 320 千

版次 2021 年 11 月第 1 版

印次 2021 年 11 月第 1 次印刷

定价 32.00 元

前　言

电路电子实验是高等院校电类专业重要的专业基础课,也是重要的实践环节。课程以实验技术为主线,将传统的电路实验、模拟电子实验、数字电子实验和计算机辅助分析等课程的内容综合起来,整合成一门独立开设的课程,以循序渐进地、系统地培养学生的职业道德素养、求真务实的科学实验精神、创新思维和勇于创造性实验的能力。

作者根据自己30多年在安徽工业大学和马鞍山学院的教学以及不断创新改革的经验,形成了比较成熟、规范和切合普通工科电类专业实际的教学体系和内容,在校内自编教材多次改版基础上,编写汇集成上、下两册。

全套书既可作为高校电类本科电路电子实验教材,也可作为非电类工科电工学实验的参考书。全书围绕电路、数字电子技术和模拟电子技术三门理论课组织教学内容,同时互相也会有交叉渗透。本书作为下册,不但可以指导学生自行在面包板上插接,多孔覆铜板上焊接,而且还介绍了电子电路仿真软件 Multisim 14.0,以便将实验结果与仿真结果进行比较。本书主要讲述模拟电子实验。根据模拟电路及其实验的特点,首先介绍常用电子仪器的使用(第1章),然后介绍常用电子元器件的使用(第2章),接着讲解模拟放大器的基本实验方法(第3章),以及仿真软件 Multisim 14.0 的使用(第4章),最后引出具体的实验内容(第5章)。为了帮助学生复习,了解考试形式和难易程度,附录给出了操作考试样卷。

为了锻炼学生的实验能力,开始以验证性实验为主,此后逐步过渡到以设计性实验为主,书中的实验项目只给出实验任务,没有具体详细的实验步骤,可让学生课前预习书中相关的仪器使用方法和实验方法,并设计实验方案。在实验内容的编排上,从实践训练的角度,先进行电路的安装与仪器的使用,再到基本参数的测量,最后过渡到电路的自行设计和实验验证,这是一个循序渐进的过程。在实验项目上,除基本实验任务外,还给出了若干扩展实验内容,供学有余力的学生进一步练习。

本书力求体现该课程的教学目标,在实验层次上,按基本实验方法、基本设计方法到基本问题解决方法的路径进行系统训练;在技能培养上,注重对仪表仪器的使用能力、基本电气参数的测量能力、电路的组装调试能力、故障的分析与排除能力、实验数据的处理能力以及电路的计算机分析和设计能力的培养；在实验过程和考核中，鼓励创新思维，培养科学素养。在传授知识和技能的同时，教育学生把远大抱负和脚踏实地做好本职工作结合起来，在实践中提升运用知识的能力，努力使学生成为“理论知识宽厚、动手能力强、综合素养好”的优秀人才。因此通过该课程，培养学生将理论用于实际的能力，使课程教学达到以下5个目的：① 熟悉常用电工仪表和电子仪器的正确使用；② 能够独立操作实验电路，掌握电工基本参数和电路基本参数的测量方法；③ 能够正确读取实验数据并加以检查和判断，培养实验数据的处理能力，树立诚信求实的科学精神；④ 掌握电路的初步设计方法，并具备电路的实现(搭接或焊接)和调试能力，培育认真细致的工作态度；⑤ 初步学会EDA(电子设计自动化)，针对简单的数字电路具备使用计算机进行设计、仿真和下载实现的能力。

本书是集体智慧和力量的结晶，参加本书编写工作的老师均来自电路电子课程教学第一线，他们是游春豹、丁易新、马明前、唐静、顾凌明等。其中，游春豹负责组织和定稿并担任主编，丁易新担任副主编。在编写和出版过程中，我们得到了程木田老师的帮助和指导。安徽工业大学电气与信息工程学院和马鞍山学院对本书的出版工作给予了大力支持。在此，对所有关心、支持、帮助、指导我们的同志和单位表示衷心的感谢！

由于编者的水平和经验有限，书中难免有疏漏和不妥之处，恳请读者批评指正。

编　者

2021年5月于安徽工业大学

目　录

预备知识：实验须知

1. 实验目的

电子技术实验的目的是培养学生的电子电路实验研究能力，培养学生理论联系实际的能力，使学生能够根据实验结果，利用所学知识，通过分析找出内在联系，从而对电路参数进行调整，使之符合性能要求。在实验中培养学生实事求是、扎实严谨的科学作风。

本课程的基本要求如下：

(1) 正确使用常用电子仪器，熟悉电子电路中常用的元件、器件的性能。

(2) 掌握基本的测试技术，如测量频率、相位、放大倍数、输入输出电阻等电子电路的主要技术指标。

(3) 掌握常见故障的排除方法，初步具有分析、寻找和排除电子电路中常见故障的能力。

(4) 掌握处理实验数据的方法，分析实验结果，编写实验报告。

2. 实验要求

(1) 学生必须按照实验教学计划要求，认真做完所规定的实验项目，才能准予参加本课程的考查。

(2) 每次实验前必须仔细阅读实验指导书的有关内容，明确实验的目的和要求，复习与实验内容有关的理论知识和仪器设备的使用方法，做好预习要求中提出的事项，按要求写好预习报告。

(3) 实验时，要严肃、认真、仔细地观察实验现象，做好记录。实验结束后要按要求写好实验报告。

(4) 爱护实验器材和设备，严格按要求使用仪器。如有损坏或丢失，按规定赔偿办法处理。

(5) 自觉保持实验室内的整洁，不准喧闹，不准随地吐痰和抽烟，不准拿他组仪器及非本次实验所用的仪器，实验后应将仪器及连线整理好。每次实验后安排卫生值日。

(6) 凡属下列情况之一者不予开展实验：

① 未完成预习要求者。

② 实验迟到或没有请假而在规定的实验时间内无故缺席者。

③ 实验中不遵守实验室有关规定，不爱护仪器，表现不好而又不服从管理教育者。

(7) 服从实验室的安全规定：

① 对所接实验线路，必须认真检查，必要时由教师核对无误后才能合上开关，开始实验。

② 在实验进行中，如出现异常气味、仪器有损坏或其他危险现象，应立即切断电源并通知教师。对于听之任之、不闻不问继续进行实验而造成事故者应追究其责任。

③ 实验中应注意设备安全和人身安全，对 220 V 以上的市电进行操作时，要特别小心，

遵守安全用电规程，以免发生人身触电事故。

3. 实验报告

每个实验者对每个实验都应该写一份实验报告。实验报告一般要求含有：

(1) 实验目的。

(2) 仪器设备。要注明名称、型号、规格。

(3) 实验电路与基本原理。在这部分中一般要求：

① 画出所设计的或指导书给定的完整的原理电路图。

② 简单分析及说明电路的工作原理和各元件的作用。

③ 对自己设计的电路，要有一份详细的元件清单。

④ 对所需测量或调整的值进行理论计算(如电源电流、静态工作点、放大倍数等)。

(4) 实验步骤。在这部分中一般要求：

① 详细且合理的实验步骤。

② 各步骤的实验接线图。

③ 各步骤测量记录表格。并在使用 Multisim 软件仿真的基础上，每项数据前加进仿真值或理论计算值，便于在实验中和实际测量值进行比较。

(5) 设计说明。指出你在电路的设计、步骤的安排以及实验的方法上对可行性、可靠性、安全性、经济性以及操作的方便性是如何考虑和体现的。

(6) 思考题。回答各实验预习要求中给定的思考题。

(7) 数据处理。

① 对实验数据进行分析计算。有时需有必要的表格、图形等。

② 结果分析。比较理论值与实测值，分析产生误差的原因，对实验结果进行总结。

(8) 实验体会及合理化建议。

实验报告一般分为两个阶段。第一阶段，在实验开始前完成。作为预习报告，需要完成报告的(1)～(6)部分。第二阶段，在实验结束后完成。第二阶段完成后，得出一份完整的实验报告。报告中，除每个实验的具体要求外，还要求：

① 写明实验名称、日期、同组人姓名(如果有的话)和组号。

② 实验报告用统一的实验报告纸誊写，要做到条理清楚，字迹整洁；图表要用铅笔、直尺等作图工具制作，波形图应画在坐标纸上。

以下内容是两个实验示范。

实验示范 1　射极跟随器的静态调试

【实验目的】

(1) 学会检查、调试、测量电路的工作状态。

(2) 定性了解工作点对放大器输出波形的影响，学会调整出最佳工作状态。

(3) 学习用单踪示波器观察两波形的相位差。

【实验仪器及装置】

DS2302A 型数字存储示波器	1 台
DG4202 型信号发生器	1 台
DP832 型稳压电源	1 台

DM3058 型台式万用表　　　　　　　1 台
射极跟随器实验板　　　　　　　　1 块

【实验板电路图】

实验电路图如图 0.1 所示。

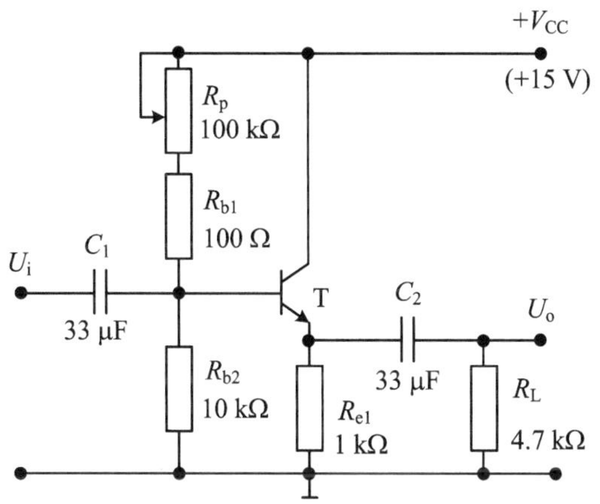

图 0.1 “射极跟随器”实验电路图

【实验任务】

(1) 测量放大器的静态工作点。

(2) 研究工作点对波形的影响。

(3) 调试出最大线性跟随范围。

(4) 观察输入、输出波形的相位。

【预习要求】

(1) 复习共集电路的工作原理及特点。

(2) 写一份预习报告,其要求见“实验须知”。

(3) 思考题:

① 若本实验的输出波形顶部出现削波,则是什么类型的失真?

② 若示波器的通道耦合菜单分别设置成“交流”和“直流”来观察发射极的波形,将有何区别?

实验示范 2 “射极跟随器”实验预习报告

【实验内容】

1. 分析电路的工作原理和各元件的作用

电路图如图 0.2 所示。

该电路是一个共集放大器电路,由交流通路可见,负载电阻接在三极管的发射极上,输入电压 U_i 加在基极和地(即集电极)之间,而输出电压 U_o 从发射极和集电极两端取出,所以集电极是输入和输出电路的共同端点。

经推导,其电压放大倍数为

$$A_U=\frac{U_o}{U_i}=\frac{(1+\beta)R'_L}{r_{be}+(1+\beta)R'_L}\approx 1 \tag{0.1}$$

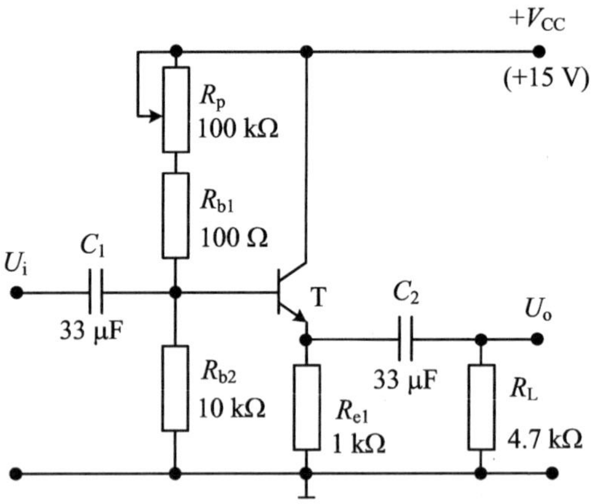

图 0.2 “射极跟随器”实验电路原理图

输入电阻为

$$r_i = R_{b1} \mathbin{/\!/} R_{b2} \mathbin{/\!/} [r_{be} + (1+\beta)R'_L] \tag{0.2}$$

输出电阻为

$$r_o = R_e \mathbin{/\!/} \frac{r_{be}}{1+\beta} \tag{0.3}$$

从以上式子可以看出，该电路不能放大电压量，却能增大输入电阻，减小输出电阻。

此电路的三极管起到电流放大作用，R_{b1}、R_{b2}、R_e 起到供给三极管静态偏置，且有稳定偏置的作用，电容 C_1、C_2 分别起到输入信号和输出信号的耦合作用。

2. 理论计算

这里假设电路调试到具有最大线性跟随范围，即工作点在负载线的中点。负载线方程为

$$U_{CEQ} = V_{CC} - I_{CQ} \cdot R_e \tag{0.4}$$

这里 $U_{CEQ} = \frac{1}{2}V_{CC} = 7.5\ \text{V}$。所以

$$I_{CQ} = \frac{12\ \text{V} - U_{CEQ}}{R_e} = 7.5\ \text{mA}$$

$$I_{BQ} = \frac{I_{CQ}}{\beta} = \frac{7.5}{50}\ \text{mA} = 0.15\ \text{mA} \quad (\text{这里 } \beta \text{ 按 50 计算})$$

$$U_B = U_E + 0.7\ \text{V} = 8.2\ \text{V}$$

静态测量表格见表 0.1。

表 0.1 实验示范 2 静态数据测量表

	测量数据		计算数据		
	U_B	U_E	$I_{BQ} = \frac{I_{CQ}}{\beta}$	$I_{CQ} \approx \frac{U_E}{R_e}$	$U_{CEQ} = V_{CC} - U_E$
理论值	8.2 V	7.5 V	0.15 mA	7.5 mV	7.5 V
实测值					

$$r_{be} = 0.2 + (1+\beta)\frac{0.026}{I_{EQ}} = 0.377\ \text{k}\Omega \quad (\text{这里 } r_{bb'} \text{ 按 } 200\ \Omega \text{ 计算}) \tag{0.5}$$

$$A_V = \frac{(1+\beta)R'_L}{r_{be} + (1+\beta)R'_L} = 0.99 \tag{0.6}$$

最大输出为

$$U_{om} = \frac{1}{\sqrt{2}} \cdot \frac{V_{CC}}{2} = 5.3\ \text{V} \tag{0.7}$$

最大输出的测量表格见表0.2。

表 0.2　最大输出的测量表

	理论值	实测值
U_{om}	5.3 V	

根据理论分析，工作点无论是调高或是调低，都会减小最大输出幅度。当工作点调高到一定程度时，三极管会进入饱和状态。此时，$I_C \approx \frac{V_{CC}}{R_e} = 15$ mA；当工作点调低到一定程度时，三极管会截止，此时 $I_C \approx 0$。三极管在饱和状态或截止状态，无论输入如何，输出皆为一条直线。

由理论分析可知，输入、输出为同相关系。考虑该电路的跟随范围和通频带，输入信号为10 mV、1 kHz比较合适。

【实验步骤】

(1)（如果电路是自己安装的，需要本步骤）检查实验板和实验装置，正确接线，经教师检查后，方可接通电源。接通电源前，把第一路稳压电源的电压值设置为0 V，把光标移到0.1 V的位置。再在电源与电路板之间串接电流表（用万用表电流挡，实验接线图略）。按第一路的"On/Off"键打开输出，旋转参数输入区的中间旋钮，把稳压电源电压从0 V开始由小到大调到所需要的值，并同时监视电流表的读数。如果发现电流过大（正常值应小于饱和时的 I_C，即小于15 mA），应迅速关闭电源，重新检查实验板和实验装置，找出故障；如果电流正常，则可关闭电源，取下电流表，把电源与实验板直接相接。

(2) 测量放大器静态工作点。

将输入端对地短路，调节 R_p，使 $U_E = 7.5$ V（用万用表电压挡测量）。测量并记录，填入静态测量表格（实验接线图略）。

(3) 研究失真情况。

在上述静态条件下输入信号 $U_i = 1$ V，$f = 1$ kHz，观察输入、输出波形。输入信号由信号发生器CH1的OUT给出。输入、输出波形分别接入示波器的CH2、CH1，如图0.3所示。调整示波器的有关按键和旋钮（按键位置列表略），直至出现稳定的输入、输出波形。

保持 $U_i = 1$ V不变，逐渐增大 R_p，观察输出波形的变化，当 R_b 最大时，输出波形如何？测量此时的静态工作点，然后逐渐减小 R_p，观察 R_b 最小时的输出波形，并测量此时的静态工作点，记录于表0.3。

表 0.3　放大器静态工作点的测量

		测量数据		计算数据		输出波形
		U_B	U_E	$U_{CE}=V_{CC}-U_E$	$I_C\approx\frac{V_{CC}}{R_e}$	
R_b 最大	理论值	0.15 V	0 V	15 V	0 mA	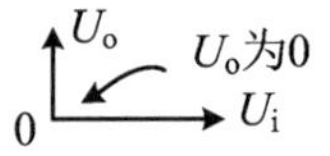
	实测值					
R_b 最小	理论值	15 V	15 V	0 V	15 mA	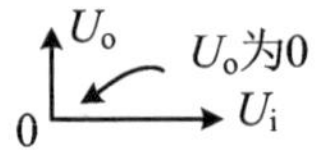
	实测值					

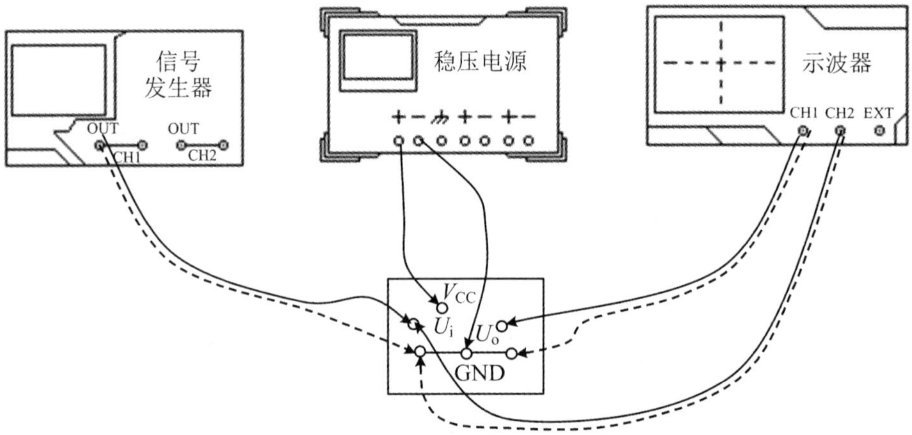

图 0.3　放大器输入、输出波形的接线图

(4) 测量并调整最大线性跟随范围。

接步骤(3)，调节 R_p，使波形恢复到不失真，逐步增大 U_i。若输出波形正、负峰同时被削，则说明静态工作点已在交流负载线的中点，此时具有最大线性跟随范围；若正峰先削掉或负峰先出现明显变胖现象，则要调节 R_p，直到工作点在负载线的中点为止。

当工作点调到负载线中点后，逐渐增大 U_i，直到输出波形最大不失真时，用示波器测量输出电压 U_o，则最大线性跟随范围为 2.2 V(U_o 为有效值)。

(5) 观察输入、输出波形的相位差。

按示波器的“Cursor”键，通过光标菜单选择光标模式为“追踪”，光标 A、光标 B 分别选择 CH2 和 CH1，将光标 A 和光标 B 分别调到 CH2 和 CH1 的两个相邻的波峰上，并且把光标 A 调在左，光标 B 调在右。读出左上角光标数据区的 ΔX。再用左边快速测量菜单，测出周期 T。相位差 φ 可用下面公式计算：

$$\varphi = 360^\circ \times \frac{\Delta X}{T}$$

【实验设计说明】

本电路是一个成熟电路，为了使实验方便调成放大、饱和、截止三种状态，把 R_b 设计成可调，且调整范围较大。为了不使饱和过深，R_b 除使用可调电位器外，再串接一小阻值的固

定电阻 R_{b1}。

为了使实验操作具有连续性，在步骤的安排上，先通电检查电路好坏，然后测量工作点，观察失真情况，再调整到最佳状态，最后观察相位。

【思考题】

（1）若本实验的输出波形顶部出现削波，则将是什么类型的失真？随着输入增大，输出波形的底部开始失真，为什么不是明显削波，而是越来越胖？

答：若输出波形顶部失真，说明 U_E 在 U_i 增大到一定后，电压不能上去，即 I_E 受到限制。这说明电路处于饱和状态，所以应该为饱和失真。

这是由三极管输入特性引起的。因为输入特性曲线是一个近似指数关系的曲线，电流越小，曲线越平坦。随着输入信号的增大，负半周信号电压引起的基极电流变化会比负半周小，造成集电极电流变化也小，使得输出电压负半周变化没有正半周变化幅度大，所以就给人"变胖"的感觉。

（2）若分别将示波器的输入耦合菜单置于交流、接地、直流来观察发射极 e 的波形，将有何区别？

答：略。请同学们在实验 5.3 的报告中回答。

第 1 章　常用电子仪器的使用

1.1　电子实验的特点及抗干扰措施

电子实验，特别是模拟电子（简称“模电”）实验，与其他电类实验（如电路实验、物理实验中的电学实验）相比，它所处理的电信号（主要是电压信号）有下面两个显著的特点：

（1）幅值较小。以前实验中所接触的电压幅值，通常在几伏、十几伏甚至几百伏的数量级上，如 5 V、220 V、380 V。而电子实验特别是模电实验，所处理的电压信号幅值通常要小得多，常常为毫伏数量级，甚至微伏数量级。

（2）频率较高。以前实验中所接触的电压频率一般比较低，如直流（可以认为频率为 0）、50 Hz 交流电。而电子实验所处理的电压信号频率通常要高得多，常常为几千赫、几万赫甚至几兆赫数量级。

我们的实验电路经常暴露在充满电磁波的空间中。这些电磁波有的是属于自然发生的，如宇宙辐射、雷电等，有的是属于人工产生的，如电气设备产生的放电等。它们都会对实验电路产生干扰。这些干扰通常是以电磁波耦合的形式在实验电路上形成干扰电压再叠加在有用信号上。一方面，从幅值上看，当有用信号幅值本身比较高时，因为干扰信号较小，所占的比例就小，所以对实验的影响就小，甚至不一定能感觉到干扰的存在。这就是我们在以前实验中不用考虑干扰的原因。而在电子实验中，情况就不同了。由于电子实验中信号幅值本身比较低，干扰的影响就不能忽略不计了，有时候它能给实验结果带来很大的误差，甚至完全错误的结果（如有用信号被干扰信号淹没）。另一方面，从频率上看，以前实验信号的频率本身比较低，从实验电路到仪器仪表，对较高频率的干扰信号都不太敏感，所以影响不大。而电子实验本身就要处理较高频率的信号，所以对干扰信号特别敏感。

除了通过电磁波的形式耦合以外，干扰还可以通过电源或其他外接设备影响实验电路。另外，一个电子电路可能受外界干扰，也可能对其他电路产生干扰，并也有可能干扰自身。比如输出通过某种途径（如直流电源存在内阻而通过电源端）耦合到输入端，其结果轻者改变电路某些参数和指标，重者（即满足一定的幅值和相位条件）则会使电路产生自激振荡，从而使电路无法正常工作。

干扰形成的三个要素是：干扰源、耦合通道、受感器。如图 1.1 所示。

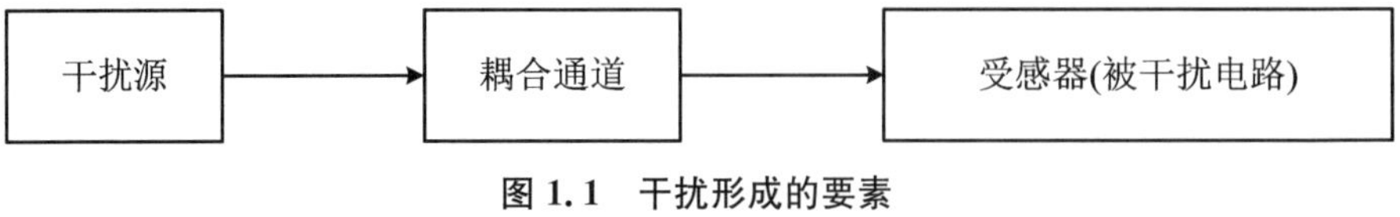

图 1.1　干扰形成的要素

分析干扰问题，必须明确干扰源是什么，被干扰电路是什么，以及干扰源和被干扰电路之间是如何耦合的。

抑制干扰的方法有：

(1) 抑制干扰源。

(2) 提高受感器（被干扰电路）的抗干扰能力。

(3) 抑制传输干扰的耦合通道。

在某些情况下，需要同时采用以上两种或三种方法。

当然，一个电路是否要采取抗干扰措施，以及采取多大程度的抗干扰措施，取决于该电路在所工作的环境下可能受到多大程度的干扰。虽然绝对没有干扰的环境是不存在的，完全抑制干扰也是办不到的，但只要干扰信号比有用信号小到一定程度，或者采取措施把干扰抑制到一定程度，使它对电路的影响可以忽略不计时，我们就无需对电路采取进一步的防干扰措施。一般地说，一个电路在实验室中由于具有较好的电源稳定性，远离较大的动力设备，比在工厂车间将这些生产现场所可能受到的干扰要小得多。

由于篇幅所限，这里只介绍模拟电子实验中经常采用的几种防干扰措施。

1.1.1　传输信号使用屏蔽线

实验时，仪器与仪器之间、电路与仪器之间传输信号需要较长的传输线（即导线的几何长度与信号的波长相比不能忽略）。这样，在有干扰环境的导线上，有可能感应到干扰信号，并且感应的干扰信号的频率有可能落入信号频率的范围内（与导线长度有关），从而对实验造成影响。解决的办法是把传输导线屏蔽起来。图 1.2 是金属屏蔽线的结构图。

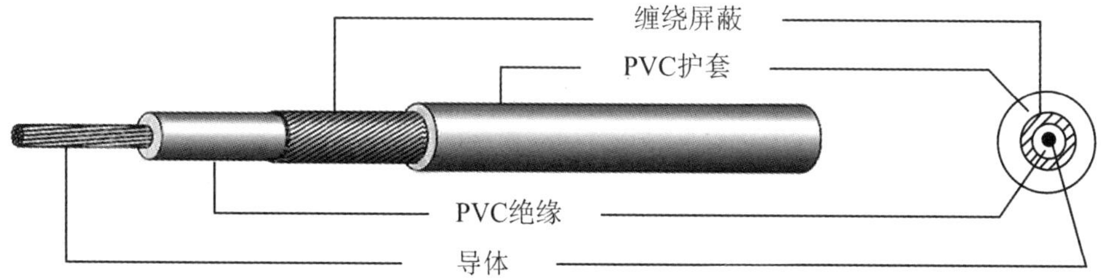

图 1.2　金属屏蔽线的结构图

屏蔽线由外层金属网（缠绕屏蔽层）和内部导线组成。当外层金属网接地后，对内部导线具有一定程度的电磁屏蔽能力，从而割断干扰耦合通道。所以在实验时，为了防止通过传输线串入干扰，传输信号一定要通过屏蔽线，并且屏蔽线的外层金属网（即屏蔽层）一定要接地。为此，一般电子仪器的信号输入或输出的两个端子是不对称的，且有一个为地线端子（GND 接地端）。

1.1.2　共地

很多电子仪器的内部具有电源变压器，而单相交流电源的一端是接大地的，由于电源变压器原、副边绕组间存在寄生电容的耦合作用，仪器的输出、输入的 GND 端（接地端，符号为“⊥”）对大地来说存在一个等效高阻抗 Z 和 50 Hz 的干扰源。如图 1.3 所示，低频信号发生器和示波器没有“共地”(示波器的 GND 端与信号发生器的 GND 端没有相连),所以两个干扰电压通过被测电路和示波器输入阻抗构成回路,在 R 和 R_T 上产生干扰电压,从而影响观测结果。被测电路及仪器的输入阻抗越大,这种干扰越严重。如果把它们的 GND 端都连在一起,即“共地”连接,如图 1.4 所示,则干扰就不会在 R 和 R_T 上产生压降,从而避免 50 Hz 的干扰源。由上述可知,在实验中“共地”是极其重要的。

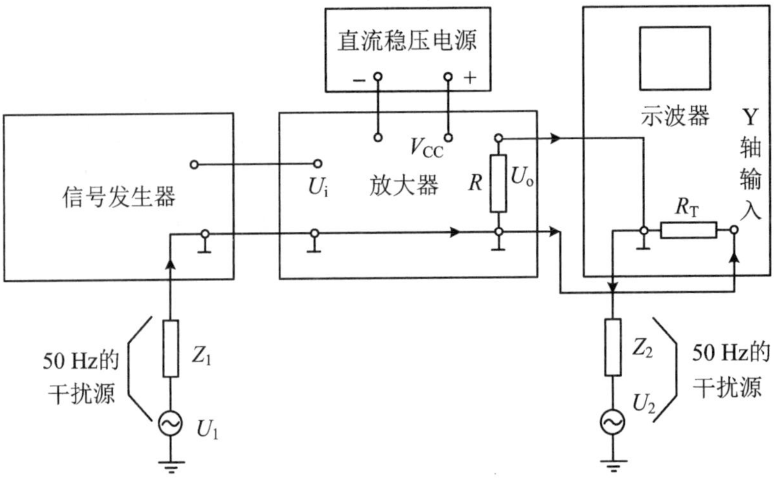

图 1.3 仪器之间不共地连接图

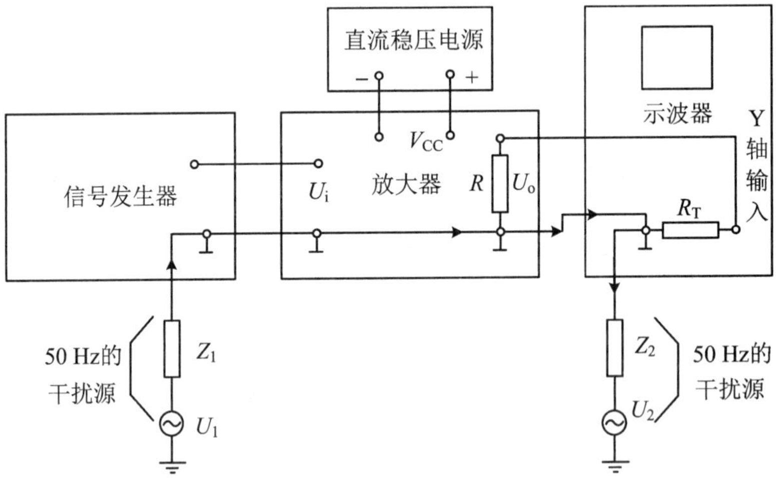

图 1.4 仪器之间共地连接图

1.1.3 电源去耦和放大器去耦

供电及配电系统不是理想的电压源,它能通过电源公共阻抗形成各用电电路之间的耦合。为了减小供电系统的噪声耦合,可在每个电路上或每组电路上采取去耦措施,当电源损耗不需考虑时,这种去耦方式十分方便。

用阻容去耦网络可把电路与供电电源隔离,可消除电路之间的耦合,并避免噪声进入电路。图 1.5 所示就是这种去耦电路。

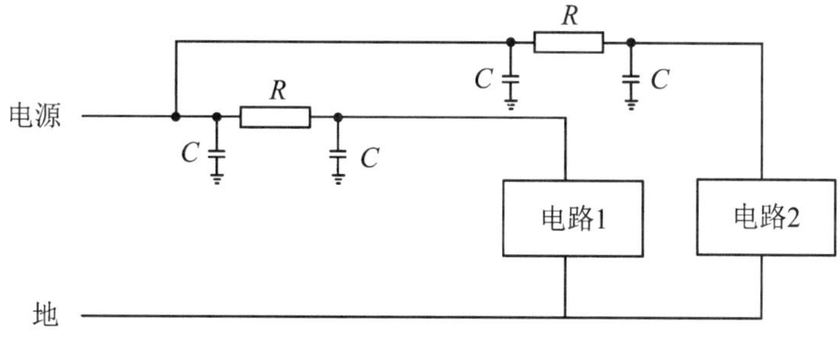

图 1.5　RC 去耦电路

图 1.6 为一种典型的两级晶体管放大电路。由于供电电流及其布线上有电感电阻存在，因此信号电流流经该阻抗，使放大器供电端产生交流信号电压，并通过电阻 R_{b11} 回授到放大器的输入端而引起振荡。为此，要在放大器的供电端与地之间加入一个去耦电容器。这个电容器应在放大器工作频率范围内提供短路，同时这个频率范围要比信号工作频率范围大得多。为了使低频和高频都有良好的去耦效果，有时去耦电容器用一个大容量的电容和一个小容量的电容并联使用。

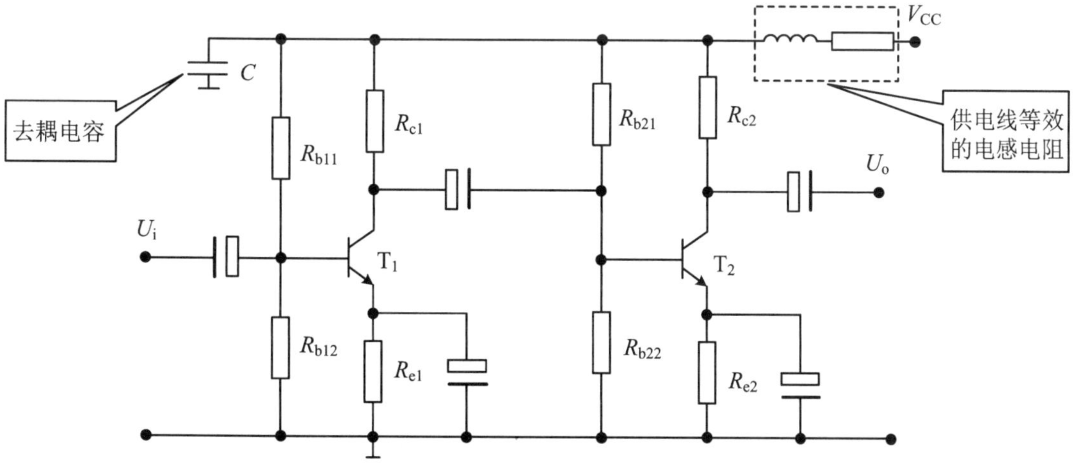

图 1.6　两级放大器的供电去耦

即使在放大器的电源端并接了电容，也不能保证其阻抗完全为 0。因此某些信号还会通过电源线回授到放大器的输入回路。在增益小于 60 dB 的放大器中，这种回授一般不会引起振荡。但在高增益的放大器中，常常会引起振荡。这时可在放大器的前级供电端加级间去耦(即接一个 RC 滤波器)来消除，如图 1.7 所示。

传输信号使用屏蔽线和电路共地两种措施是实验操作中必须遵循的，而电源去耦和放大器去耦两种措施则是在电路设计中应该加以考虑的。前面介绍过，如何采取防干扰措施，需看该电路可能受到何种干扰，一般来说，本课程电子实验使用的稳压电源功率较大，实验电路耗电小，放大倍数不大，工作频率也较低(音频)，所以电源去耦与放大器去耦并不经常采用。一些运算放大器实验因为信号幅度较大(伏数量级)，往往不必采用屏蔽。

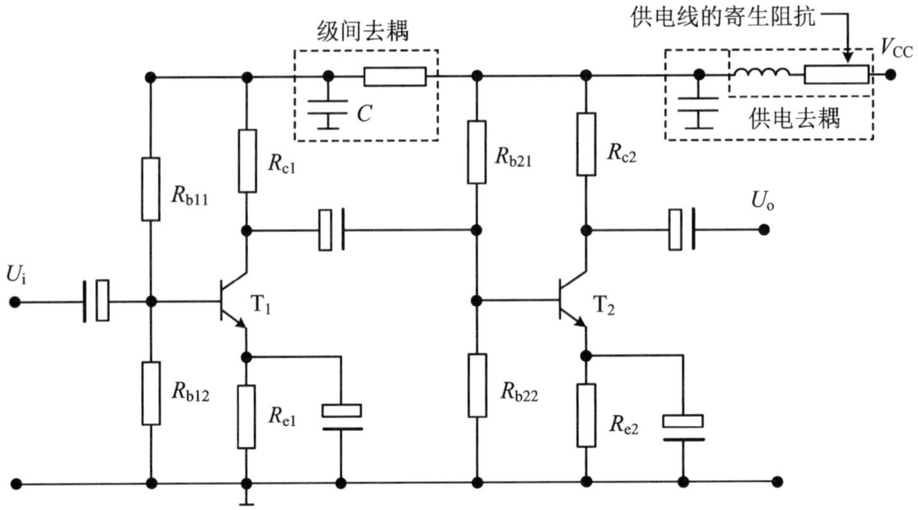

图 1.7　放大器的级间去耦

1.2　模拟电子实验常用仪器概述

为了在实验时能够准确地测量数据，观察实验现象，就必须学会正确使用实验仪器，这是一项重要的实验技能。模拟电子实验常用的电子仪器有：示波器、低频信号发生器、交流毫伏表、直流稳压电源、万用表等。它们的主要用途及相互关系如图 1.8 所示。

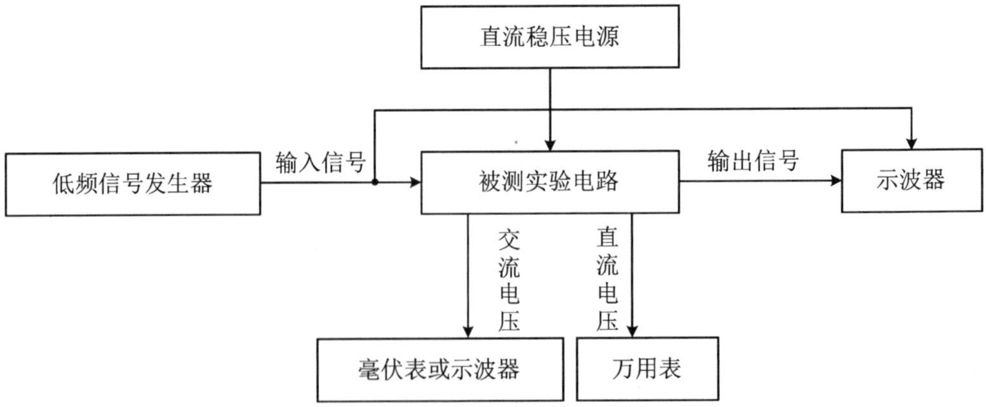

图 1.8　常用电子仪器用途示意图

这里，直流稳压电源作为被测实验电路的供电电源，低频信号发生器产生正弦波信号，作为实验电路的输入信号。示波器、毫伏表和万用表为测量仪器，测量实验电路中的各种数据或波形。具体关系是：示波器定性观察电路中的各点波形，经常是输入和输出波形；毫伏表定量测量交流信号电压，如输出电压、输入电压等；万用表测量电路中的直流量，如静态工作点。由于现在数字示波器的功能和指标已经比较完善，因此它不但可以用来定性观察电路的各点信号波形，而且也能定量测量信号电压的幅值、频率等各种指标，所以我们本课程的实验没有配置交流毫伏表。

值得注意的是，万用表的交流电压挡、示波器和交流毫伏表都可以测量交流电压幅值，但在本课程的模拟电子实验中，信号电压不能用万用表测量。这是因为：① 实验信号频率较高，一般超出万用表的频带范围，且万用表表笔不是屏蔽线；② 万用表（例如 MF-47 型）交流挡的量程较大，不适宜测量毫伏级的小信号。

电子线路大多属于工作频率较高、频率范围宽、线路阻抗大、功率低及参数范围大的网络，在使用电子仪器对电路进行测试时，一般应注意以下内容。

1.2.1　正确选用电子测量仪器

每台电子仪器都具有一定的技术指标。只有在其技术指标许可的范围内工作，测试结果才是准确有效的。例如：对于 DS5022M 型示波器，Y 轴输入带宽为 DC-25 MHz，如果被测信号的频率高于 5 MHz，则不宜使用此种型号的仪器。因为信号 5 次以上的谐波被严重衰减，造成失真太大。此时应当选择带宽更大的示波器，比如 DS2302A 型示波器（带宽为 DC-300 MHz）。有时，多种仪器可以测量同一个参数，但它们所测量的结果是不同的。例如：选用交流毫伏表测量正弦交流电压得到的结果，其精度将远高于从模拟示波器荧屏上所读到的读数。因此，正确选用测量仪器对测量结果有决定性的影响。

1.2.2　正确选择仪器的功能和量程

在一台仪器接入被测电路之前，必须选择合适的功能和量程，才能得到最精确的测量结果，以充分发挥仪器的功能。例如：用 MF-47 型万用表测量一个约 7 V 的直流电压，选择直流 10 V 挡最合理，若置为 50 V 挡则过高，读不出精确数字；若置为 2.5 V 挡，则会造成仪器过载，严重过载就可能损坏仪器。因此，正确选择仪器的功能和量程是保证实验正常进行和保护仪器的关键。

1.2.3　正确选择测量方法

不同的测量方法，往往导致不同精度的测量结果。例如，用 MF-47 型万用表测量三极管放大电路基射之间的电压时，如果分别测量 b 对地和 e 对地的电压值，然后计算出 b、e 间的电压值，由于万用表的输入内电阻在电路中的并联作用，在测量 b 对地电压时，半导体三极管工作点发生偏移，测量结果会和真实值有一定差距，当把 b 对地电压与 e 对地电压相减，得出的 b、e 电压值将和实际值相差很大。若改变测量方法，直接测量 b、e 间的电压值，则可以得到较精确的结果。因此只有正确选择测量方法，才能得到精确度较高的测量结果。

1.2.4　严格遵守仪器使用的操作顺序

在对电子线路进行调试或测量时，若违反仪器使用操作顺序，往往得不到正确的结果，还可能对被测电路的元器件和测量仪器造成损坏。例如：在改变被测电路接线时，必须先关闭稳压电源，否则就有可能发生元器件损坏的事故。严格遵守仪器使用方法中所规定的操作顺序，是安全进行实验的必要保证。

1.2.5 共地问题

在电子电路实验中，应特别注意各电子仪器的共地问题，即各台仪器以及被测电路的地端都应按信号的输入、输出的顺序可靠地连接在一起。

在一般电工测量中，当测量交流电压时，电压表的两端是“对称”的，可以任意互换测试电极而不影响读数。但在电子电路中，由于工作频率较高，线路阻抗较大和功率较低，为避免外界干扰，大多数仪器的两个测量端点是不“对称”的，总有一个端点与仪器外壳相连。通常这个端点标出符号“⊥”或“GND”，即地。所有的 GND 点必须连接在一起，即“公共地”，否则可能引入外界干扰，导致测量误差增大。特别是用多台仪器组成的测试系统，当所有仪器的外壳都通过接地线的电源插头接入大地时，若没有“共地”，轻则使信号短路，重则会烧坏被测电路的元件。此外，若没有“共地”，还会给测量带来严重的干扰误差。详细见 1.1 节相关的内容。

1.3 普通模拟示波器

1.3.1 示波器概述

示波器能以形象、直观的形式显示电信号的时变规律。它不但能像电压表、电流表、功率表那样测试电信号的幅度，还能像频率计、相位计那样测试信号的周期、频率和相位，而且还能测试信号的非线性失真、调制信号的参数。更重要的是，在测试脉冲信号时，如测试其上冲、下冲、平顶下垂、阻尼振荡等，示波器几乎是唯一可用的仪器，具有不可替代的地位。如果在结构上稍加扩展，它就能很方便地组成晶体管特性图示仪、扫频仪、集成电路传输特性图示仪等。通过各种传感器，示波器还可广泛地用来测试温度、压力、振动、密度、声、光、热和磁效应等。医学上广泛使用的心电图仪、脑电图仪等，就是在示波器的基础上扩展而来的。

由于示波器可以直观地显示电信号的时变规律，并从中可以同时读出许多参数，所以它在电子技术实验研究和应用中是必不可少的测量仪器。掌握它的基本结构、工作原理和使用方法，对电子工程技术人员来说是十分重要的。在各种电子实验中，示波器几乎都得用上。

示波器的种类很多，这里先介绍最基本的普通模拟示波器。虽然现在这种传统的示波器已经越来越少使用了，但因为现代示波器的很多基本概念还是沿用普通模拟示波器的概念，所以我们仍有必要对它有所了解。

普通模拟示波器，大多是通过示波管来显示波形的。示波管是一种电光转换器件，它是依靠电子束高速轰击荧光屏上的荧粉而发光的，这种示波管称为阴极射线管(Cathode Ray Tube，CRT)。电子束穿过一对水平放置的极板和一对垂直放置的极板，并且随着极板上电压的变化而跟着偏转，如图 1.9 所示。也可以形象地说，电子束是一支笔，荧光屏是一张纸，而两对极板就是握住笔的手。更确切地说，这只“手”不是极板，而是极板间的电场。电场的变化，就相当于“手”在移动，它“握住”电子束在荧屏里上下左右地描出图形。垂直极板间的电场变化，使电子束做垂直运动，水平极板间的电场变化使电子束做水平运动。电场在两个方向不断地变化，也就使得电子束可以在荧光屏上描出二维图形来。

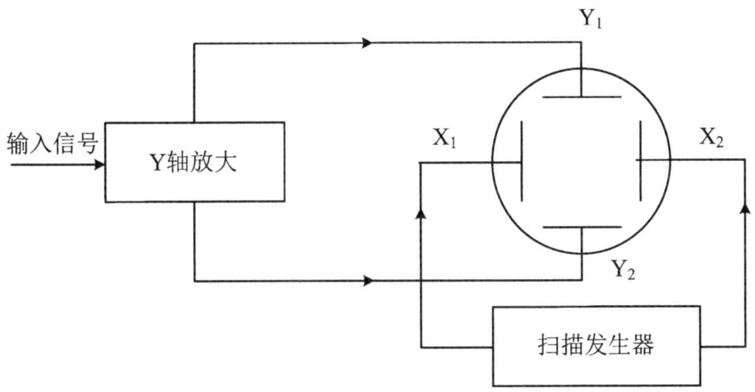

图 1.9　模拟示波器工作原理示意图

1.3.2　扫描

以正弦信号为例，来看示波器是如何显示波形的。图 1.10(a)是一个待测的正弦信号，它通过垂直偏转系统(Y 轴通道)加在示波管的 Y 轴偏转板上。在这个信号未加到示波器以前(即 Y 轴输入为 0)，如果 X 轴也无输入，电子束静止地打在荧屏的某一点，则示波器只有一个光点。如果把这个正弦信号作为 Y 轴的输入信号，则 Y 轴偏转板间的电场也以正弦规律变化，那么荧光屏上的光点也会上下不停地运动，而且其运动规律也是正弦的，但这时候 X 轴无电压，其水平极板的场强为 0，所以此时光点在水平方向无运动，光点的上下运动就只局限在一条竖直线上。如果在 X 轴上加一个图 1.10(b)所示的随时间线性增加的电压，也就是让水平极板上的场强随时间做线性变化。这时，电子束在极板间沿垂直方向按正弦规律上下运动的同时，沿水平方向按线性规律从左到右移动，于是光点在屏幕上走出的轨迹就是一段正弦波形。这种电子束从左到右轰击屏幕的过程，或者说光点在屏幕上从左到右移动的过程叫扫描，加在 X 轴上线性变化电压也称为扫描电压。

上面讨论的是电子束在屏幕上一次扫描的过程，它的持续时间一般来说是很短的，稍纵即逝。也就是说，这个过程显示的波形我们很难看清楚。为了使示波器能够显示稳定的波形，需要不断重复这个过程，也就是要不断重复扫描。为此加在 X 轴上的扫描电压就必须是锯齿波，如图 1.10(c)所示。为方便观察输入信号波形，示波器内设有锯齿波发生器或称为扫描发生器，它可以根据需要把产生的锯齿波加在 X 轴上，如图 1.11 所示。

图 1.11 是在 X 轴上输入锯齿波，Y 轴上输入正弦信号，屏幕上是波形的显示原理图。从图中不难想象，由于 U_X 与 U_Y 的频率绝对相等，所以每次扫描光点都能按原来的路径运动，这样就会稳定地显示一个周期的波形。事实上，只要 $f_Y=nf_X$(n 是整数)，都能显示稳定的波形，并且显示的波形有 n 个周期。

如果 $f_Y \neq nf_X$ 呢？可以想象，每次扫描时光点轨迹都不重合，波形就不会稳定。如果 f_Y 与 f_X 的整数倍相差不太多，波形就有一种移动感；如果相差太多，波形就会跳动不稳定。

解决波形稳定的办法叫"同步",其思路是用被测信号本身或与被测信号频率相关的某个信号去控制或调整扫描信号的频率,强迫它们成整数倍关系,以达到波形稳定的目的。

波形的同步方法在普通模拟示波器中一般有两种:整步和触发。整步就是从 Y 轴放大器中取出待测信号的一部分去影响扫描发生器,使锯齿波的频率 f_X 能够跟随 f_Y 做微小的变化,以保持 f_Y 与 f_X 成整数倍的关系。此时的扫描发生器仍连续不断地产生锯齿波,只是锯齿波的频率受待测信号的影响。由于产生锯齿波电压的扫描发生器是连续工作的,所以我们把这种扫描方式称为连续扫描,这种起整步作用的信号也叫整步信号。在连续扫描方式下,因为锯齿波扫描信号始终存在,所以即使没有外加信号,在屏幕上也能显示一条水平线,该水平线称为时间基线(简称时基线)。

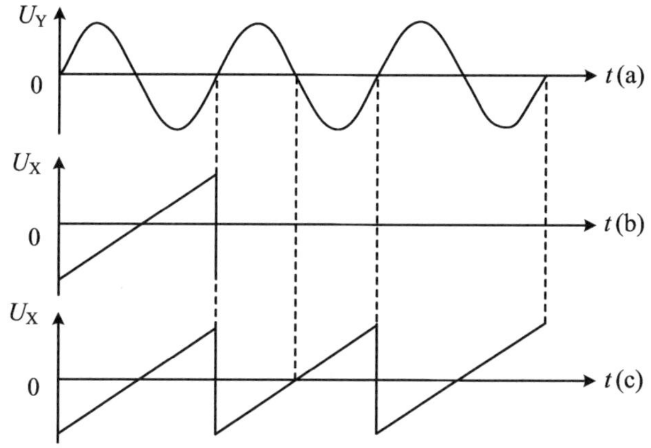

图 1.10　待测的正弦信号和 X 轴方向的线性变化信号

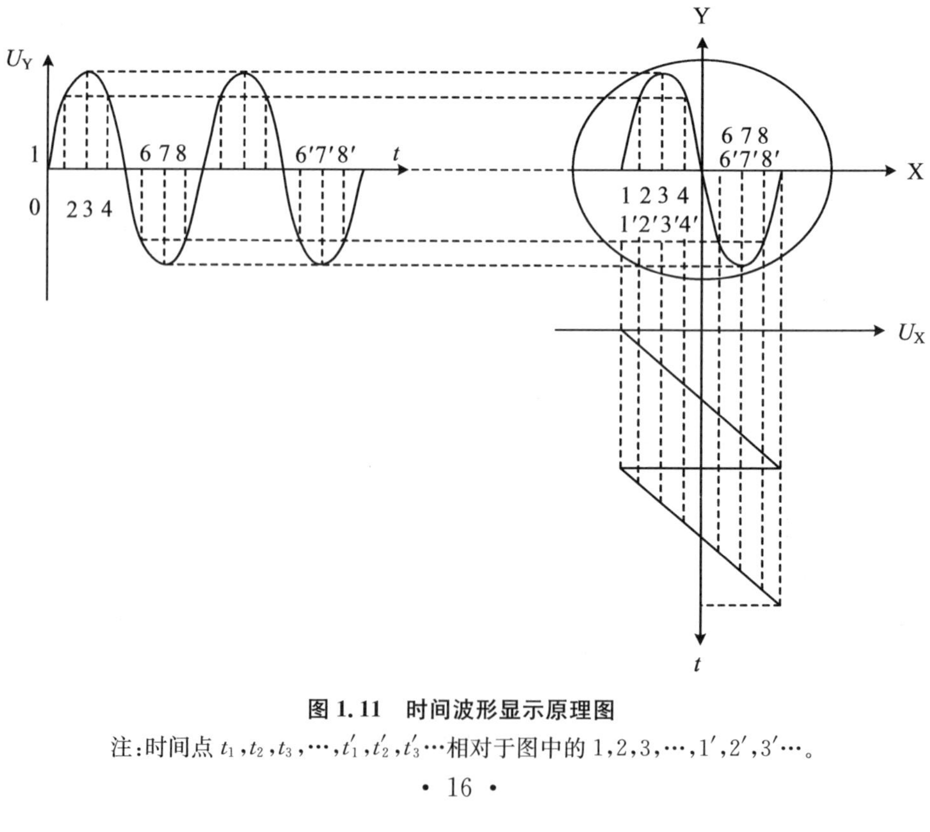

图 1.11　时间波形显示原理图

注:时间点 $t_1,t_2,t_3,\cdots,t_1',t_2',t_3'\cdots$相对于图中的 $1,2,3,\cdots,1',2',3'\cdots$。

另一种扫描方式是触发扫描。下一小节重点谈论触发扫描。

1.3.3　触发扫描

触发扫描的特点是，扫描发生器平时处于等待状态，只有在被测脉冲到来时才产生一个锯齿形的扫描电压，屏幕上的光点就扫描一次。如果后面被测信号没有到来，扫描发生器又将处于等待状态，光点则停留在起始位置不动。就好像用枪射击，只有拨动扳机，子弹才能发射出来，扳机不拨，子弹不发。也就是不触不发，一触即发。

由此可知，触发扫描时，扫描信号发生器处于他激振荡状态，扫描信号的有无完全依赖于被测信号，前一小节提到的关系式 $f_Y=nf_X$ 就一定能够满足，波形也就能够稳定。

我们知道，只有在扫描电压的持续期间，示波器才能显示波形。在连续扫描方式下，扫描信号是一种连续的锯齿波，扫描电压的持续时间占整个扫描电压的周期。因为 n 最小为 1，所以要使示波器显示的波形稳定，被测信号在屏幕上最少要显示一个周期。这种方式对于观察占空比比较小的脉冲信号就很不方便。利用触发扫描可以在屏幕上扫出一展宽的脉冲波形。因为扫描电压的持续时间只占整个扫描电压周期的一部分，所以只要选择扫描电压的持续时间等于或稍大于脉冲底宽，脉冲波形就可以得到"展宽"。同时由于在两个脉冲间隔内没有扫描，扫描信号的周期仍有足够宽度，因此可以保证满足关系式 $f_Y=nf_X$。

触发扫描不同于连续扫描，在触发扫描工作方式下的扫描发生器处于他激工作状态，什么时候发出一个锯齿波，要看从 Y 轴放大器中取出的那一部分输入信号到来与否。而输入信号的幅值有大有小，形状也各不相同，一般情况下它不能直接控制扫描发生器，必须经过同步触发器产生一个触发脉冲来进行控制。我们把输入给同步触发器的信号称为触发源信号(Trigger Source)，简称为触发信号。触发信号未必一定取自 Y 轴放大器，为了测量的灵活性，它还可以外接，所以一般示波器都有"外触发输入端"。即使取自 Y 轴放大器，因为普通的双踪示波器 Y 轴有两个通道，所以示波器触发源的选择除"外触发(EXT)"外，还有"通道 1(CH1)""通道 2(CH2)"的区分。如图 1.12 所示。

同步触发器的作用是将不同幅值大小、不同形状的触发信号转换成能够直接触发扫描发生器的信号。具体在什么时候触发扫描发生器而产生扫描，是使用者很关心的问题。从幅值的角度来说，当触发信号幅值较大时，我们希望触发信号上升到一个较大的数值(触发阈值)才产生触发，这样可以有效抑制某些幅值较小的干扰而引起的误触发；当触发信号幅值较小时，我们又希望触发阈值不要太高，否则很可能触发信号的最大幅值达不到触发阈值，产生不了触发信号，从而导致扫描不会发生。调节触发阈值的旋钮是"电平(LEVEL)"。所以在正确选择触发源以后，还要合理地调节电平，这是保证示波器能够清晰、稳定显示波形的重要步骤。图 1.12 为触发扫描原理框图。

在触发扫描方式下，不论触发源是取自被测信号还是其他什么信号，只要它的幅值小于电平值(即触发阈值)，扫描就不会进行，波形就不会显示。此时被测信号也许存在，只不过幅值可能小一点。即使被测信号不存在，我们有时也希望看到一条扫描线，以确定屏幕上垂直方向的基准零点。这条被测信号为 0 的扫描线称为时基线。在正常触发扫描状态(即"常态")下，示波器不显示时基线。为了能够显示时基线，示波器就要提供一种自动触发方式。在这种方式下，当触发信号小于电平值时，扫描发生器自动产生扫描信号，而当触发信号大于电平值时，就由触发信号控制扫描发生器产生扫描信号。因此，在自动触发方式下，如果触发源取自被测信号，当被测信号为 0 时，仍能显示时基线；当被测信号较小不足以达到电平值时，也能显示波形，只是波形不稳定而已；当调整“电平”旋钮，使被测信号达到电平值时，波形立刻就能稳定。因此，从扫描方式上说，一般示波器的触发扫描都提供了“常态”和“自动”两种触发方式。

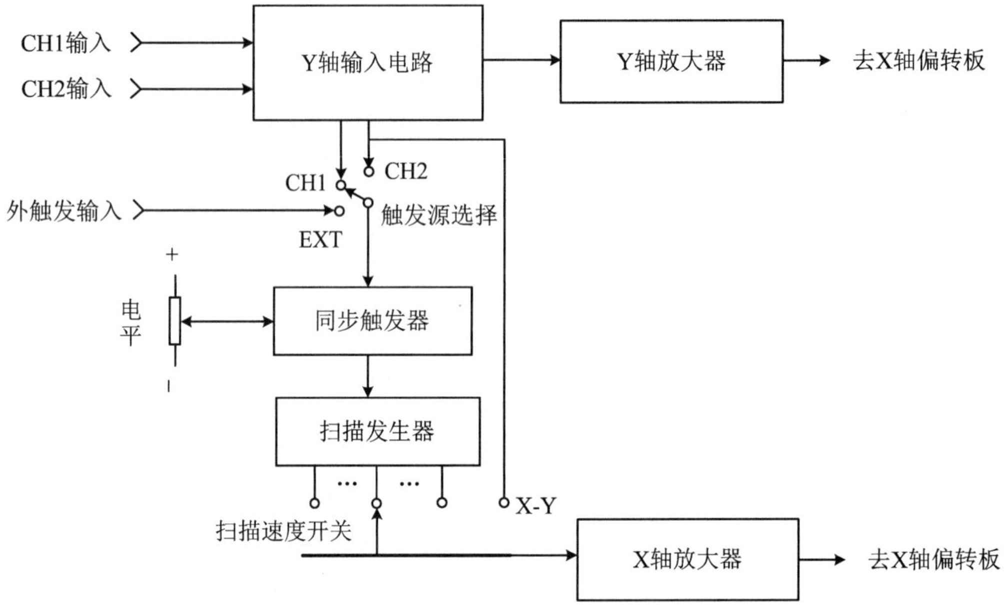

图 1.12　触发扫描原理框图

触发扫描的另一个概念就是扫描速度。调节扫描速度就是调节锯齿波扫描信号的宽度。我们知道，不管扫描信号的宽度为多少，对应到屏幕上都是光点从左到右的一个扫描过程，通常是在水平方向上扫描 10 格。因此从使用者的角度来看，调节扫描速度就是调节屏幕上每格代表的被测信号的时间值。扫描速度应该与被测信号的频率相当，才能合适地观察波形。如果扫描速度太快，只能看到被测信号一个周期中的一小部分，看不出波形的全貌；如果扫描速度太慢，被测信号被过分压缩，屏幕上只能看到一条光带。

综上所述，调节触发要注意选择触发方式、正确选取触发源、合理调整电平、适当调节扫描速度。

1.3.4　显示方式

示波器能将加在 Y 轴上的被测信号显示在屏幕上，对双踪示波器而言，Y 轴有两个输入端，即 Y 轴有两个通道：CH1 和 CH2。所以双踪示波器能够同时显示两路被测信号。但是，这种示波器的示波管里只有一个电子枪，也就是屏幕上只有一个光点在扫描。如何让一个光点扫描出两个波形，就是看显示方式的选取。

1. 单踪显示

双踪示波器可以当单踪示波器使用。如果将显示方式选择为 CH1，屏幕上只显示 CH1 的波形；如果将显示方式选择为 CH2，屏幕上就只显示 CH2 的波形。此时虽然另一通道上也接有信号，但它只显示所选择的信号。

2. 双踪显示

双踪显示就是在屏幕上同时显示 CH1 和 CH2 的信号波形。如何让一个光点扫描两个波形，普通双踪示波器是在 Y 轴通道上设置一个电子开关，利用电子开关的高速切换，将 CH1 和 CH2 的信号分时送到 Y 轴偏转板上，达到双踪显示的目的，如图 1.13(a)所示。在双踪显示方式上示波器一般都有“交替(ALT)”和“断续(CHOP)”两种方式。

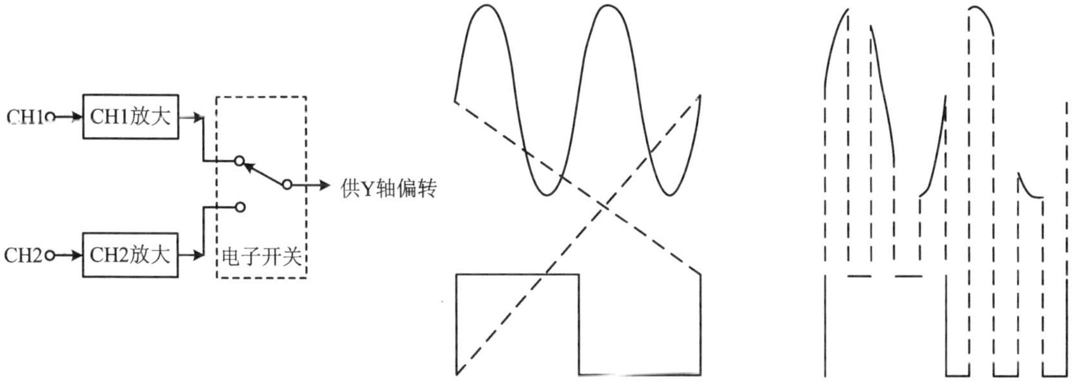

(a) 双踪显示切换　　(b) 交替显示示意图　　(c) 断续显示示意图

图 1.13　双踪显示原理图

所谓交替，就是光点在屏幕上从左到右先扫描一遍 CH1 的波形，再回到左边扫描 CH2 的波形，接着再扫描 CH1，然后是 CH2，依次循环，如图 1.13(b)所示。当扫描速度较快时，由于波形在屏幕上的余辉效应，我们看上去 CH1 和 CH2 的两个波形就同时显示在屏幕上。

如果扫描速度较慢，采用交替显示方式就会存在问题。由于每扫描一个通道都需要花费较长的时间，所以当 CH1 波形扫描结束后，在扫描 CH2 的过程中，CH1 的波形就已经消失；而在扫描 CH1 的过程中，CH2 的波形也很快消失。其显示效果就是波形闪烁比较严重。如果速度再慢一些，就看不出两个波形同时显示了。为解决这一问题，示波器提供一种“断续”显示方式。所谓断续，就是光点在屏幕上从左到右的扫描过程中，先扫描一小段 CH1，再扫描一小段 CH2，然后又是 CH1，再 CH2，依次循环，如图 1.13(c)所示。

3. 叠加显示

一般的普通双踪示波器都提供了将 CH1、CH2 两个通道的信号叠加成一个波形来显示的功能。这就是叠加显示(ADD)功能。叠加显示与单踪显示一样，荧屏上只显示一个波形，不过这个波形是 CH1 和 CH2 两路信号叠加的结果。为了实现显示两路信号相减的结果，示波器还同时提供 CH2 极性转换开关。该开关处于正常位置(NORM)时，CH2 的相位经过示波器没有发生变化。此时选择叠加显示，示波器显示的是 CH1＋CH2 的结果。如果 CH2 极性转换开关处于反向位置(INVERT)，CH2 经过示波器就要发生倒相。此时选择叠加显示，示波器显示的就是 CH1－CH2 的结果。正是因为该开关的存在，我们在用双踪显示观察 CH1 和 CH2 两路信号的相位关系时必须小心。只有该开关处于正常位置，显示的结果才反映真实的相位关系；如果该开关处于反向位置，显示结果与真实的相位关系正好相反。

1.3.5　输入耦合

所谓输入耦合，是指输入信号经过示波器输入端如何传输到其内部电路的。不同的耦合方式，示波器得到的信号成分是不同的。示波器的Y轴输入端，不论是CH1还是CH2，在将输入信号送到示波器内部时都有两种不同的耦合方式：直流耦合(DC)和交流耦合(AC)，如图1.14所示。从图中可以看到，它们的区别是前者把信号直接加到Y轴输入电路，而后者是通过一个电容加到Y轴输入电路的。因此，通过交流耦合，示波器只取信号的交流成分，而通过直流耦合，示波器不但取信号的直流成分，同时也把交流成分取进来。因此更确切地说，"直流耦合"应称为"直接耦合"。一般示波器输入耦合开关除有DC和AC外，还有一个"接地(GND)"位置。当开关处于GND时，示波器输入接地，即输入为0。此时不管CH1、CH2接有什么波形，示波器的荧屏上只显示一条幅值为0的直线(如果触发方式处于"自动")，这条直线也称为时基线。

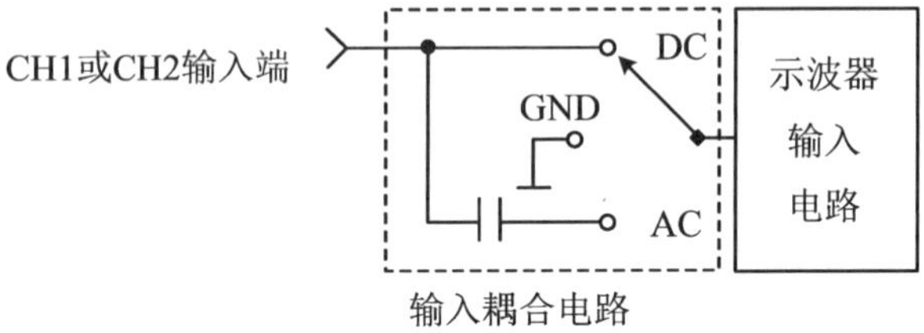

图1.14　输入耦合电路

以上介绍，很多是通过普通模拟示波器的工作原理来分析的。现在大量使用的数字存储示波器已经不用阴极射线示波管，不需要电子枪轰击屏幕发光了，但扫描显示的概念仍然存在。所以学习普通模拟示波器，了解以上几个概念还是非常重要的。

1.4　数字存储示波器

数字存储示波器(Digital Storage Oscilloscope，DSO)首先是一台示波器，其基本作用和普通模拟示波器一样，能同时观察两路信号，能定性观察波形形状，能定量测量波形的幅值、频率和两路信号间的相位差等波形参数。因为数字量便于运算、处理和存储，所以作为数字示波器，其功能比普通模拟示波器要强得多。其功能主要有：能够对两路信号进行简单的数学运算(如＋、－、×、÷、FFT等)，并将结果波形显示出来；能够储存波形，并可以在需要的时候调出来；能够设置信号在特定的条件下才显示波形，等等。

普通模拟示波器的显示是靠阴极射线管(CRT)中的电子束轰击荧光屏上的荧光粉而发光的，荧光物质的余辉时间一般小于1 ms。只要有信号控制电子枪，使电子束按信号的变化规律去轰击荧光屏，荧光CRT就将不断显示信号波形。当信号去掉后，CRT上扫迹迅速变暗。慢扫描示波器的CRT使用的荧光物质大约能给出300 ms的余辉时间，使扫迹停留时间稍长一些。如果信号在一秒钟内只有几次，或者信号的周期为数秒至更长，甚至于信号只发生一次，那又将会怎么样呢？在这种情况下，使用我们上面介绍过的模拟示波器则几乎不能观察到这些信号。

数字存储的方法克服了所有这些缺点，并且还带来了很多附加的特色，下面列出部分特点：

① 可以显示大量的预触发信息。

② 可通过使用光标和不使用光标的方法进行全自动的测量。

③ 可以长期贮存波形，也可以从存储介质中调出以前贮存的波形。

④ 可以在打印机或绘图仪上制作硬拷贝以供编制文件使用。

⑤ 可以将新采集的波形与手工或示波器全自动采集的参考波形进行比较。

⑥ 可以按通过/不通过的原则进行判断。

⑦ 波形信息可用数学计算进行处理。

何谓数字存储？从字义上不难看出，所谓数字存储就是在示波器中以数字编码的形式来贮存信号。

当信号进入数字存储示波器以后，在信号到达显示器电路之前，示波器将按一定的时间间隔对信号电压进行采样。然后用一个模/数变换器（ADC）对这些瞬时值或采样值进行变换，从而生成代表每一个采样电压的二进制字。这个过程称为数字化。对输入信号进行采样的速度称为采样速率。采样速率由采样时钟控制。对一般使用情况来说，采样速率的范围从 20 MSa/s 到 10 GSa/s。采样速率也叫采样率，采样率越快，示波器可测量的信号频率就越高。获得的二进制数值贮存在示波器内的存储器中，存储器中贮存的数据用来在示波器的屏幕上重建信号波形。所以，数字存储示波器相比较模拟示波器来说，有两个特殊的指标，即采样率和存储深度（或记录长度）。

和普通模拟示波器一样，数字存储示波器在使用过程中也有一定的限制。例如我们本课程使用的 DS2302A 型示波器就有频率限制，它限制了被测信号的频率范围，其技术指标主要有：带宽（单次模拟带宽 300 MHz）和采样率（最高 2 GSa/s）。它在幅值限制方面，限制了被测信号的幅值范围，其技术指标主要有：最大输入电压（如 DS2302A 型示波器在输入阻抗为 1 MΩ，CAT Ⅰ 300 V_{rms}，CAT Ⅱ 100 V_{rms}，瞬态过压 1000 V_{pk}）、垂直灵敏度（DS2302A 型示波器 500 μV/div～10 V/div）、环境限制（如温度条件等）。

1.4.1 DS2302A 型示波器的前面板和用户界面

DS2302A 型示波器的外观如图 1.15 所示。

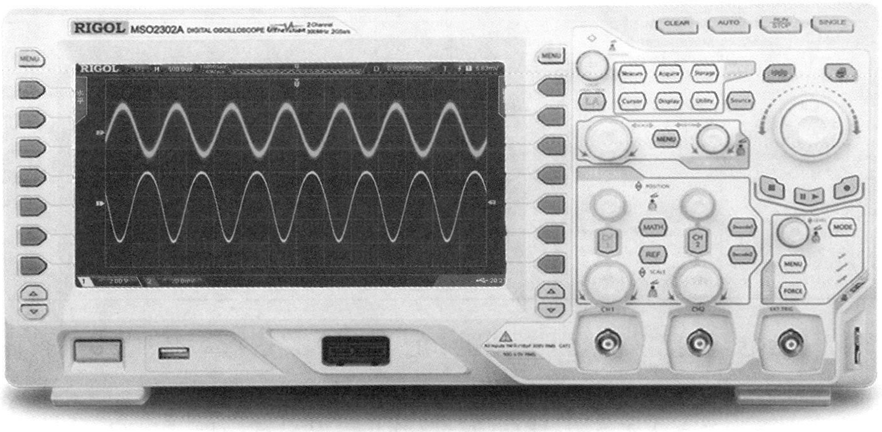

图 1.15 DS2302A 型示波器的外观图

DS2302A 型示波器的前面板总览图如图 1.16 所示，其各区域说明见表 1.1。

表 1.1 DS2302A 型示波器前面板说明

编号	名称	说明
①	快速测量菜单区	含 7 个快速测量菜单键,1 个“MENU”键,2 个上下翻页键
②	LCD 显示区	
③	多功能旋钮	
④	功能菜单区	含测量“Measure”键、采样“Acquire”键、存储“Storage”键、光标“Cursor”键、显示“Display”键和辅助“Utility”键等 6 个功能设置键
⑤	导航旋钮	
⑥	内置帮助“Help”和打印键	
⑦	运行控制区	含清除键“CLEAR”、波形自动显示键“AUTO”、运行/停止控制键“RUN/STOP”和单次触发控制键“SINGLE”
⑧	电源键	
⑨	USB HOST 接口	支持 16 G 以下的 U 盘
⑩	水平控制区	含水平时基(SCALE)旋钮、水平位移旋钮和水平“MENU”键
⑪	功能菜单设置区	含 7 个功能菜单键,1 个“MENU”键,2 个上下翻页键
⑫	垂直控制区	含“CH1”键、“CH2”键、“MATH”键和“REF”键,CH1 和 CH2 两通道的垂直位移(垂直 POSITION 旋钮)和垂直挡位(垂直 SCALE 旋钮),以及两个解码功能键
⑬	模拟通道输入区	含 CH1 和 CH2 两通道的 BNC 插座
⑭	波形录放控制区	含停止键“■”、暂停/回放键“‖ ▶”和波形录制控制键“●”
⑮	触发控制区	含触发电平旋钮、“MENU”键、“FORCE”键和“MODE”键,以及三个触发方式指示灯
⑯	外触发输入端	一个外触发输入端 BNC 插座
⑰	探头补偿器输出端/接地端	就是一个频率 1 kHz、幅值 3 V 的 TTL 方波信号源的输出端,含输出端(上)和接地端 GND(下)

DS2302A 型示波器向用户提供了功能明晰的前面板,以进行基本的操作。前面板上包括旋钮和功能按键。旋钮的功能与其他示波器类似。显示屏右侧的一列 7 个灰色按键为菜单操作键(自上而下定义为 1 号至 7 号)。通过它们,可以设置当前菜单的不同选项。其他按键(包括彩色按键)为功能键,通过它们,可以进入不同的功能菜单或直接获得特定的功能应用。

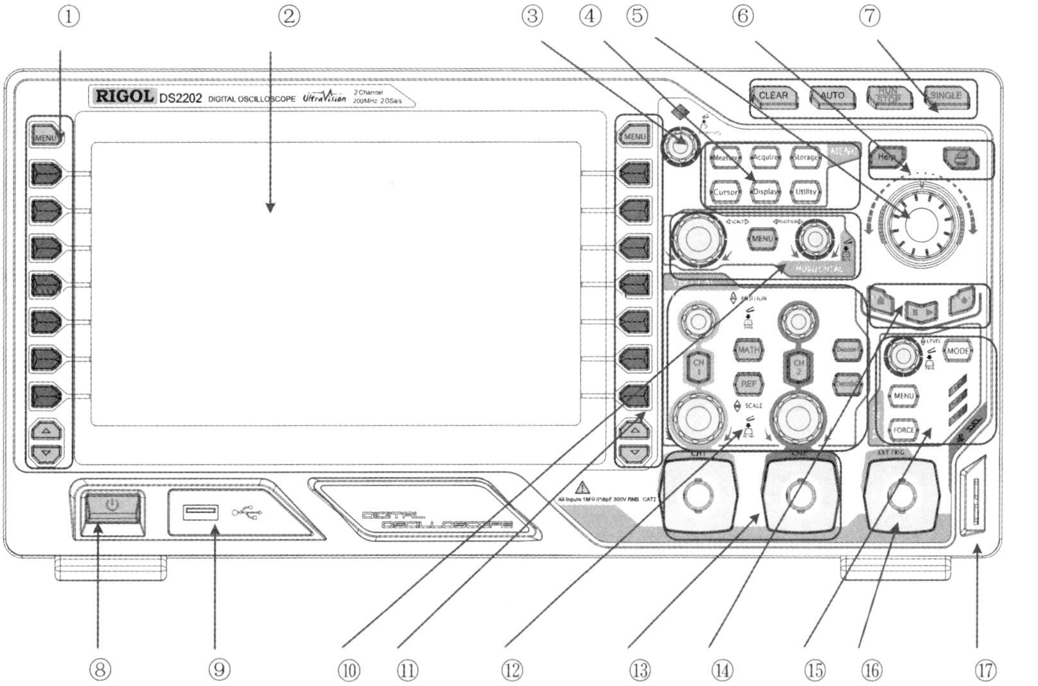

图 1.16　前面板总览图

1. 垂直控制区

前面板中的垂直控制区(VERTICAL)如图 1.17 所示。

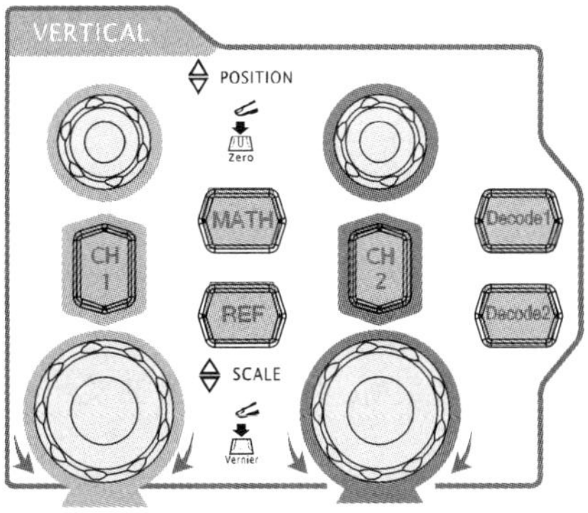

图 1.17　垂直控制区

“CH1”键、“CH2”键:模拟输入通道。两个通道标签用不同颜色标识,并且屏幕中的波形和通道输入连接器的颜色也与之对应。按下任一按键打开相应通道菜单,再次按下关闭通道。

“MATH”键:按下该键打开数学运算菜单。可以进行加、减、乘、除、FFT、逻辑以及高级运算。

“REF”键:按下该键打开参考波形功能。可以将实测波形和参考波形比较,以判断电路故障。

垂直“◎ POSITION”旋钮:修改当前通道波形的垂直位移。顺时针转动增大位移,逆时针转动减小位移。修改过程中波形会上下移动，同时屏幕左下角弹出的位移信息（如 POS: 930.0mV）实时变化。按下该旋钮可快速将垂直位移归零。

垂直“◎ SCALE”旋钮：修改当前通道的垂直挡位。顺时针转动减小挡位，逆时针转动增大挡位。修改过程中波形显示幅度会增大或减小，同时屏幕下方的挡位信息（如 1 ⎓ 500mV）实时变化。按下该旋钮可快速切换垂直挡位调节方式为“粗调”或“微调”。

“Decode1”键、“Decode2”键：解码功能按键。按下相应的按键打开解码功能菜单。DS2302A 型示波器支持并行解码和协议解码。

2. 水平控制区

前面板中的水平控制区（HORIZONTAL）如图 1.18 所示。

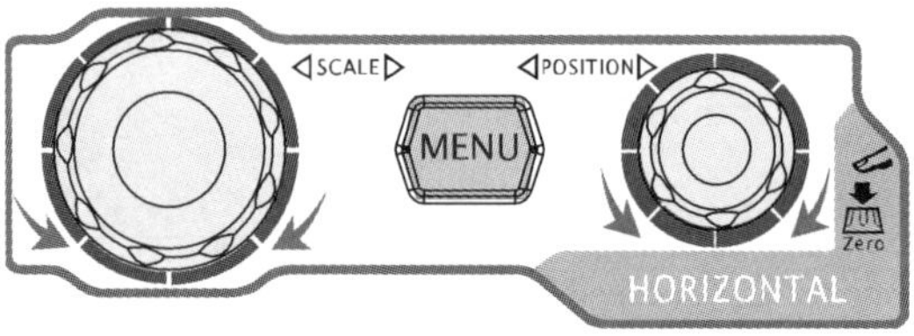

图 1.18　水平控制区

“MENU”键：按下该键打开水平控制菜单。可开关延迟扫描功能，切换不同的时基模式，切换挡位的微调或粗调，以及修改水平参考设置。

水平“◎ SCALE”旋钮：修改水平时基。顺时针转动减小时基，逆时针转动增大时基。修改过程中，所有通道的波形被扩展或压缩显示，同时屏幕上方的时基信息（如 H 5.000ns）实时变化。按下该旋钮可快速切换至延迟扫描状态。

水平“◎ POSITION”旋钮：修改触发位移。转动旋钮时触发点相对屏幕中心左右移动。在修改过程中，所有通道的波形左右移动，同时屏幕右上角的触发位移信息（如 D 5.80000000ns）实时变化。按下该旋钮可快速复位触发位移（或延迟扫描位移）。

3. 触发控制区

前面板中的触发控制区（TRIGGER）如图 1.19 所示。

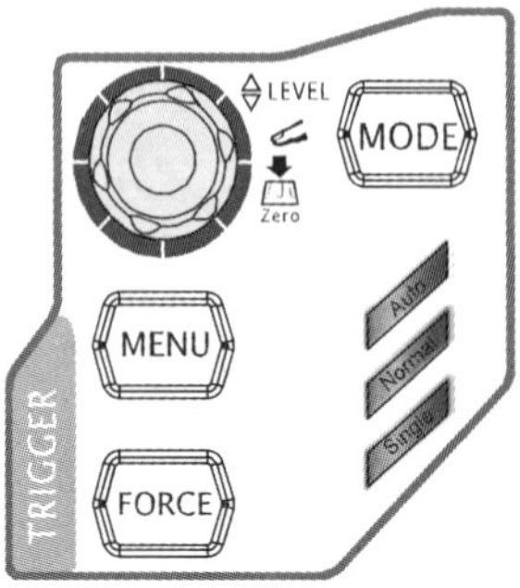

图 1.19　触发控制区

"MODE"键：按下该键切换触发方式为 Auto、Normal 或 Single，当前触发方式对应的状态背灯会变亮。

触发"◎ LEVEL"旋钮：修改触发电平。顺时针转动增大电平，逆时针转动减小电平。在修改过程中，触发电平线上下移动，同时屏幕左下角的触发电平消息框(如 

)中的值实时变化。按下该旋钮可快速将触发电平恢复至零点。

"MENU"键：按下该键打开触发操作菜单。本示波器提供丰富的触发类型。

"FORCE"键：在普通 Normal 和单次 Single 触发方式下，按下该键将强制产生一个触发信号。

4. 运行控制区

运行控制区有独立的四个按键，如图 1.20 所示。

图 1.20　运行控制区

全部清除键("CLEAR"键)：按下该键清除屏幕上所有的波形。如果示波器处于"RUN"状态，则继续显示新波形。

波形自动显示键("AUTO"键)：按下该键启用波形自动显示和设置功能，示波器将根据输入信号自动调整垂直挡位、水平时基以及触发方式，使屏幕能够显示波形，但未必达到最佳状态。详细见 1.4.5 节。

运行控制键("RUN/STOP"键)：按下该键将示波器的运行状态设置为"运行"或"停止"。"运行"状态下，该键黄灯点亮。"停止"状态下，该键红灯点亮。

单次触发控制("SINGLE"键)：按下该键将示波器的触发方式设置为"Single"，并立即产生一个触发信号。

5. 多功能旋钮

前面板中的多功能旋钮如图 1.21 所示。

图 1.21　多功能旋钮

调节波形亮度：非菜单操作时(菜单隐藏)，转动该旋钮可调整波形显示的亮度。亮度可调节范围为 0%～100%。顺时针转动增大波形亮度，逆时针转动减小波形亮度。按下旋钮将波形亮度恢复至 50%。也可按"Display"键→"波形亮度"，使用该旋钮调节波形亮度。

操作时，背灯变亮。菜单操作时，按下某个菜单软键后，转动该旋钮可选择该菜单下的子菜单，然后按下旋钮可选中当前选择的子菜单。还可以用于修改参数、输入文件名等。

6. 导航旋钮

前面板中的导航旋钮如图 1.22 所示。

图 1.22　导航旋钮

对于某些可设置范围较大的数值参数，该旋钮提供了快速调节/定位的功能。顺时针（逆时针）旋转增大（减小）数值；内层旋钮可微调，外层旋钮可粗调。

例如，在回放波形时，使用该旋钮可以快速定位需要回放的波形帧（“当前帧”菜单）。类似的菜单还有触发释抑、脉宽设置、斜率时间等。

7. 功能菜单区

前面板中的功能菜单区（MENU）如图 1.23 所示。

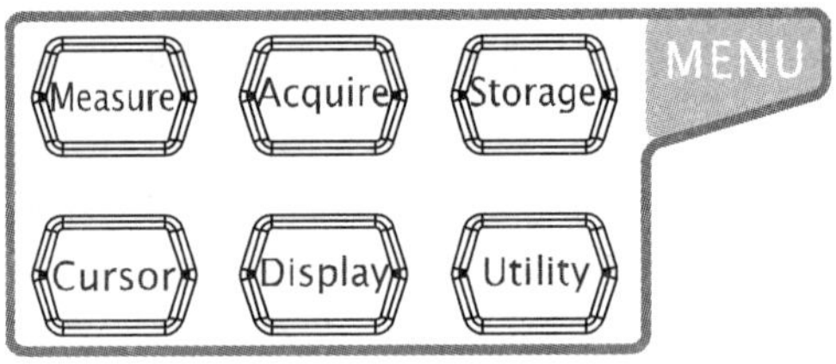

图 1.23　功能菜单区

“Measure”键：按下该键进入测量设置菜单。可设置测量设置、全部测量、统计功能等。

设置好测量设置菜单后，按下屏幕左侧的“MENU”键，可打开 24 种波形参数测量菜单，然后按下相应的菜单键快速实现“一键”测量，测量结果将出现在屏幕底部。详细介绍请参阅 1.4.6 节。

“Acquire”键：按下该键进入采样设置菜单。可设置示波器的获取方式、存储深度和抗混叠功能。本型号的示波器采样方式固定为实时采样不可调。详细介绍请参阅 1.4.6 节。

“Storage”键：按下该键进入文件存储和调用界面。可存储的文件类型包括：轨迹存储、波形存储、设置存储、图像存储和 CSV 存储。支持内、外部存储和磁盘管理。详细介绍请参阅 1.4.6 节。

“Cursor”键：按下该键进入光标测量菜单。示波器提供手动测量、追踪测量和自动测量三种光标模式。详细介绍请参阅 1.4.6 节。

“Display”键：按下该键进入显示设置菜单。设置波形显示类型、余辉时间、波形亮度、屏幕网格、网格亮度和菜单保持时间。详细介绍请参阅 1.4.6 节。

“Utility”键：按下该键进入系统功能设置菜单。设置系统相关功能或参数，例如接口、扬声器、语言等。此外，还支持一些高级功能，如通过/失败测试、波形录制和打印设置等。

1.4.2　DS2302A 型示波器的用户界面

DS2302A 型示波器提供 8.0 英寸（1 英寸≈2.54 cm）、WVGA（800×480）160000 色的

TFT LCD。因为采用的是彩色液晶显示，比起传统的模拟示波器的示波管，显示功能要强大得多。在显示屏上，不仅仅是波形，示波器的很多状态和参数也能一览无遗，因此它具有很好的用户界面。另外，14 格超宽的屏幕也可以让使用者观察到更“长”时间的波形。

整个屏幕中间大块区域显示的是测量波形。左侧显示测量参数菜单，它们都可以通过左侧快速测量区的菜单键、翻页键和 7 个软键调取。被测参数和数值显示在屏幕的下方。右侧显示功能设置菜单内容，它们也可以通过左侧快速测量区的菜单键、翻页键和 7 个软键调取需要设置的功能参数。上、下两边最外侧固定显示示波器的各种状态和设置，例如：上边显示示波器的运行状态、水平时基、采样率、波形在存储器中的位置、触发位置、触发信源、触发电平等；下边分别显示示波器的 CH1、CH2 两通道的耦合和垂直挡位值、U 盘指示、当前时间等信息。此外，示波器的帮助系统提供了前面板各功能键（包括菜单键）的说明，它们都是通过屏幕显示的。按“Help”键打开帮助界面，再次按下则关闭。帮助界面主要分为两个部分，左边为“帮助选项”，可使用“Button”或“Index”方式选择；右边为“帮助显示区”。

DS2302A 型示波器的用户界面如图 1.24 所示。

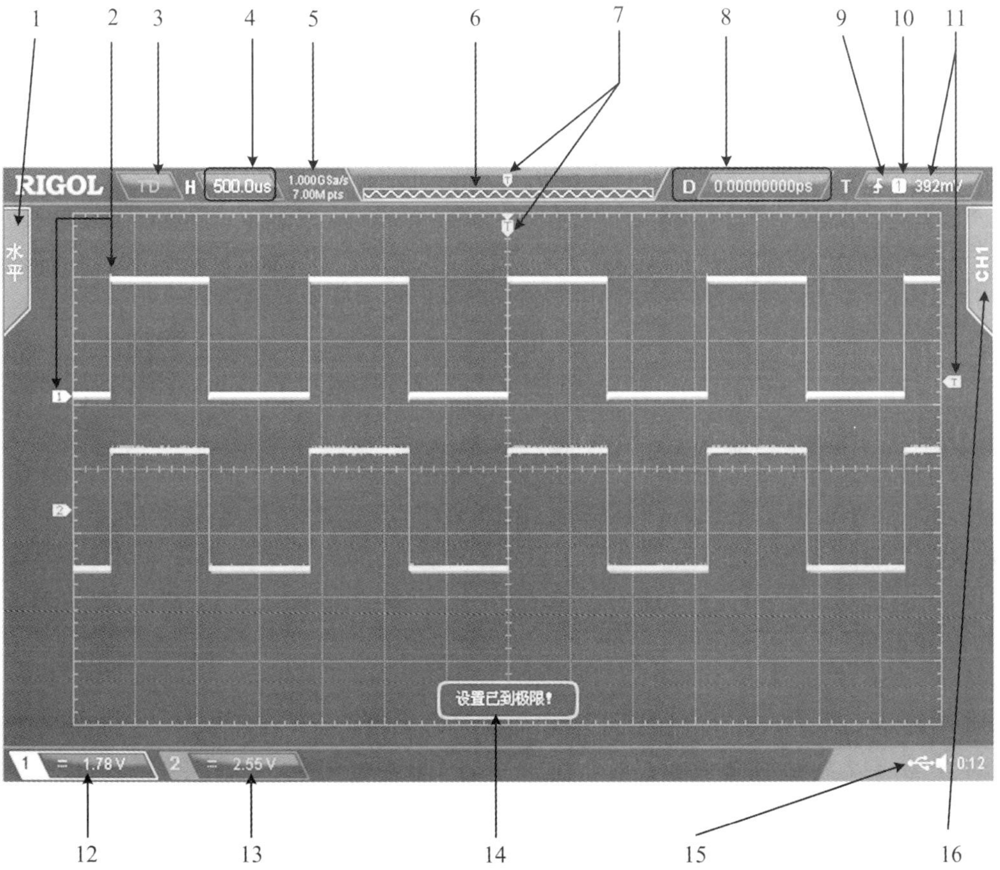

图 1.24 DS2302A 型示波器的用户界面

1. 自动测量选项

提供 12 种水平和 12 种垂直测量参数。按下屏幕左侧的软键即可打开相应的测量项，连续按下“MENU”键，可切换水平和垂直测量参数。

2. 通道标记/波形

不同通道用不同的颜色标识，通道标记和波形的颜色一致。

3. 运行状态

可能的状态包括：RUN(运行)、STOP(停止)、T'D(已触发)、WAIT(等待)和 AUTO(自动)。

4. 水平时基

表示屏幕水平轴上每格所代表的时间长度。

使用水平"◎ SCALE"旋钮可以修改该参数，可设置范围为 2.000 ns～1.000 ks。

5. 采样率/存储深度

显示当前示波器使用的采样率以及存储深度。

使用水平"◎ SCALE"旋钮可以修改该参数。

6. 波形存储器

提供当前屏幕中的波形在存储器中的位置示意图(图 1.25)。

图 1.25

7. 触发位置

显示波形存储器和屏幕中波形的触发位置。

8. 触发位移

使用水平"◎ POSITION"旋钮可以调节该参数。按下旋钮时参数自动设置为 0。

9. 触发类型

显示当前选择的触发类型及触发条件设置。选择不同触发类型时，显示不同的标识。例如，表示在"边沿触发"的上升沿处触发。

10. 触发源

显示当前选择的触发源(如 CH1、CH2、EXT 或市电)。选择不同触发源时，显示不同的标识，并改变触发参数区的颜色。

例如，表示选择 CH1 作为触发源。

11. 触发电平

屏幕右侧的为触发电平标记，右上角为触发电平值。

使用触发"◎ LEVEL"旋钮修改触发电平时，触发电平值会随的上下移动而改变。

注意：斜率触发、欠幅触发和超幅触发时，有两个触发电平标记(T1 和 T2)。

12. CH1 垂直挡位

显示屏幕垂直方向 CH1 每格波形所代表的电压大小。

使用垂直"◎ SCALE"旋钮可以修改该参数。

此外还会根据当前的通道设置给出如下标记：通道耦合(如)、带宽限制(如)。

13. CH2 垂直挡位

显示屏幕垂直方向 CH2 每格波形所代表的电压大小。

使用垂直"◎ SCALE"旋钮可以修改该参数。

此外还会根据当前的通道设置给出如下标记：通道耦合（如 ）、带宽限制（如 ）。

14. 消息框

显示提示消息。

15. 通知区域

显示系统时间、声音图标和 U 盘图标。

系统时间：以“hh：mm（时：分）”的格式显示。在打印或存储波形时，输出文件将包含该时间信息。按“Utility”键→“系统”→“系统时间”，通过下面格式设置：

yyyy　mm－dd　hh－mm－ss（年－月－日　时－分－秒）

声音图标：声音打开时，该区域显示 。按“Utility”键→“声音”可以打开或关闭声音。

U 盘图标：当示波器检测到 U 盘时，该区域显示 。

16. 操作菜单

按下任一软键可激活相应的菜单。下面的符号可能显示在菜单中：

表示可以用前面板上的多功能旋钮“ ”选择参数项。“ ”的背灯在参数选择有效时变亮。

表示可以用“ ”修改参数值。“ ”的背灯在参数输入有效时变亮。

表示可以用导航旋钮快速调节/定位参数。

表示使用“ ”调节参数，然后按下“ ”选中参数。

表示当前菜单有若干选项。

表示当前菜单有下一层菜单。

按下该键可以返回上一级菜单。

注意：操作菜单左下角的网格中也可能出现下面的方向键。

表示可以打开下一页菜单。

表示可以打开上一页菜单。

1.4.3　垂直系统

通道，即能显示的波形。该示波器有 4 个通道，分别是：2 个信号通道（CH1、CH2），1 个数学运算通道（MATH），1 个参考波形通道（REF）。可以同时显示几个，也可以单独显示。

对通道进行操作。首先选中该通道（按 VERTICAL 中的相应通道键，使屏幕右方显示该通道的菜单，不同的通道，菜单也可能不同）。

对 CH1、CH2 来说，可进行如下操作：

(1) 改变通道波形在屏幕中的上下位置（调 VERTICAL 中 CH1 或 CH2 的 POSITION 旋钮）。

(2) 改变该通道波形在屏幕中所占垂直方向的格数（调 VERTICAL 中 CH1 或 CH2 的 SCALE 旋钮）。

(3) 决定该通道是否显示（按 VERTICAL 中的“CH1”键或“CH2”键，看相应键上的字符是亮还是灭）。

(4) 选择该通道的耦合方式（选择 CH1 或 CH2 菜单中的“耦合”项是交流、直流、接地）。

(5) 设置探头衰减倍数（选择 CH1 或 CH2 菜单中的“探头比”是 1×、10×、100×、1000×）。

(6) 设置数字滤波，即通道带宽限制(大于 20 MHz 或大于 100 MHz 的信号是否限制)。

(7) 设置 SCALE 旋钮的粗调或细调，以调节垂直方向的刻度比例。

(8) 设置该通道波形是否反向。

对 MATH 通道来说，可进行如下操作：

(1) 选择进行何种运算(如 A+B、A−B、A×B、A÷B、FFT 等运算)。

(2) 对第(1)条中选择的运算分别指定运算数 A 和 B 是 CH1 还是 CH2 信号。

(3) 对运算结果选择是否反相。

(4) 如果在(1)中选择 FFT，将进入另一菜单(FFT 菜单)以选择其功能参数。

REF 通道是显示一个已保存的参数波形，具体操作略。

如图 1.17 所示，在垂直控制区有一系列的按键、旋钮。下面的练习可以逐渐引导我们熟悉垂直设置的使用。

(1) 使用垂直“POSITION”旋钮在波形窗口居中显示信号。

垂直“POSITION”旋钮控制信号的垂直显示位置。CH1 和 CH2 通道分别有它们的专用垂直“POSITION”旋钮，MATH 和 REF 通道使用多功能旋钮改变波形的垂直位置。当转动垂直“POSITION”旋钮时，指示通道地(GROUND)的标识(屏幕左侧箭头，箭头里面分别用 1、2、M、Rn 表示选取的是哪个通道)跟随波形而上下移动。如果通道耦合方式为 DC，可以通过观察波形与信号地之间的差距来快速测量信号的直流分量。如果耦合方式为 AC，信号里面的直流分量被滤除。这种方式方便我们用更高的灵敏度显示信号的交流分量。

(2) 改变垂直设置，并观察因此导致的状态信息变化。

可以通过波形窗口下方的状态栏显示的信息，确定任何垂直挡位的变化。

转动垂直 SCALE 旋钮改变“Volt/div(伏/格)”垂直挡位，可以发现状态栏对应通道的挡位显示发生了相应的变化。

按 CH1、CH2、MATH、REF 通道键，屏幕显示对应通道的操作菜单、标志、波形和挡位状态信息。再按一次则关闭当前选择的通道。

(3) CH1、CH2 通道的设置

每个通道有独立的垂直菜单。每个项目都按不同的通道单独设置。

按“CH1”或“CH2”功能键，系统显示 CH1 或 CH2 通道的操作菜单，具体说明见表 1.2。

表 1.2　垂直通道的操作菜单(表中以 CH1 为例，CH2 类似)

功能菜单	设定	说明	操作
耦合	交流	阻挡输入信号的直流成分	按“CH1”键→“耦合”键，使用“↻”选择所需的耦合方式(默认为直流)。当前耦合方式会显示在屏幕下方的通道标签中。也可以连续按“耦合”键切换耦合方式
	直流	通过输入信号的交流和直流成分	
	接地	断开输入信号	
带宽限制	20 MHz	限制带宽至 20 MHz，以减少显示噪音	按“CH1”键→“带宽限制”，使用“↻”设置带宽限制开关(默认为关闭)。打开带宽限制(20 MHz 或 100 MHz)时，屏幕下方的通道标签中会显示字符“B”  也可以连续按“带宽限制”键切换带宽限制开关
	100 MHz	限制带宽至 100 MHz，以减少显示噪音	
	关闭	满带宽	

续表

功能菜单	设定	说明	操作
探头	0.01× … 1X … 1000X	根据探头衰减因数选取其中一个值，以保持垂直标尺读数准确	按“CH1”键→“探头比”键，使用“↻”选择所需的耦合方式(默认为 1X)。当前耦合方式会显示在屏幕下方的通道标签中。也可以连续按“探头比”键切换耦合方式
输入	1 MΩ 50 Ω	设置通道输入阻抗为 1 MΩ 设置通道输入阻抗为 50 Ω	连续按“输入”键切换输入阻抗
反相	打开 关闭	打开波形反向功能 波形正常显示	连续按“反相”键设置反相开关是打开还是关闭
幅度挡位	粗调 微调	粗调按 1→2→5 步进设定垂直灵敏度 微调在粗调设置范围之间进一步细分，以改善分辨率	连续按“幅度挡位”键设置 CH1 或 CH2 的 SCALE 旋钮是粗调还是细调
单位	可选择的单位为 W、A、V 和 U	为当前通道选择幅度显示的单位。修改单位后，通道标签中的单位相应改变	按“CH1”键→“单位”键，选择所需的单位，默认单位为 V
标签	任何 4 个以内的英文字母和下划线	修改屏幕左侧标记模拟通道(CH1 和 CH2)波形的标签 默认使用通道号作为标签，如 1。新修改的标签长度不超过 4 个字符 注意：该操作只能使用英文输入法	例如：将 1 改为 Chn1 按“键盘”键选中“键盘”区域，使用“↻”选中“Aa”并按下“↻”将其切换为“aA”。再次使用“↻”选中“C”并按下“↻”输入该字符。同理，输入“hn1” 欲修改或删除已输入的字符，按“名称”键选中“名称输入区”，使用“↻”选择需要修改或删除的字符，重新输入所需字符或按“删除”键删除该字符 输入完毕后，按“确定”键结束修改，通道标签将变成 Chn1

MATH、REF 通道的设置这里不再介绍。

1.4.4　水平系统

一个波形的水平方向通常代表时间，这种波形显示方式叫 Y-T 模式。在 Y-T 模式中有两种最基本的操作用于调节波形在水平方向的显示，它们分别是波形在水平方向上的位置旋钮(调 HORIZONTAL 中的“POSITION”旋钮)和水平方向上的挡位旋钮，即每格代表多少时间(调 HORIZONTAL 中的“SCALE”旋钮)。除这两个旋钮外,水平系统还含有一个“MENU”键,以便设置水平参数和功能。面板区域如图 1.18 所示。

一个双踪示波器能接受两个输入信号,屏幕上除可以将两个波形用 Y-T 模式同时显示外,还可以设置成垂直方向代表一个信号,水平方向为另一个信号(即 X-Y 模式,或称为李沙育图形),因此按水平“MENU”键可以选择时基是 Y-T 模式还是 X-Y 模式。通常的波形测量都是用 Y-T 模式。切换不同模式的菜单在水平(即时基菜单)的菜单项叫时基。在该项中,除了 Y-T 模式和 X-Y 模式外,还有 Roll 模式。

在 Roll 模式下,波形自右向左滚动刷新显示,波形水平位移和触发控制不起作用,水平挡位的调节范围是 200.0 ms~1.000 ks。慢扫描模式是与 Roll 相似的另一种模式。当水平时基设定为 200 ms/div 或更慢时,仪器进入“慢扫描”模式。在该模式下,仪器先采集触发点左侧的数据,然后等待触发,在触发发生后继续完成触发点右侧的波形。应用“慢扫描”模式观察低频信号时,建议将通道耦合方式设置为“直流”。

在 Y-T 模式下,垂直方向代表波形信号的幅值,水平方向代表被测信号的时间。示波器与电脑显示器、电视机一样,是通过光点在屏幕上扫描得到波形的,所以就存在扫描同步问题,绝大部分示波器都用触发方式同步,即触发扫描。有关触发扫描的概念见 1.3 节。

水平系统与触发扫描是息息相关的,有关旋钮的调整必须在理解触发扫描概念的基础上才能进行。前面提到的水平挡位旋钮“SCALE”,从测量波形的角度来看它是调整水平轴的比例系数,但从扫描的角度来看,却是调整扫描速度。扫速越快,光点从左到右所花的时间就越短,整个屏幕上显示波形的时间范围就越小,每格所代表的时间就越小,SCALE 值就越小,但可以更清楚地观察波形在时间轴上的变化细节。所以在普通示波器上观察波形变化的细节和波形范围是有矛盾的。若观察波形的变化细节,应该减小 SCALE;若观察波形变化的全貌,应该增大 SCALE。为了解决这个矛盾,可以使用延迟扫描。延迟扫描是用来放大一段波形,以便查看图像在水平方向上的细节。在此模式下,分上、下两个显示区域,如图 1.26 所示。上半部分显示的是原波形,未被半透明蓝色覆盖的区域是期望被水平扩展的波形部分。此区域可以通过转动水平“POSITION”旋钮左右移动,或转动水平“SCALE”旋钮扩大和减小选择区域。下半部分是选定的原波形区域经过水平扩展的波形。值得注意的是,延迟扫描时基相对于主时基提高了分辨率(图 1.18)。由于整个下半部分显示的波形对应于上半部分选定的区域,因此转动水平“SCALE”旋钮减小选择区域可以提高延迟扫描时基,即提高波形的水平扩展倍数。进入延迟扫描模式不但可以通过水平区域的“MENU”菜单操作,也可以直接按下此区域的水平“SCALE”旋钮作为延迟扫描快捷键,切换到延迟扫描模式或退出延迟扫描模式。

与“垂直挡位”相似,水平挡位的调节方式有“粗调”和“微调”两种。它们也是通过水平菜单中的挡位调节菜单项设置的。按前面板水平控制区中的“MENU”键→“挡位调节”,选择所需的模式以后,转动水平“◎ SCALE”旋钮调节水平挡位,顺时针转动减小挡位,逆时针转动增大挡位。调节水平挡位时,屏幕左上角的挡位信息(如 H 1.000s)实时变化。水平挡位的调节范围为 2.000 ns~1.000 ks。

粗调(逆时针为例):按 1→2→5 步进设置水平挡位,即 2 ns、5 ns、10 ns、…、1.000 ks。

微调:在较小范围内进一步调整。

水平菜单中的最后一个菜单项叫作水平参考。水平参考是指调节水平“◎ SCALE”旋

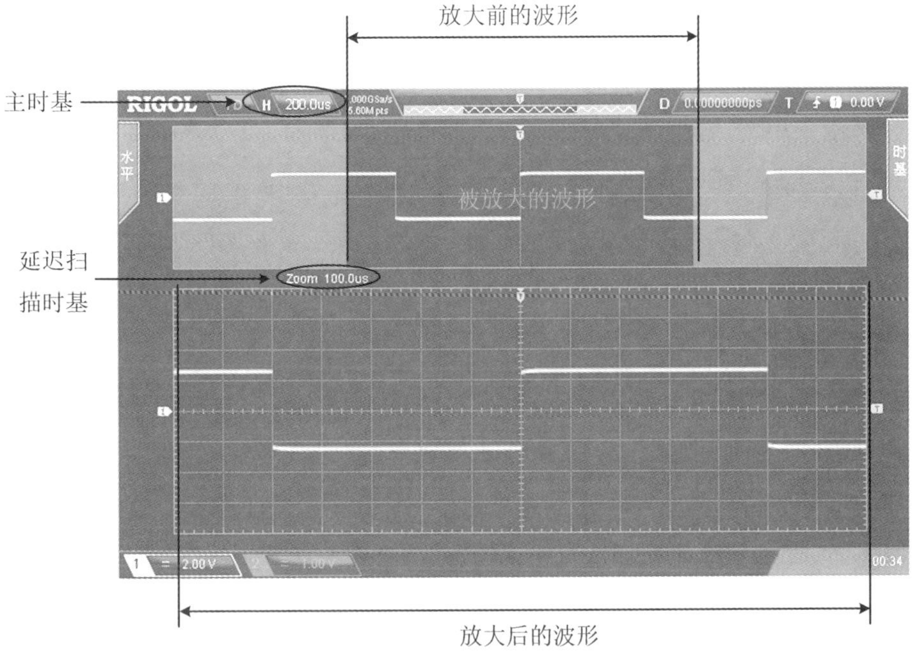

图 1.26　延迟扫描模式下波形的显示

钮时，屏幕波形进行水平扩展或压缩所依据的基准位置。在 Y-T 模式下（X-Y 模式和 Roll 模式无此功能），按前面板水平控制区中的“MENU”键→“水平参考”，选择所需的参考方式，默认为“屏幕中心”。

1. 屏幕中心

改变水平时基时，波形围绕屏幕中心水平扩展或压缩，如图 1.27 所示。

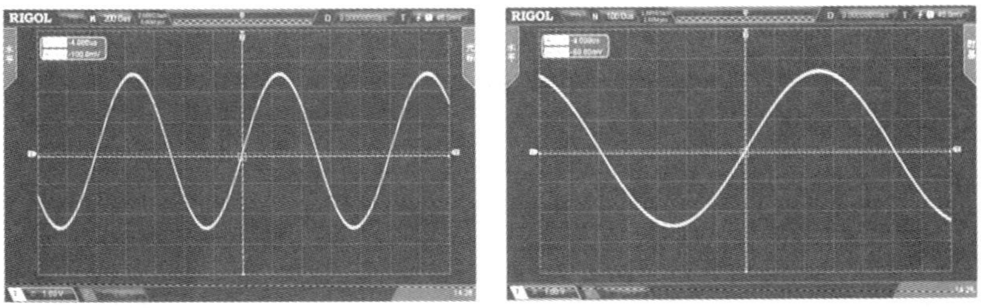

图 1.27

2. 触发位置

改变水平时基时，波形围绕触发点水平扩展或压缩，如图 1.28 所示。

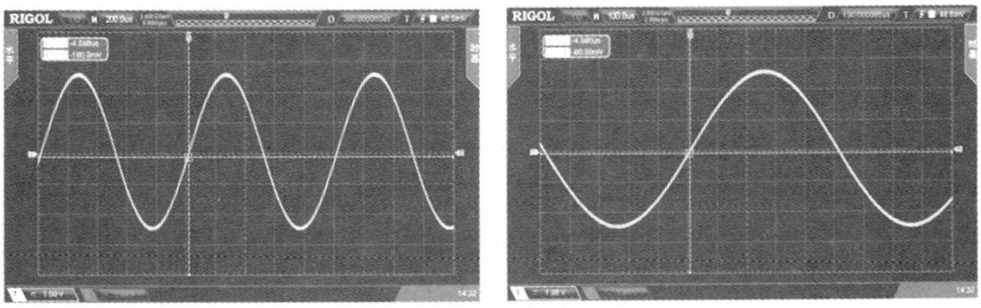

图 1.28

3. 自定义

改变水平时基时，波形围绕用户自定义的参考位置水平扩展或压缩。屏幕水平方向上最多可显示 700 个点，最左边为 350，最右边为－350。例如：设置参考位置为 150 时，图形如图 1.29 所示。

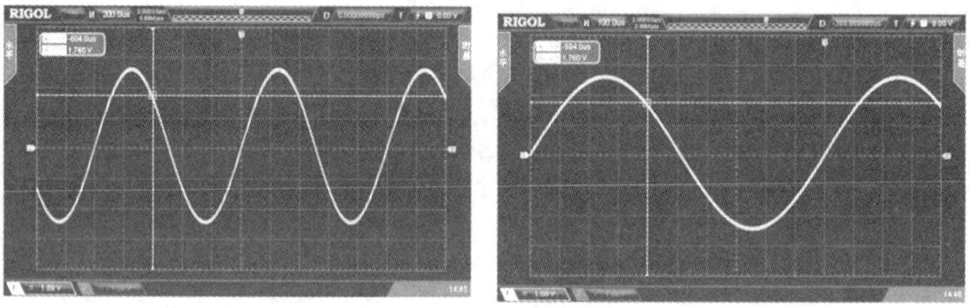

图 1.29

下面初步了解 DS2302A 型示波器水平系统的使用。

如图 1.18 所示，在水平控制区有一个按键、两个旋钮。下面的练习可以逐渐引导我们熟悉水平时基的设置。

（1）使用水平“SCALE”旋钮改变水平挡位设置，并观察因此导致的状态信息变化。

转动水平“SCALE”旋钮改变“S/div（秒/格）”水平挡位，可以发现屏幕上方状态栏的时基挡位标签显示发生了相应的变化。水平扫描速度从 1 ns～1 ks，以 1→2→5 的形式步进。延迟扫描模式可以通过快捷键实现，即按水平“SCALE”旋钮可以快速切换到延迟扫描模式或退出延迟扫描模式。

（2）使用水平“POSITION”旋钮调整信号在波形窗口的水平位置。

水平“POSITION”旋钮控制信号的触发位移或其他特殊用途。当应用于触发位移时，转动水平“POSITION”旋钮时，可以观察到波形随旋钮而水平移动。

（3）按“MENU”键，显示时基菜单。在此菜单下，可以开启/关闭延迟扫描模式，可以切换 Y-T、X-Y、Roll 显示模式，可以设置水平“SCALE”旋钮对水平挡位是粗调还是细调，还可以设置水平参考点。

1.4.5 触发系统

现代的数字存储示波器，其触发扫描的概念已经不仅仅指触发源信号上升或下降到某一个电平值发生扫描。实际上，数字存储示波器一直在接收信号，并将信号暂存在一种先入先出（FIFO）的寄存器中，形成波形流。当信号满足一定的特征条件，波形流中特征点前后的一部分波形就会显示到示波器屏幕上。所谓触发，是指按照需求设置一定的触发条件，当波形流中的某一波形满足这一条件时，示波器即时捕获该波形和其相邻的部分，并显示在屏幕上。数字存储示波器在工作时，不论仪器是否稳定触发，总是在不断的采集波形，但只有稳定的触发才有稳定的显示。触发电路保证每次时基扫描或采集都从输入信号上与用户定义的触发条件开始，即每一次扫描与采集同步，捕获的波形相重叠，从而显示稳定的波形。

由于数字存储示波器突破了模拟示波器只能使用边沿触发的限制，可以设置很多不同的波形特征作为触发条件，所以对波形的观察要灵活得多。触发设置应根据输入信号的特征进行，因此在测量前应该对被测信号有所了解，选择一种合适的波形特征点，才能快速捕获所需波形。这就是触发设置里的选择触发类型。本课程使用的 DS2302A 型示波器提供了丰富的高级触发功能，选择一个合适的触发类型，可以让使用者更容易单独关注感兴趣的波形细节。

在一般的电子实验中，边沿触发类型仍然是最常用的触发类型。对边沿触发类型来说，触发电平 LEVEL 是触发条件中的一个很重要的因素。简单地说，触发电平就是触发源信号(触发源信号经常是某路被测信号，也可以是其他外接信号)达到某个电压值，示波器就发生触发，屏幕上就会显示波形。这个电压值就叫触发电平。如果触发电平不合适，比如太大或太小使触发源信号无法达到该电平值，示波器就不能扫描，从而看不到波形(在普通触发或常态触发下)或者看到的波形不稳定(在自动触发下)。脉宽触发是另一类触发类型，它是让脉冲宽度满足某个条件而发生触发。关于其他复杂的触发类型，限于篇幅不再赘述，可以参考仪器的使用说明书。需要说明的是，不管什么触发类型，波形的幅值变化范围都应该有一个限制。所以要使波形稳定显示，除了设置的触发类型中的条件要满足外，电平旋钮还应该把触发电平调节到合适的位置。下面初步了解 DS2302A 型示波器的触发系统。

如图 1.19 所示，在触发控制区有一个旋钮、三个按键。下面的练习可以逐渐引导我们熟悉触发系统的设置。

(1) 使用“LEVEL”旋钮改变触发电平设置。

转动“LEVEL”旋钮，可以发现屏幕上出现一条橘黄色的触发线(触发耦合为直流或高频抑制时)，随旋钮转动而上下移动(触发耦合为交流或低频抑制时，无触发线显示)。停止转动旋钮，此触发线大约会在 2 s 后消失。在移动触发线的同时，可以观察到在屏幕上触发电平的数值显示发生了变化。

(2) 使用“MENU”键调出触发操作菜单(图 1.30)，改变触发的设置，观察由此造成的状态变化。

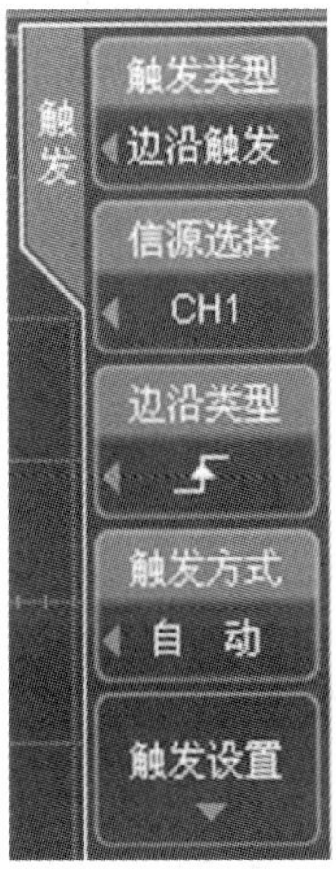

图 1.30　触发菜单

① 按 1 号菜单操作按键，选择边沿触发。

② 按 2 号菜单操作按键，选择“信源选择”为 CH1。

③ 按 3 号菜单操作按键，设置“边沿类型”为上升沿。

④ 按 4 号菜单操作按键，设置“触发方式”为自动。

⑤ 按 5 号菜单操作按键，进入二级菜单，设置“耦合”为直流，“触发释抑”为 100 ns，“噪

声抑制”关闭。

注:改变前三项的设置会导致屏幕右上角状态栏发生变化,改变第四项可看到触发控制区的触发方式指示灯发生变化。

(3) 按电平“LEVEL”旋钮设定触发电平在触发信号幅值的垂直中点。

(4) 按“FORCE”键强制产生一个触发信号,主要应用于触发方式中的“普通”和“单次”模式。

数字存储示波器因为功能多,使用复杂,对初次使用者来说,似乎很难短期内掌握,需要每次实验中都加强练习。为了让使用者快速使用,DS2302A 型示波器具有自动设置的功能。它根据输入的信号,可以自动调整电压倍率(即垂直挡位,垂直“SCALE”旋钮)、水平时基(水平“SCALE”旋钮)以及有关触发方式至最好形态显示。

使用自动设置的步骤:

(1) 将被测信号连接到信号输入通道。

(2) 按下“AUTO”键。

如果给示波器的 CH1 或 CH2 接入合适的被测信号,按下“AUTO”键,示波器将根据波形自动设置垂直挡位和水平挡位的值,同时将触发类型设置为边沿触发,触发信源选择为 CH1,边沿类型为上升沿,触发方式设为自动,触发释抑为 100 ns。此时示波器能大致显示被测波形,但未必使波形显示达到最佳。这里,“AUTO”功能要求被测信号的频率不小于 50 Hz,占空比大于 1%,且幅度至少为 20 mV_{pp}。若被测信号参数超出此限定范围,按下该键后,弹出菜单可能不显示快速参数测量选项。值得注意的是,作为初学者,我们要谨慎使用“AUTO”键甚至不用“AUTO”键。这是因为:① 手动设置示波器的垂直、水平和触发控制是我们的基本功,应该要做到比较熟练的掌握,不要依赖“AUTO”键。② 如果被测信号本身就不正常(这是经常容易出现的情况,因为被测电路有问题,可能就没有正常输出),使用“AUTO”键后自动显示的波形可能就不是我们所希望看到的波形(比如是噪声干扰波形)。如果不能通过示波器的垂直、水平和触发控制的设置判断,就会得到错误的数据而不自知。③ 如前所述,“AUTO”键的自动设置还不够完善,波形显示不能达到最佳状态,还需要我们进一步调节有关设置。所以,我们不建议大家使用“AUTO”键来自动设置,应该老老实实地一步一步进行手动调节。“AUTO”键是给那些对示波器比较熟悉的专业人士使用的。

1.4.6 功能菜单区简介

在功能菜单区有“Measure”键、“Acquire”键、“Storage”键、“Cursor”键、“Display”键、“Utility”键等 6 个按键,如图 1.23 所示。它们的含义分别如下:

“Measure”键为测量功能设置按键,按“Measure”键,系统显示测量菜单。如图 1.31 所示,其中图(a)是菜单的第一页,菜单左下侧有一个橘黄色闪烁的向下的大箭头,表示如果按功能菜单设置的软键“▽”,下面还有第二页。图(b)是菜单的第二页,菜单左下侧有一个橘黄色闪烁的向上的大箭头,表示如果按功能菜单设置的软键“△”,上面还有第一页。

DS2302A 型示波器共有 28 种自动参数测量功能。其中包括电压参数的最大值、最小值、峰峰值、顶端值、底端值、幅度值、平均值、有效值(均方根值)、过冲、预冲、面积、周期面积,以及时间参数的周期、频率、上升时间、下降时间、正脉宽、负脉宽、正占空比、负占空比、延迟1↑—>2↑、延迟1↓—>2↓、延迟1↑—>2↓、延迟1↓—>2↑、相位1↑—>2↑、相位1↓—>2↓、相位1↑—>2↓、相位1↓—>2↑的测量，共12种电压参数的测量和16种时间参数的测量。自动测量的结果显示在屏幕下方，最多可同时显示5个数据。当显示已满时，新的测量结果会导致原显示左移，从而将原屏幕最左的数据推挤到屏幕之外。通过"Measure"菜单也可以将"全部测量"项状态设置为打开，此时共有21种测量参数值显示于屏幕上方。如果要清除显示的测量参数，只要按一下"Measure"菜单中的"移除测量"，进入"移除测量"子菜单就可以分项或全部删除测量项。从子菜单回到主菜单，按最后一项返回箭头。

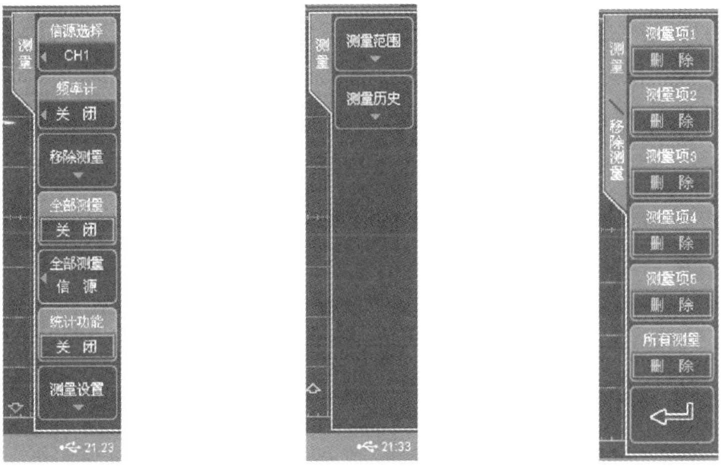

(a) 测量菜单第一页　　(b) 测量菜单第二页　　(c) 移除测量子菜单

图1.31　测量菜单

DS2302A型示波器可以自动测量的电压参数包括峰峰值、最大值、最小值、平均值、均方根值、顶端值、低端值等。图1.32表述了一系列电压参数的物理意义。

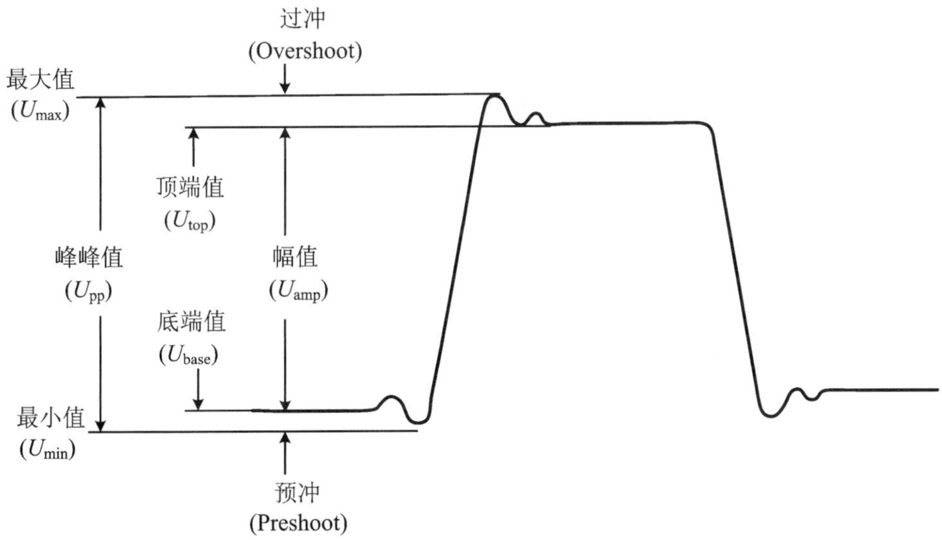

图1.32　脉冲信号的电压参数定义示意图

峰峰值(U_{pp}):波形最高点波峰至最低点的电压值。

最大值(U_{max}):波形最高点至 GND(地)的电压值。

最小值(U_{min}):波形最低点至 GND(地)的电压值。

幅值(U_{amp}):波形顶端至底端的电压值。

顶端值(U_{top}):波形平顶至 GND(地)的电压值。

底端值(U_{base}):波形平底至 GND(地)的电压值。

过冲($U_{overshoot}$):波形最大值与顶端值之差与幅值的比值。

预冲($U_{preshoot}$):波形最小值与底端值之差与幅值的比值。

平均值(Average):1 个周期内信号的平均幅值。

有效值(U_{rms}):即均方根值。依据交流信号在 1 周期时所换算产生的能量,对应于产生等值能量的直流信号电压,即均方根值。

DS2302A 型示波器可以自动测量的时间参数包括频率、周期、上升时间、下降时间、正脉宽、负脉宽、延迟 1—>2↑、延迟 1—>2↓、正占空比、负占空比,共 16 种时间参数的自动测量。图 1.33 表述了部分时间参数的物理意义。

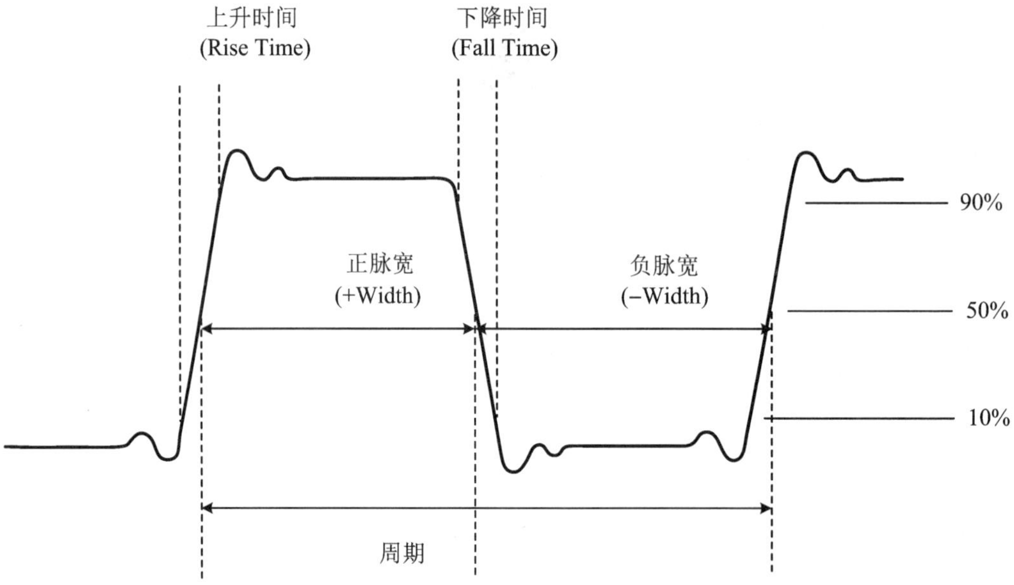

图 1.33 时间参数意义示意图

上升时间(Rise Time):波形幅度从 10%上升至 90%所经历的时间。

下降时间(Fall Time):波形幅度从 90%下降至 10%所经历的时间。

正脉宽(+Width):正脉冲在 50%幅度时的脉冲宽度。

负脉宽(—Width):负脉冲在 50%幅度时的脉冲宽度。

延迟 1—>2↑ (Delay1—>2↑):通道 1、2 相对于上升沿的延时。

延迟 1—>2↓ (Delay1—>2↓):通道 1、2 相对于下降沿的延时。

正占空比(+Duty):正脉宽与周期的比值。

负占空比(—Duty):负脉宽与周期的比值。

如果通过菜单操作键选择参数类型,就可以在屏幕下方直接读取显示的数据。若显示的数据为"* * * * *",表明在当前的设置下,此参数不可测量。

"Acquire"键为采样系统的功能按键，使用此键将弹出采样设置菜单，以调整采样方式。获取方式可以选择普通获取方式或平均获取方式等。希望观察信号的包络避免混淆，可以选用峰值检测方式。希望减少所显示信号中的随机噪音，可以选用平均采样方式，平均值的次数可以选择。平均次数越高，随机噪音去除效果越好，但示波器波形反应速度就越慢。所以平均次数的选择应该在降噪和速度两方面进行权衡。

"Storage"键为存储系统的功能按键，使用此键将弹出存储设置菜单。通过菜单控制键设置存储类型、保存介质、调出介质设置、磁盘文件管理等。示波器出厂前已为各种正常操作进行了预先设定，任何时候使用者都可根据需要调出厂家设置，此项功能对于初学者相当实用。注意：① 选择波形存储不但可以保存两个通道的波形，而且同时可以存储当前的状态设置。② 更改设置后，至少要等待 5 s 才关闭示波器，以保证新设置得到正确的储存。

"Cursor"键为光标测量功能按键，光标模式允许用户通过移动光标进行测量。光标测量分为三种模式：① 手动方式。光标电压或时间方式成对出现，并可手动调整光标的间距。显示的读数即为测量的电压或时间值。当使用光标时，需首先将信号源设定成我们所要测量的波形。② 追踪方式。水平与垂直光标交叉构成十字光标。十字光标自动定位在波形上，通过旋转对应的垂直控制区域或水平控制区域的"POSITION"旋钮，调整十字光标在波形上的水平位置。示波器同时显示光标点的坐标。③ 自动测量方式。通过此设定，在自动测量模式下，系统会显示对应的电压或时间光标，以揭示测量的物理意义。系统根据信号的变化，自动调整光标位置，并计算相应的参数值。注意：此方式在未选择任何自动测量参数时无效。

光标测量的详细操作这里不再赘述，可参考仪器的使用说明书或在 DS2302A 型示波器的光标测量功能菜单里通过选择有关选项来自行摸索。

"Display"键为显示系统的功能按键，使用此键将弹出显示设置菜单，以调整显示方式。如显示类型（采样点之间通过连线的方式显示，即矢量显示；直接显示采样点，即点显示）、选择屏幕网格和网格亮度、调整余辉时间和波形亮度等。显示设置菜单还可以设置波形保持时间等。

"Utility"键为辅助系统功能按键，使用此键将弹出辅助系统功能设置菜单。通过菜单控制按钮可以设置接口（需要另配扩展功能模块）、按键声音、选择菜单语言等。

1.4.7　测量简单信号的使用实例

任务：观测电路中一未知信号，迅速显示和测量信号的频率和峰峰值。

1. 迅速显示信号

欲迅速显示该信号，可以按如下步骤操作：

（1）将探头菜单衰减系数设定为 10×，并将探头上的开关设定为 10×。如果使用 Q9 双夹线作探头，则探头菜单衰减系数应该设定为 1×。

（2）将 CH1 的探头连接到电路被测点。

（3）按下"AUTO"键。示波器将自动设置使波形显示在屏幕上。在此基础上，还需要进一步调节垂直与水平挡位，直至波形的显示符合要求。

2. 进行自动测量

示波器可对大多数显示信号进行自动测量。欲测量信号频率和峰峰值，可以按如下步

骤操作:

(1) 按下“Measure”键以显示自动测量菜单。

(2) 按左上角快速测量“MENU”键,如果左侧菜单出现“垂直”标签,则再按一次“MENU”键,直到呈现“水平”标签,再进行时间测量。

(3) 按下 2 号菜单操作键选择频率。此时,可以在屏幕下方发现频率的显示。

(4) 按左上角快速测量“MENU”键,使左侧菜单出现“垂直”标签,再进行电压测量。

(5) 按下 3 号菜单操作键选择峰峰值。此时,可以在屏幕下方发现峰峰值的显示。

测量结果在屏幕上的显示会随着被测信号的变化而改变。

1.5 信号发生器

信号发生器,简单地说就是产生信号的仪器,该信号可以作为我们被测电路和系统的激励源,所以信号发生器也经常被称为信号源。不同的场合需要的信号源波形不同,使用的信号发生器也就不同,如图 1.34 所示。在电子实验中,电路输入端最常用到的信号有正弦波、矩形波(方波是矩形波的特例)、锯齿波(三角波是锯齿波的特例),同时含有这三种波形的信号发生器也叫函数发生器。

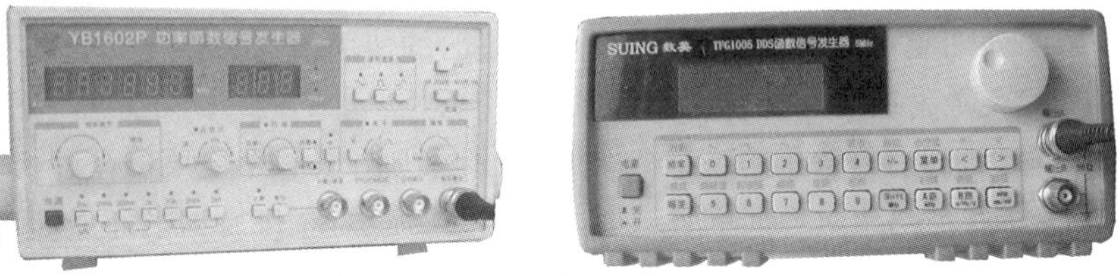

图 1.34 两款信号发生器外观图

1.5.1 简述

不管是正弦波还是矩形波或锯齿波,它们都是周期信号。因此,信号发生器输出信号的基本参数是频率(或周期)和幅值。复杂一点的信号源,参数虽然较多,但归纳起来无非就是电压和时间两个方面的参数。如果是函数发生器,还需要选择波形类型(正弦波、矩形波或锯齿波)。一个实用的信号发生器或函数发生器产品,一般有下面几个参数可选择或可调节。

1. 波形

可选择正弦波、方波(其实是矩形波)、三角波。有的还有专门的 TTL 信号输出端。

2. 幅值

电压类参数。对于不同的波形,幅值的概念可能不一样。正弦波的幅值是有效值(即均方根值)或峰峰值,而对矩形波来说就是幅度(低电平与高电平之差)。有的信号发生器对于幅值的调节分为粗调和细调,或者先选择幅值范围再细调,或者调一个输出电压值再衰减一个不同的倍数。

3. 频率

时间类参数。与幅值一样，频率是信号源的另一个重要指标。频率的调节往往也为分粗调和细调。有的甚至是先选择幅值范围，再选择百位数、十位数和个位数。

4. 周期

时间类参数。周期是频率的倒数。

5. 偏移

电压类参数。波形的直流偏移，就是垂直方向的中点电压值。如果是一个正弦波输出，则偏移量就是该输出的直流分量。

6. 占空比

时间类参数。对矩形波来说，占空比表示高电平持续的时间（脉冲宽度）占一个周期之比。

1.5.2 DG4202型函数/任意波形发生器简介

DG4202型函数/任意波形发生器（简称DG4202型信号发生器）是一台比较先进的信号发生器，与前面简述里介绍的相比，功能大大增强。主要体现在以下方面：

（1）采用DDS直接数字合成技术，与传统的文氏电桥技术相比，可生成稳定、精确、纯净且低失真的输出信号。

（2）最大输出频率可达到200 MHz，采样率500 MSa/s，大大提高了输出频率范围。

（3）作为函数信号发生器，它的输出波形种类也扩展了很多，包括正弦波、方波、锯齿波、脉冲波、噪声、sinc、指数上升、指数下降、心电图、高斯、半正矢、洛仑兹、双音频、谐波、视频信号、雷达信号和DC电压等，可输出多达150种波形或函数。除此以外，还可以编辑16 Kpts的任意波形，支持任意波逐点输出；可输出具有指定次数和幅度的谐波，最高可输出16次谐波；支持在基本波形上叠加高斯噪声。对于脉冲信号，其上升沿时间和下降沿时间可单独调节。

（4）两个信号输出端。两路信号功能完全相同，参数分别可调，并且还可以精确调节双通道的相位，增加了使用的灵活性。具有丰富的输入/输出端口，包括波形输出、同步信号输出、调制源输入、10 MHz时钟源输入/输出和触发输入/输出等。

（5）两通道可分别或同时输出同步信号。

（6）可调制输出。具有AM、FM、PM、ASK、FSK、PSK、BPSK、QPSK、3FSK、4FSK、OSK和PWM等丰富的调制类型。双通道可分别或同时采用内部或外部调制、内部或外部或手动触发。

（7）支持频率扫描和脉冲串输出。

（8）具有丰富的数据处理能力。例如：支持通道间的波形复制和状态复制；可存储和读取任意波形数据文件和仪器状态文件；支持多种文件类型；支持FAT32格式的Flash型U盘存储。

（9）具有丰富的人机交互界面。7英寸、16M、真彩（TFT）液晶显示屏，同时显示双通道的波形参数和图形，显示清楚，调节方便。提供中英文帮助信息、提示消息和界面显示。

（10）可以进行二次开发。有USB Host、USB Device和LAN三种标准配置接口；支持10/100M以太网，可以通过Web远程控制仪器；符合LXI Core 2011 Device仪器标准；有与之配套的功能强大的波形编辑 PC 软件 Ultra Station。

(11) 提供 7digits/s、200 MHz 频率计,可测量外部输入信号的频率、周期、占空比、正脉宽和负脉宽等参数,并提供测量结果的统计功能。

DG4202 型信号发生器是集函数发生器、任意波形发生器、脉冲发生器、谐波发生器、模拟/数字调制器、频率计等功能于一身,是一款高性能、多功能的双通道函数/任意波发生器。

1.5.3 DG4202 型函数/任意波形发生器的前后面板和用户界面

DG4202 型信号发生器的前面板示意图如图 1.35 所示。各区域的功能介绍如下。

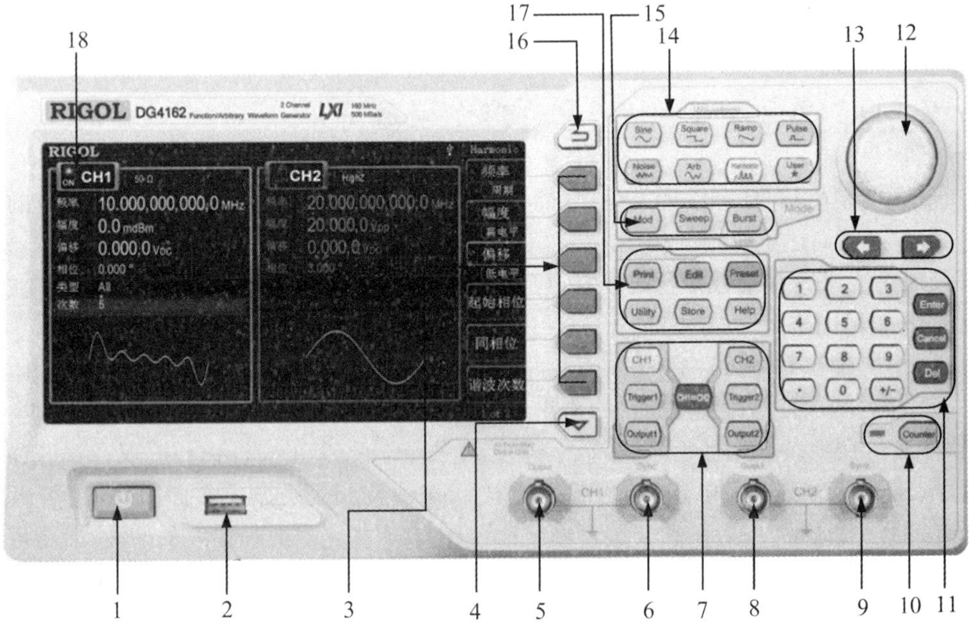

图 1.35 DG4202 型信号发生器前面板示意图

1. 电源键

用于启动或关闭信号发生器。当电源键关闭时,信号发生器处于待机模式。只有拔下后面板的电源线,信号发生器才会处于断电状态。

可以启用或禁用该按键的功能。启用时,仪器上电后,需要手动按下电源键启动仪器;禁用时,仪器上电后自动启动。

2. USB Host

支持 U 盘、RIGOL 数字示波器和功率放大器。

(1) U 盘:读取 U 盘中的波形或状态文件;将当前的仪器状态或编辑的任意波形数据存储到 U 盘中;将当前屏幕显示的内容以指定的图片格式(. Bmp 或. Jpeg)存储到 U 盘中(在 U 盘中自动新建一个文件夹"Rigol")。

(2) 数字示波器:与 RIGOL 的 DS1000E、DS6000、MSO/DS4000、MSO/DS2000、MSO/DS1000Z 系列数字示波器进行无缝互联,读取并存储示波器屏幕或内存中的波形,再无损地重现出来。

(3) 功率放大器(选件):支持 RIGOL 的功率放大器(如 PA1011),对其进行在线配置,将信号功率放大后输出。

3. 菜单键

与其左侧菜单一一对应，按下任一键激活对应的菜单。

4. 菜单翻页

打开当前菜单的上一页或下一页。

5. CH1 输出端

BNC 连接器，标称输出阻抗为 50 Ω。

当“Output1”打开时（背灯变亮），该连接器以 CH1 当前配置输出波形。

6. CH1 同步输出端

BNC 连接器，标称输出阻抗为 50 Ω。

当 CH1 同步打开时，该连接器输出与 CH1 当前配置相匹配的同步信号（请参阅参考文献[3]里“同步”中的介绍）。

7. 通道控制区

“CH1”键：选择通道 CH1。选择后，背灯变亮，用户可以设置 CH1 的波形、参数和配置。

“CH2”键：选择通道 CH2。选择后，背灯变亮，用户可以设置 CH2 的波形、参数和配置。

“Trigger1”键：CH1 手动触发按键，在扫频或脉冲串模式下，用于手动触发 CH1 产生一次扫频或脉冲串输出（仅当“Output1”打开时）。

“Trigger2”键：CH2 手动触发按键，在扫频或脉冲串模式下，用于手动触发 CH2 产生一次扫频或脉冲串输出（仅当“Output2”打开时）。

“Output1”键：开启或关闭 CH1 的输出。

“Output2”键：开启或关闭 CH2 的输出。

“CH1⇌CH2”键：执行通道复制功能（请参阅参考文献[3]里“通道复制”中的介绍）。

8. CH2 输出端

BNC 连接器，标称输出阻抗为 50 Ω。

当“Output2”打开时（背灯变亮），该连接器以 CH2 当前配置输出波形。

9. CH2 同步输出端

BNC 连接器，标称输出阻抗为 50 Ω。

当 CH2 同步打开时，该连接器输出与 CH2 当前配置相匹配的同步信号（请参阅参考文献[3]里“同步”中的介绍）。

10. 频率计

按下“Counter”键，开启或关闭频率计功能。频率计功能开启时，“Counter”键背灯变亮，左侧指示灯闪烁。若屏幕当前处于频率计界面，再次按下该键关闭频率计功能；若屏幕当前处于非频率计界面，再次按下该键则切换到频率计界面（请参阅参考文献[3]里“频率计”中的介绍）。

11. 数字键盘

用于输入参数，包括数字键“0”至“9”、小数点“.”、符号键“+/−”、“Enter”键、“Cancel”键和“Del”键。

注意　要输入一个负数时，需在输入数值前输入一个符号“−”。此外，小数点“.”还可以用于快速切换单位；符号键“+/−”用于切换大小写（关于如何使用数字键盘输入参数，请参阅参考文献[3]里“参数设置”中的介绍）。

12. 旋钮

在参数设置时，用于增大(顺时针)或减小(逆时针)当前突出显示的数值。

在存储或读取文件时，用于选择文件保存的位置或用于选择需要读取的文件。

在输入文件名时，用于切换软键盘中的字符。

在定义“User”键快捷波形时，用于选择内置波形。

13. 方向键

在使用旋钮和方向键设置参数时，用于切换数值的位。

在文件名输入时，用于移动光标的位置。

14. 波形选择区

“Sine”键——正弦波，提供频率从 1 μHz～160 MHz 的正弦波输出。

(1) 选中该功能时，按键背灯将变亮。

(2) 可以改变正弦波的“频率/周期”“幅值/高电平”“偏移/低电平”和“起始相位”。

“Square”键——方波，提供频率从 1 μHz～50 MHz 并具有可变占空比的方波输出。

(1) 选中该功能时，按键背灯将变亮。

(2) 可以改变方波的“频率/周期”“幅值/高电平”“偏移/低电平”“占空比”和“起始相位”。

“Ramp”键——锯齿波，提供频率从 1 μHz～4 MHz 并具有可变对称性的锯齿波输出。

(1) 选中该功能时，按键背灯将变亮。

(2) 可以改变锯齿波的“频率/周期”“幅值/高电平”“偏移/低电平”“对称性”和“起始相位”。

“Pulse”键——脉冲波，提供频率从 1 μHz～40 MHz 并具有可变脉冲宽度和边沿时间的脉冲波输出。

(1) 选中该功能时，按键背灯将变亮。

(2) 可以改变脉冲波的“频率/周期”“幅值/高电平”“偏移/低电平”“脉宽/占空比”“上升沿”“下降沿”和“起始相位”。

“Noise”键——噪声，提供带宽为 120 MHz 的高斯噪声输出。

(1) 选中该功能时，按键背灯将变亮。

(2) 可以改变噪声的“幅值/高电平”和“偏移/低电平”。

“Arb”键——任意波，提供频率从 1 μHz～40 MHz 的任意波输出。

(1) 支持逐点输出模式。

(2) 可以输出 150 种内建波形以及 U 盘中存储的任意波形。

(3) 可以输出用户在线编辑(16 Kpts)或通过 PC 软件编辑后下载到仪器中的任意波。

(4) 选中该功能时，按键背灯将变亮。

(5) 可以改变任意波的“频率/周期”“幅值/高电平”“偏移/低电平”和“起始相位”。

“Harmonic”键——谐波，提供频率从 1 μHz～80 MHz 的谐波输出。

(1) 可以输出最高 16 次谐波。

(2) 可以设置谐波的“谐波次数”“谐波类型”“谐波幅度”和“谐波相位”。

“User”键——用户自定义波形键，用户可以将该按键定义为最常用的内建波形或已存波形的快捷键(“Utility”→“用户键”)，此后便可以在任意操作界面，按下该键快速打开所需的内建波形并设置其参数。

15. 模式选择区

“Mod”键——调制，可输出经过调制的波形，提供多种模拟调制和数字调制方式，可产生 AM、FM、PM、ASK、FSK、PSK、BPSK、QPSK、3FSK、4FSK、OSK 和 PWM 调制信号。支持“内部”和“外部”调制源。

“Sweep”键——扫频，可产生“正弦波”“方波”“锯齿波”和“任意波(DC 除外)”的扫频信号。

(1) 支持“线性”“对数”和“步进”3 种扫频方式。

(2) 支持“内部”“外部”和“手动”3 种触发源。

(3) 提供“标记”功能。

(4) 选中该功能时，按键背灯将变亮。

“Burst”键——脉冲串，可产生“正弦波”“方波”“锯齿波”“脉冲波”和“任意波(DC 除外)”的脉冲串输出。

(1) 支持“N 循环”“无限”和“门控”3 种脉冲串模式。

(2) “噪声”也可用于产生门控脉冲串。

(3) 支持“内部”“外部”和“手动”3 种触发源。

(4) 选中该功能时，按键背灯将变亮。

注意　当仪器工作在远程模式时，该键用于返回本地模式。

16. 返回上一级菜单

该按键用于返回上一级菜单。

17. 快捷键/辅助功能键

“Print”键——打印功能键，执行打印功能，将屏幕波形以图片形式保存到 U 盘。

“Edit”键——编辑波形快捷键，该按键是“Arb”→“编辑波形”的快捷键，用于快速打开任意波编辑界面。

“Preset”键——恢复预设值，用于将仪器状态恢复到出厂默认值或用户自定义状态(请参阅参考文献[3]里“还原预设配置”中的介绍)。

“Utility”键——辅助功能与系统设置，用于设置辅助功能参数和系统参数。选中该功能时，按键背灯将变亮。

“Store”键——存储功能键，可存储/调用仪器状态或者用户编辑的任意波数据。

(1) 支持常规文件操作。

(2) 内置一个非易失性存储器(C 盘)，并可外接一个 U 盘(D 盘)。

(3) 选中该功能时，按键背灯将变亮。

“Help”键——帮助，要获得任何前面板按键或菜单软键的上下文帮助信息，按下该键将其点亮后，再按下需要获得其帮助信息的按键。

18. LCD

800×480、TFT 彩色液晶显示器，显示当前功能的菜单和参数设置、系统状态以及提示消息等内容。

注意　通道输出端设有过压保护功能。当输入电压大于一定值后，产生过压保护时，仪器屏幕显示提示消息：“过载保护，输出关闭！”。

DG4202 型信号发生器的后面板示意图如图 1.36 所示。各区域的功能介绍如下。

图 1.36　DG4202 型信号发生器的后面板示意图

1. AC 电源输入

本信号发生器支持的交流电源规格为:100～240 V,45～440 Hz。

电源保险丝:250 V,T2A。

2. LAN 接口

通过该接口将信号发生器连接至局域网中,进行远程控制。本信号发生器符合 LXI Core 2011 Device 仪器标准,可与其他标准设备快速搭建测试系统,轻松实现系统集成。

3. 防盗锁孔

使用防盗锁(自行购买)可将仪器锁定在固定位置。

4. USB Device 接口

通过该接口可连接 PictBridge 打印机以打印屏幕图像,或连接电脑(PC)以通过上位机软件对信号发生器进行控制。

5. 10 MHz 输入/输出端(10 MHz In/Out)

BNC 母头连接器,标称阻抗为 50 Ω,其功能由仪器使用的时钟类型决定。DG4000 型信号发生器可以使用内部时钟或外部时钟(请参阅参考文献[3]里“同步”中的介绍)。

(1) 若仪器使用内部时钟源,该连接器(用作 10 MHz Out)可输出由仪器内部晶振产生的 10 MHz 时钟信号。

(2) 若仪器使用外部时钟源,该连接器(用作 10 MHz In)接收一个来自外部的 10 MHz 时钟信号。

(3) 该连接器通常用于在多台仪器之间建立同步(请参阅参考文献[3]里“同步”中的介绍)。

6. CH1 外调制/触发输入端(CH1:Mod/FSK/Trig)

BNC 母头连接器,标称阻抗为 50 Ω,其功能由 CH1 当前的工作模式决定。

1) Mod

若 CH1 开启 AM、FM、PM、PWM 或 OSK 且使用外部调制源,该连接器接收一个来自外部的调制信号。

2）FSK

若 CH1 开启 ASK、FSK 或 PSK 且使用外部调制源，该连接器接收一个来自外部的调制信号（可设置该信号的极性）。

3）Trig In

若 CH1 开启扫频或脉冲串功能且使用外部触发源，该连接器接收一个来自外部的触发信号（可设置该信号的极性）。

4）Trig Out

若 CH1 开启扫频或脉冲串功能且使用内部或手动触发源，该连接器输出具有指定边沿的触发信号。

7. CH2 外调制/触发输入端（CH2：Mod/FSK/Trig）

BNC 母头连接器，标称阻抗为 50 Ω，其功能由 CH2 当前的工作模式决定。

1）Mod

若 CH2 开启 AM、FM、PM、PWM 或 OSK 且使用外部调制源，该连接器接收一个来自外部的调制信号。

2）FSK

若 CH2 开启 ASK、FSK 或 PSK 且使用外部调制源，该连接器接收一个来自外部的调制信号（可设置该信号的极性）。

3）Trig In

若 CH2 开启扫频或脉冲串功能且使用外部触发源，该连接器接收一个来自外部的触发信号（可设置该信号的极性）。

4）Trig Out

若 CH2 开启扫频或脉冲串功能且使用内部或手动触发源，该连接器输出具有指定边沿的触发信号。

8. 外部信号输入端（Counter）

BNC 母头连接器，标称阻抗为 50 Ω，用于接收频率计测量的外部信号。

DG4202 型信号发生器的用户界面如图 1.37 所示。

DG4202 型信号发生器可以在屏幕上同时显示两个通道的参数和波形。图 1.37 所示为 CH1 和 CH2 均选择正弦波时的界面。基于当前功能的不同，界面显示的内容会有所不同。各区域的功能介绍如下。

1. 当前功能

显示当前已选中功能的名称。例如："Sine"表示当前选中"正弦波"功能，"ArbEdit"表示当前选中"任意波编辑"功能。

2. 状态栏

基于当前的配置，状态栏将显示如下的指示符。

仪器正确连接至局域网时，点亮该标识。

仪器工作于远程模式时，点亮该标识。

仪器检测到 U 盘时，点亮该标识。

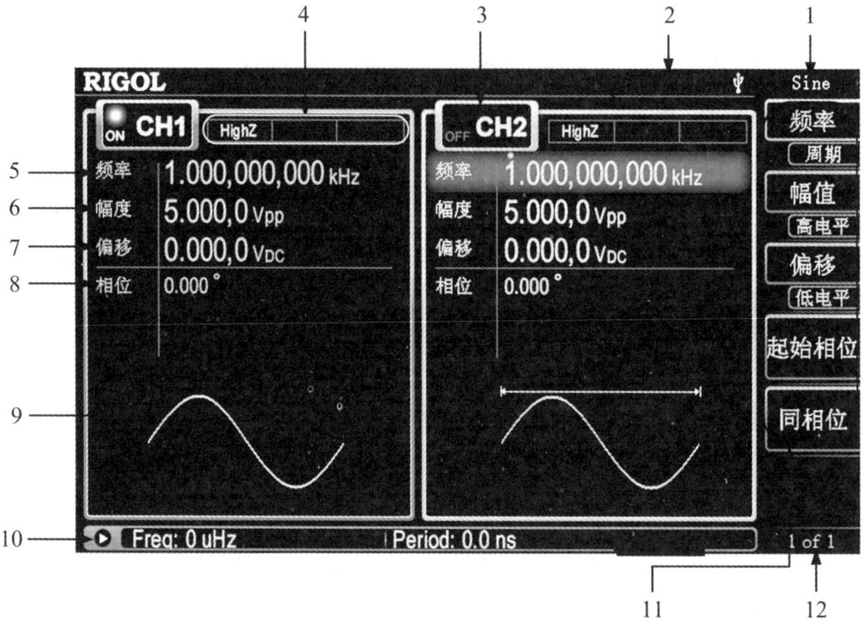

图 1.37　DG4202 型信号发生器的用户界面

3. 通道状态

CH1 和 CH2 的显示区域,指示相应通道的选择状态和开关状态(ON/OFF)。当前已选中通道的显示区域高亮显示;当前已打开通道的开关状态为“ON”。

注意　“选中”通道不同于“打开”通道。“选中 CH1”表示用户可以配置 CH1 的参数,此时“CH1”背灯变亮;“打开 CH1”表示 CH1 以当前配置输出波形,此时“Output1”背灯变亮。

4. 通道配置

显示各通道当前的输出配置,包括输出阻抗的类型、工作模式、调制或触发源的类型。

(1) 输出阻抗的类型:

高阻:显示“HighZ”。

负载:显示负载电阻值,默认为“50 Ω”。

(2) 工作模式:

调制:显示“Mod”。

扫频:显示“Sweep”。

脉冲串:显示“Burst”。

(3) 调制/触发源的类型:

内部调制或内部触发源:显示“Internal”。

外部调制或外部触发源:显示“External”。

手动触发源:显示“Manual”。

5. 频率

显示各通道当前波形的频率。按相应的“频率”菜单后,通过数字键盘或旋钮改变该参数。当前可设置的参数会突出显示,数字上方的亮点表示光标处于当前位。

6. 幅度

显示各通道当前波形的幅度。按相应的“幅值”菜单后,通过数字键盘或旋钮改变该参数。当前可设置的参数会突出显示，数字上方的亮点表示光标处于当前位。

7. 偏移

显示各通道当前波形的直流偏移。按相应的“偏移”菜单后，通过数字键盘或旋钮改变该参数。当前可设置的参数会突出显示，数字上方的亮点表示光标处于当前位。

8. 相位

显示各通道当前波形的相位。按相应的“起始相位”菜单后，通过数字键盘或旋钮改变该参数。当前可设置的参数会突出显示，数字上方的亮点表示光标处于当前位。

9. 波形

显示各通道当前选择的波形。

10. 频率计

仅在频率计功能打开且屏幕处于非频率计界面时显示频率计的简要信息。

(1) 统计功能关闭时：仅显示频率值和周期值。

(2) 统计功能打开时：显示当前选择的测量参数、统计功能的开/关状态、测量值和测量次数。

11. 菜单

显示当前已选中功能对应的操作菜单。例如：图 1.37 显示的是“正弦波”功能菜单。

12. 菜单页码

显示当前菜单的页数和页码，如“1 of 1”或“1 of 2”。

DG4202 型信号发生器参数设置可通过数字键盘或旋钮和方向键完成。具体介绍如下。

1. 数字键盘

数字键盘(图 1.38)由以下几部分组成：

(1) 数字键：数字键 0～9 用于直接输入所需的参数值。

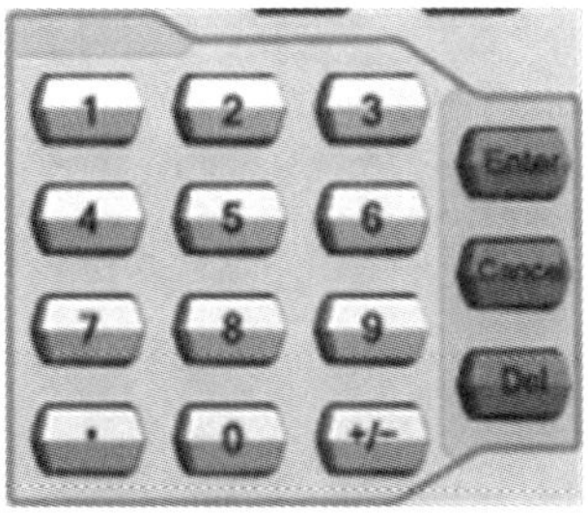

图 1.38　数字键盘

(2) 小数点键“.”：按下该键，当前光标处插入一个小数点“.”。

(3) 符号键“+/−”：用于改变参数的符号。首次按下该键，参数符号为“−”，再次按下该键，符号切换为“+”。

注意：在编辑文件名时，符号键用于切换大小写。

(4) 确认键“Enter”：用户输入参数过程中，按下该键将结束参数输入，并为参数添加默认的单位值。

(5) 放弃键“Cancel”：

① 在参数输入过程中，按下该键将清除活动功能区的输入，同时退出参数输入状态。

② 关闭活动功能区显示。

(6) 删除键“Del”：

① 在参数输入过程中，按下该键将删除光标左边的字符。

② 在编辑文件名时，按下该键删除已输入的字符信息。

2. 方向键和旋钮

方向键(图 1.39)功能包括：

(1) 在参数输入时，方向键用于移动光标以选择当前编辑的位。

(2) 在编辑文件名时，方向键用于移动光标的位置。

旋钮(图 1.40)功能包括：

(1) 在参数可编辑状态，旋转旋钮将以指定步进增大(顺时针)或减小(逆时针)参数。

(2) 在编辑文件名时，旋钮用于选中软键盘中不同的字符。

(3) 在“Arb”→“选择波形”→“内建波形”和“Utility”→“用户”键过程中，旋钮用于选中不同的任意波。

(4) 在存储与调用功能中，旋钮用于选择文件保存的位置或用于选择需要读取的文件。

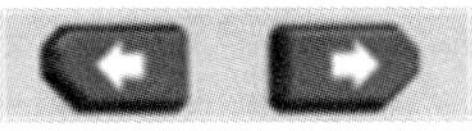

图 1.39 方向键

图 1.40 旋钮

DG4202 型信号发生器内置帮助系统，要获得任何前面板按键或菜单键的帮助信息，首先按下“Help”键将其点亮，然后再按下你所需要获得帮助的按键。

连续按两次“Help”键可以打开如下常用帮助信息：

(1) 查看显示的最后一条信息。

(2) 查看远程命令错误队列。

(3) 获得任意键的帮助。

(4) 基本波形输出。

(5) 任意波形输出。

(6) 调制波形输出。

(7) 扫频输出。

(8) 突发输出。

(9) 存储管理。

(10) 同步多台仪器。

(11) 与 DS 无缝互联。

(12) RIGOL 技术支持。

1.5.4 输出基本波形

DG4202 型信号发生器可从单通道或同时从双通道输出基本波形。开机时，通道默认配置频率为 1 kHz、幅度为 5V_{pp}的正弦波。下面介绍如何调制仪器输出几种常见的基本波形。

1. 选择通道

DG4202 型信号发生器有两个信号输出通道，就是说最多可以同时输出两路不同的波形。每一路的输出都称为一个通道，所以它有 CH1、CH2 两个通道。

用户可以从单通道或同时从双通道输出基本波形。配置波形参数之前，选择所需的通道。开机时，仪器默认选中 CH1。

通道的操作有两个方面：选中和输出。选中后只是可以对它进行设置等屏幕操作，输出端是不是有波形输出还要看它的输出状态。按下前面板“CH1”或“CH2”键，屏幕中对应的通道区域变亮，同时按键的背灯也变亮。此时，你可以配置所选通道的波形和参数。CH1 与 CH2 不可同时被选中。可以首先选中 CH1，完成波形和参数的配置后，再选中 CH2 进行配置。

当前已选中通道的显示区域高亮显示；当前已打开通道的开关状态为“ON”。

当选中通道设置完成后，可以通过按“Output1”或“Output2”键输出信号。某通道打开后，该通道在屏幕上指示相应通道的选开关状态(ON/OFF)就显示“ON”，见图 1.37 用户界面的解释 3“通道状态”。再按一次“Output1”或“Output2”键，开关状态显示“OFF”，此时输出关闭。参见后文“启用通道输出”。

2. 选择基本波形

DG4202 型信号发生器可输出 5 种基本波形，包括正弦波、方波、锯齿波、脉冲和噪声。开机时，仪器默认选中正弦波。

(1) 正弦波：按下前面板“Sine”键选择正弦波，按键背灯变亮。此时，用户界面右侧显示“Sine”及正弦波的参数设置菜单。

(2) 方波：按下前面板“Square”键选择方波，按键背灯变亮。此时，用户界面右侧显示“Square”及方波的参数设置菜单。

(3) 锯齿波：按下前面板“Ramp”键选择锯齿波，按键背灯变亮。此时，用户界面右侧显示“Ramp”及锯齿波的参数设置菜单。

(4) 脉冲：按下前面板“Pulse”键选择脉冲，按键背灯变亮。此时，用户界面右侧显示“Pulse”及脉冲的参数设置菜单。

(5) 噪声：按下前面板“Noise”键选择噪声，按键背灯变亮。此时，用户界面右侧显示“Noise”及噪声的参数设置菜单。

3. 设置频率

频率是基本波形最重要的参数之一。基于不同的型号和不同的波形，频率的可设置范围不同，请参阅参考文献[3]里“技术参数”中“频率特性”的说明。默认值为 1 kHz。

打开信号发生器，屏幕显示的频率为默认值或之前设置的频率。当仪器功能改变时，若该频率在新功能下有效，则仪器依然使用该频率；若该频率在新功能下无效，仪器则弹出提示消息，并自动将频率设置为新功能的频率上限值。

按“频率/周期”键使“频率”突出显示。此时，使用数字键盘输入频率的数值，并在弹出的单位菜单中选择所需的单位，或者使用方向键和旋钮修改当前值。

(1) 频率数值的输入方法请参阅参考文献[3]里“参数设置”中的介绍。

(2) 可选的频率单位有 MHz、kHz、Hz、mHz 和 μHz。

(3) 再次按下“频率/周期”键将切换至周期设置，此时“周期”突出显示。

(4) 可选的周期单位有 sec、msec、μsec 和 nsec。

4. 设置幅度

幅度是基本波形最重要的参数之一。

幅度的可设置范围受“阻抗”和“频率/周期”设置的限制，请参阅参考文献[3]里“技术参数”中“输出特性”的说明。默认值为 5 V_{pp}(表示 5 V 峰峰值)。

开机后，屏幕显示的幅度为默认值或之前设置的幅度。当仪器配置改变时(如频率)，若该幅度有效，则仪器依然使用该幅度；若该幅度无效，仪器则弹出提示消息，并自动将幅度设置为新配置的幅度上限值。对于方波信号，也可以使用“高电平”或“低电平”设置幅度。

按“幅值/高电平”键使“幅值”突出显示。此时，使用数字键盘输入幅度的数值并在弹出的单位菜单中选择所需的单位，或者使用方向键和旋钮修改当前值。

(1) 幅度数值的输入方法请参阅参考文献[3]里“参数设置”中的介绍。

(2) 可选的幅度单位有 V_{pp}(伏峰峰值)、mV_{pp}(毫伏峰峰值)、V_{rms}(伏有效值，也称伏均方根值)、mV_{rms}(毫伏有效值，也称毫伏均方根值)和 dBm(分贝毫瓦)(高阻时无效)。

(3) 再次按下“幅值/高电平”软键将切换至高电平设置，此时“高电平”突出显示。

(4) 可选的高电平单位有 V 和 mV。

说明：

(1) V_{pp}与 V_{rms}单位转换：幅度单位 V_{amp}是表示信号峰值单位，V_{pp}是表示信号峰峰值的单位，V_{rms}是表示信号有效值(也叫均方根值)的单位。仪器默认使用 V_{pp}。可以从前面板快速切换当前幅度的单位。

对于不同的波形，V_{pp}与 V_{rms}之间的关系不同。以正弦波为例，二者之间的关系如图 1.41 所示。

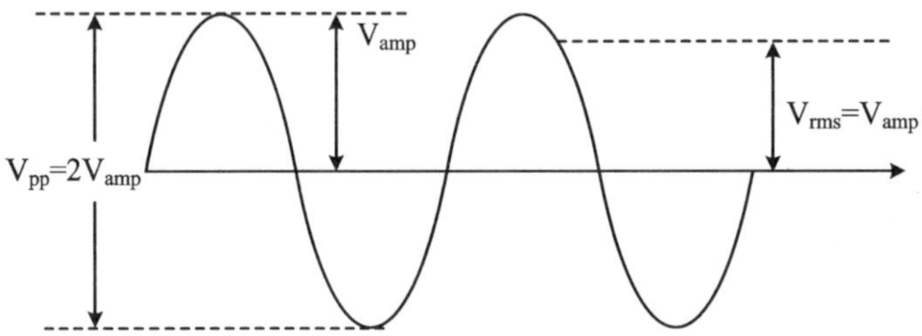

图 1.41 正弦波的不同幅度单位的换算关系

根据图 1.41，可以推导出 V_{pp}与 V_{rms}之间的换算关系满足如下关系式：

$$V_{pp} = 2\sqrt{2}V_{rms} \tag{1.1}$$

例如：将 2 V_{pp}转换成以 V_{rms}为单位对应的值。按数字键盘中的“·”键，选择 V_{rms}菜单，对于正弦波，转换后的值为 707.2 mV_{rms}。

(2) 如何以 dBm 为单位设置波形的幅度？

方法(以 CH1 为例)：

① 按“CH1”键选择 CH1。

② 按“Utility”→“CH1 设置”→“阻抗”选择“负载”，并使用数字键盘(或方向键和旋钮)设置合适的负载值。

③ 选择所需的波形，按“幅值/高电平”键使“幅值”突出显示，通过数字键盘输入所需的数值，并在弹出的菜单中选择单位 dBm 即可。

dBm 虽然是表示信号功率绝对值的单位，但有时候，也用它表示以 dBm 为单位的功率值，此时，dBm 与信号电压幅值 U_{rms} 之间满足如下关系式：

$$dBm = 10\lg\left(\frac{U_{rms}^2}{R} \times \frac{1}{0.001\ W}\right) \tag{1.2}$$

其中，R 表示通道的输出负载的阻抗值，必须为确定的数值，因此输出阻抗为高阻时，不可使用单位 dBm。

例如，当前负载阻抗 R 为 50 Ω，幅度 U_{rms} 为 1.768 V_{rms}（即 5 V_{pp}）时，按数字键盘中的“·”键选择 dBm，可将幅度转换为以 dBm 为单位所对应的值（17.9601 dBm）。

5. 设置 DC 偏移电压

直流偏移电压也是所有基本波形都存在的参数。它的可设置范围受“阻抗”和“幅值/高电平”设置的限制，请参阅参考文献[3]里“技术参数”中“输出特性”的说明。默认值为 0 V_{DC}。

开机后，屏幕显示的 DC 偏移电压为默认值或之前设置的偏移。当仪器配置改变时（如阻抗），若该偏移有效，则仪器依然使用该偏移；若该偏移无效，仪器则弹出提示消息，并自动将偏移设置为新配置的偏移上限值。

按“偏移/低电平”键使“偏移”突出显示。此时，使用数字键盘输入偏移的数值，并在弹出的单位菜单中选择所需的单位，或者使用方向键和旋钮修改当前值。

（1）偏移数值的输入方法请参阅参考文献[3]里“参数设置”中的介绍。

（2）可选的直流偏移电压单位有 V_{DC} 和 mV_{DC}。

（3）再次按下“偏移/低电平”键将切换至低电平设置，此时“低电平”突出显示。

（4）可选的低电平单位有 V 和 mV。

6. 设置起始相位

起始相位也是所有基本波形都存在的参数。它的可设置范围为 0°～360°。默认值为 0°。

开机后，屏幕显示的起始相位为默认值或之前设置的相位。改变仪器功能时，新功能依然使用该相位。

按“起始相位”键使其突出显示。此时，使用数字键盘输入相位的数值，并在弹出的单位菜单中选择单位“°”，或者使用方向键和旋钮修改当前值。相位数值的输入方法请参阅参考文献[3]里“参数设置”中的介绍。

7. 同相位

DG4202 型信号发生器提供同相位功能。按下“同相位”键后，仪器将重新配置两个通道，使其按照设定的频率和相位输出。

对于同频率或频率呈倍数关系的两个信号，通过该操作可以使其相位对齐。假定 CH1 输出 1 kHz、5 V_{pp}、0°的正弦波，CH2 输出 1 kHz、5 V_{pp}、180°的正弦波。用示波器采集两个通道的波形，并使其稳定显示，可以发现示波器上显示的两个波形相位差不是 180°（图 1.42(a)）。此时，按下信号发生器的“同相位”键，示波器中的波形将呈 180°相位差显示（图 1.42(b)），而不需要人为调整信号源中的初始相位。

注意　两个通道中任一通道处于调制模式时，“同相位”菜单置灰禁用。

8. 设置方波波形的占空比

占空比定义为方波波形高电平持续的时间所占周期的百分比，如图 1.43 所示。

占空比的可设置范围受“频率/周期”设置的限制，请参阅参考文献[3]里“技术参数”中“信号特性”的说明。默认值为 50%。

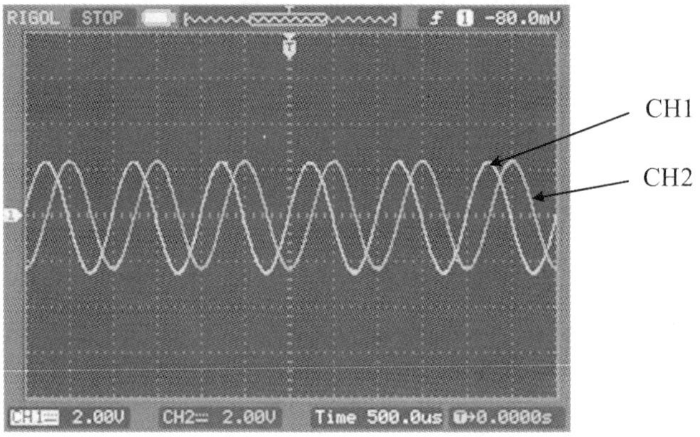

(a) 同相位前

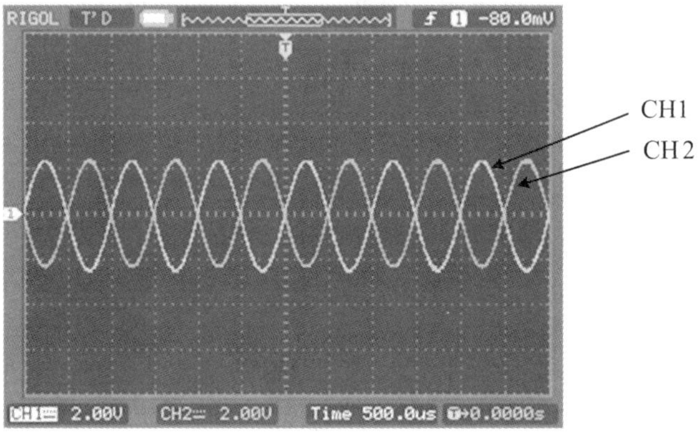

(b) 同相位后

图 1.42　同相位前后波形对比

按“占空比”键使其突出显示。此时，使用数字键盘输入数值，并在弹出的单位菜单中选择单位“%”，或者使用方向键和旋钮修改当前值。数值的输入方法请参阅参考文献[3]里“参数设置”中的介绍。

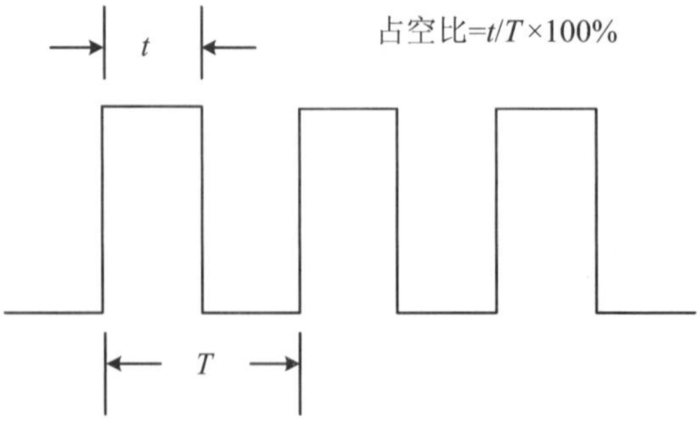

图 1.43　方波的占空比

9. 设置锯齿波波形的对称性

对称性定义为锯齿波波形处于上升期间所占周期的百分比，如图 1.44 所示。该参数仅在选中锯齿波时有效。

对称性的可设置范围为 0%～100%，默认值为 50%。

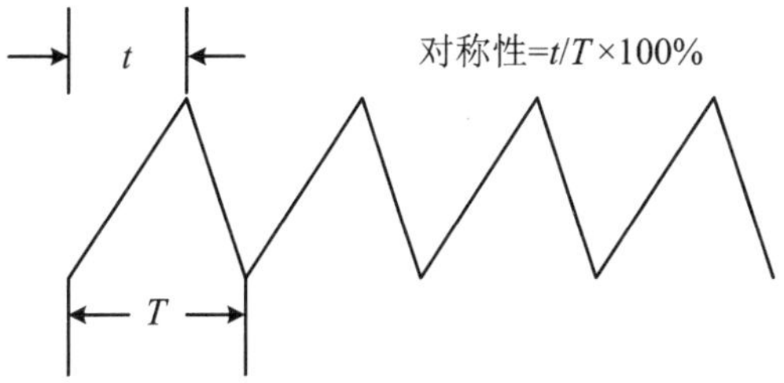

图 1.44　锯齿波的对称性

按“对称性”键使其突出显示。此时,使用数字键盘输入数值,并在弹出的单位菜单中选择单位“%”,或者使用方向键和旋钮修改当前值。数值的输入方法请参阅参考文献[3]里“参数设置方法”中的介绍。

10. 设置脉冲波的脉冲参数

要输出脉冲波,除了配置前面介绍的基本参数(如频率、幅度、DC 偏移电压、起始相位、高电平、低电平和同相位)外,还需要设置脉宽/占空比、上升沿和下降沿。

1) 脉宽/占空比

脉宽定义为从脉冲上升沿幅度的 50%阈值处到紧接着的下一个下降沿幅度的 50%阈值之间的时间间隔,如图 1.45 所示。

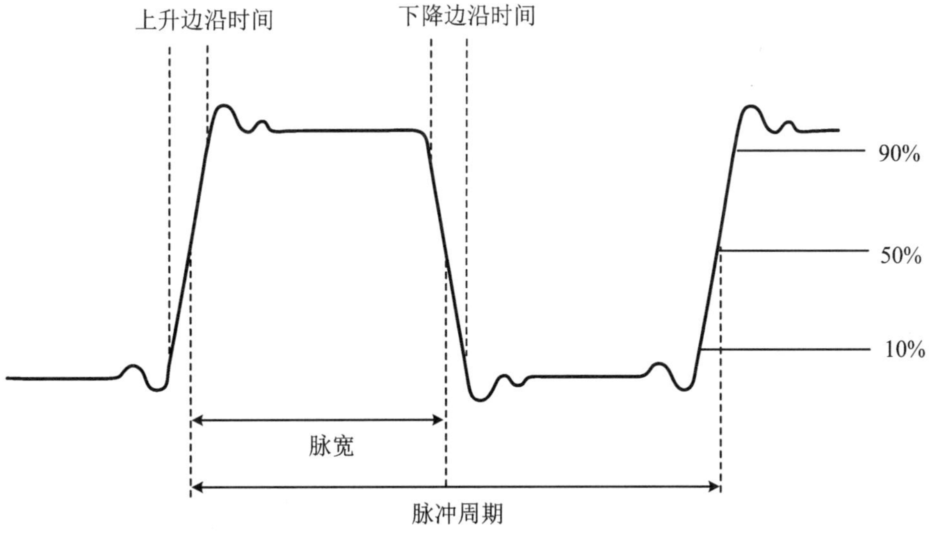

图 1.45　脉冲波形的参数

脉宽的可设置范围受“最小脉冲宽度”和“脉冲周期”的限制(关于“最小脉冲宽度”和“脉冲周期”的范围,请参阅参考文献[3]里“技术参数”中“信号特性”的说明)。默认值为 500 μs。

(1) 脉宽≥最小脉冲宽度。

(2) 脉宽≤脉冲周期−2×最小脉冲宽度。

脉冲占空比定义为脉宽占脉冲周期的百分比。

脉冲占空比与脉宽相关联,修改其中一个参数将自动修改另一个参数。脉冲占空比受“最小脉冲宽度”和“脉冲周期”的限制。

(1) 脉冲占空比≥最小脉冲宽度 ÷ 脉冲周期×100%。

(2) 脉冲占空比≤(1−2×最小脉冲宽度 ÷ 脉冲周期)×100%。

按"脉宽/占空比"键使"脉宽"突出显示。此时,使用数字键盘输入数值,并在弹出的单位菜单中选择所需的单位,或者使用方向键和旋钮修改当前值。

(1) 数值的输入方法请参考"参数设置"的介绍。

(2) 可选的脉宽单位有 sec、msec、μsec 和 nsec。

(3) 再次按下此键可切换至占空比的设置。

2) 上升/下降边沿时间

上升边沿时间定义为脉冲幅度从 10%阈值上升至 90%阈值所持续的时间;下降边沿时间定义为脉冲幅度从 90%阈值下降至 10%阈值所持续的时间,如图 1.45 所示。

上升/下降边沿时间的可设置范围受当前指定的脉宽限制,如式(1.3)所示。当所设置的数值超出限定值时,DG4202 型信号发生器自动调整边沿时间以适应指定的脉宽。

$$\text{上升 / 下降边沿时间} \leqslant 0.625 \times \text{脉宽} \tag{1.3}$$

按"上升沿"键或"下降沿"键,使用数字键盘输入数值,并在弹出的单位菜单中选择所需的单位,或者使用方向键和旋钮修改当前值。

(1) 数值的输入方法请参阅参考文献[3]里"参数设置"中的介绍。

(2) 可选的边沿时间单位有 sec、msec、μsec 和 nsec。

(3) 上升边沿时间和下降边沿时间相互独立,允许用户单独设置。

11. 启用通道输出

完成已选波形的参数设置之后,需要开启通道以输出波形。

注意:开启通道之前,还可以使用"Utility"功能键下的通道设置菜单("CH1 设置"或"CH2 设置")设置与相应通道输出相关的参数,如阻抗、极性等,请参阅参考文献[3]里"通道设置"中的介绍。

按下前面板"Output1"键或/和"Output2"键,按键背灯变亮,仪器从前面板"Output1"或/和"Output2"连接器输出已配置的波形。

12. 输出基本波形实例

例 1 配置信号发生器从 CH1 输出一个正弦波,频率为 1 kHz,幅度为 15 mV_{rms}。

操作步骤如下:

(1) 按前面板"CH1"键,背灯变亮,选中 CH1。

(2) 按前面板"Sine"键,背灯变亮,选中 Sine 波形(正弦波)。

(3) 按"频率/周期"键使"频率"突出显示,数字上方的亮点表示光标处于当前位。改变频率值用下面两种方法之一:① 使用方向键"=>"或"<=",将数字上方的亮点移到需要改变数值的数字符上,再旋转右上方的旋钮,使该数字旋到所需要的值。② 使用数字键盘输入频率的数值"1",然后在弹出的菜单选择所需的单位"kHz"。

(4) 按"幅值/高电平"键使"幅值"突出显示,数字上方的亮点表示光标处于当前位。改变幅值用下面两种方法之一:① 使用数字键盘输入幅度的数值"15",然后在弹出的菜单选择所需的单位"mV_{rms}"。② 如果调整前单位合适,也可以使用方向键"=>"和"<=",将数字上方的亮点移到需要改变数值的数字符上,再旋转右上方的旋钮,使该数字旋到所需要的值。

(5) 按"偏移/低电平"键使"偏移"突出显示,数字上方的亮点表示光标处于当前位。用与频率和幅值同样的方法,调整直流偏移量为 0.000 0 V_{DC}。

(6) 按前面板“Output1”键打开CH1的输出。此时，将根据当前配置从CH1输出指定的波形。将CH1输出端连接到示波器可以观察到相应的波形。

例2 配置信号发生器，从CH1输出一个频率为10 kHz的TTL信号。

操作步骤如下：

(1) 按前面板“CH1”键，背灯变亮，选中CH1。

(2) 按前面板“Square”键，背灯变亮，选中Square波形(方波)。

(3) 按“频率/周期”键使“频率”突出显示，按数字键盘“1”和“0”，然后在弹出的菜单选择所需的单位“kHz”。使屏幕上频率显示10.000 000 000 kHz。如果调整前单位已经是“kHz”，也可以使用方向键“=>”或“<=”，将数字上方的亮点移到小数点前一位(个位)的数字符上，再旋转右上方的旋钮，使该数字旋到10.000 000 000 kHz。

(4) 按“幅值/高电平”键使“幅值”突出显示，按数字键盘“5”，然后在弹出的菜单选择所需的单位“V_{pp}”，使屏幕上频率显示5.000 0 V_{pp}。

(5) 按“偏移/低电平”键使“偏移”突出显示，数字上方的亮点表示光标处于当前位。使用方向键“=>”或“<=”，将数字上方的亮点移到小数点后一位的数字符上，再旋转右上方的旋钮，调整直流偏移量为2.500 0 V_{DC}。也可以按数字键盘“2”“.”和“5”，然后在弹出的菜单选择所需的单位“V_{DC}”。

(6) 按前面板“Output1”键打开CH1的输出。此时，将根据当前配置从CH1输出指定的波形。将CH1输出端连接到示波器可以观察到相应的波形。

(7) 相位和占空比按开机默认的0.000°和50%，不用调节。

说明 TTL信号是一个方波，低电平0～0.7 V，高电平2.4～5 V。我们这里取低电平0 V，高电平5 V，因此峰峰值就设为5 V，再加一个2.5 V的直流偏移量正好符合要求。其实，第(4)步和第(5)步也可以直接用键盘设置高电平和低电平来实现，这里不再赘述。

1.6 直流稳压电源

直流稳压电源，简单地说就是能够产生恒定的直流电压的仪器，该电压用来作为被测电路和系统的供电电源。

1.6.1 直流电源简述和简单的直流稳压电源

一般的电子电路都需要直流电压供电，也就是供电电压要求基本稳定。而直流稳压电源本身又需要市网220 V交流供电，所以稳压电源输出电压的稳定必须体现在两个方面：一是不管用在什么电路上(负载不同)，要求电压都要稳定；二是稳压电源的市网供电发生波动时，其输出电压要求稳定。另外，一个电子电路往往需要两个或更多组电源供电，所以一个实用的直流稳压电源往往有两路或者更多路输出。对某一路稳压电源来说，一般有下面几个参数可选择或可调节。

1. 额定输出电压

一般的稳压电源的输出电压往往是可调的，所以额定输出电压其实就是指输出直流电压的调节范围。

2. 额定输出电流

在输出电压稳定的情况下，稳压电源的输出电流当然取决于输出端所接的负载。它的输出接的电路不同，当然输出电流就不同。额定输出电流是指该直流稳压电源可输出的最大电流。这是一款稳压电源的重要指标。

3. 电源稳定率和负载稳定率

电源稳定率也叫电源(电网)调整率，是指稳压电源在输入电压(市网电压)变化时，提供稳定输出电压的能力。它通常是指满载下，由输入电压变化所造成其输出电压的偏差率，即单位输出电压下的输入和输出电压的相对变化的百分比。电源调整率说明输入电压变化对输出电压的影响。

负载稳定率也叫负载调整率，代表稳压电源在输出负载电流变化时，提供稳定输出电压的能力。任何一个稳压电源的输出端都有内阻(从输出端看可以等效成一个戴维南等效电路，内阻就是戴维南等效电阻)，因此输出电流越大，内阻上的压降就越大，输出端的电压就越小。所以，稳压电源的输出电压不可能是绝对稳压，多多少少都会随着输出电流的不同而改变。通常，负载调整率的定义是

$$\text{负载调整率} = [(\text{满载时输出电压} - \text{半载时输出电压}) / \text{额定负载时输出电压}] \times 100\% \tag{1.4}$$

4. 纹波系数

线性直流稳定电源(图 1.46)一般是由交流电源经整流、滤波、稳压等环节形成的，这就不可避免地在直流稳定量中多少带有一些交流成分，这种叠加在直流稳定量上的交流分量就称为纹波。开关型稳压电源由于其原理的问题，通常比线性稳压电源的纹波更大。标注方法是峰峰值：

$$\text{纹波系数} = (\text{纹波电压的峰峰值} / \text{输出电压}) \times 100\% \tag{1.5}$$

稳压电源因为输出电压恒定，输出电流取决于外面所接的负载，如果负载太重(即负载电阻太小)，输出电流就会很大，很可能超过所允许的最大输出电流。特别是输出不小心短路后输出电流理论上就会无穷大，造成稳压电源的损坏。因此实验室使用的稳压电源通常都有输出保护，现在大部分实验使用的稳压电源都是稳压稳流电源。其实稳压稳流电源并不是说同时既稳压又稳流。它的意思是，在正常负载情况下，输出电压稳定，当然输出电流与负载有关。当负载增大(即负载电阻值减小)到一定值以后，输出电流就稳定了，此时输出电压就会随着负载继续增大(即负载电阻值继续减小)而减小，起到了保护稳压电源的作用。

对于一台双路稳压电源，每路都可以调节输出电压、输出电流(就是起保护作用时的稳定电流，或者叫限流值)，也可以指示输出电压值和输出电流值。此外还可以把两路电源串联或者并联使用，甚至还可以让一路跟踪另一路。

图 1.46 所示的是两款直流稳压电源外观图。

1.6.2 DP832 型可编程直流稳压电源简介

DP832 型可编程直流稳压电源(图 1.47)是一款高性能的可编程线性直流电源，有三路输出。它拥有清晰的用户界面、优异的性能指标、多种分析功能以及多种通信接口，与前面简述里的普通稳压电源相比，功能增强很多。

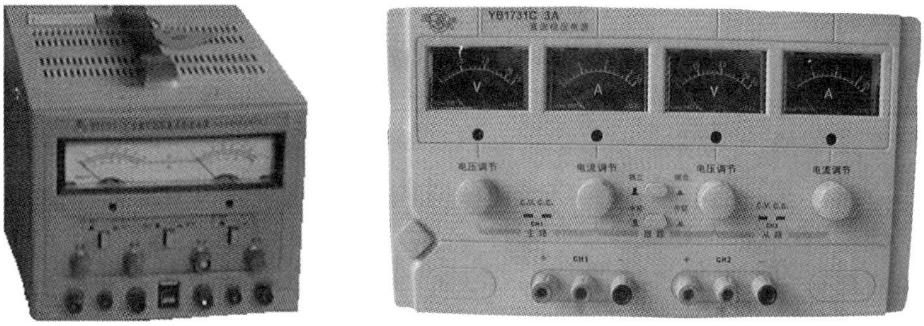

图 1.46　两款直流稳压电源外观图

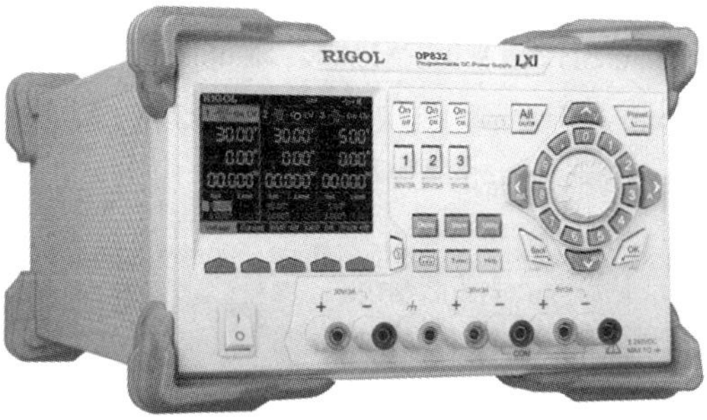

图 1.47　DP832 型可编程直流稳压电源外观图

1. 人性化设计

(1) 9 cm(3.5 英寸)的 TFT 显示屏,可同时显示多个参数和状态。

(2) 支持中英文界面及中英文输入。

(3) 新颖精巧的工业设计,便捷的操作。

(4) 具有波形显示功能,能够实时动态地显示输出电压/电流波形,配合数字显示的电压、电流和功率值,使用户对仪器的输出状态和趋势一目了然。

(5) 具有表盘显示功能,模拟传统电源显示方式,用表盘指针指示当前输出状态。

(6) 具有在线帮助系统,方便获取帮助信息。

2. 多重安全保护

(1) 提供过压/过流保护功能,能灵活设置过压和过流参数,对负载实现有效保护。

(2) 具有二级过温保护功能,实现软件和硬件的双重过温保护。

(3) 具有风扇智能控速功能,根据工作条件自动判断控制风扇转速,有效降低工作时的风扇噪声。

(4) 具有风扇故障检测报警功能。

(5) 具有键盘锁功能,防止误操作。

3. 丰富的功能,优异的性能

(1) 多通道输出,总输出功率高达 200 W,且各通道输出单独可控。

(2) 优异的负载调整率和电源调整率。

(3) 具有超低的输出纹波和噪声。

(4) 具有定时输出功能,支持无限及指定循环次数的输出。

(5) 具有跟踪功能,支持通道电压设置值和输出开关状态跟踪。

(6) 具有延时开关输出功能,支持无限及指定循环次数地进行通道开关切换。

(7) 支持数字触发器(选件),实现数字触发输入和触发输出功能。
(8) 支持在线分析器(选件),可在线分析多种统计参数。
(9) 支持监测器(选件),可按照用户设置的监测条件对输出进行监控。
(10) 内置录制器,可按照一定录制周期在后台记录开机后的输出状态。
(11) 可一键恢复出厂设置,也可以一键调用常用输出电压、电流配置。
(12) 支持串、并联输出功能。
(13) 支持在线自检和手动校准功能。
(14) 具有存储和调用功能。
(15) 支持电压、电流等线性可编程功能。

4. 完备的接口配置,灵活的控制方法

(1) 接口:USB HOST、USB DEVICE、LAN,还可选配 RS232、Digital I/O 等。
(2) 支持通过选配 USB-GPIB 接口模块,扩展 GPIB 接口。
(3) 支持 U 盘(FAT32 格式,Flash 型)存储。
(4) 支持 SCPI 远程命令控制。
(5) 符合 LXI Core 2011 Device 仪器标准。
(6) 标准 9 针 RS232 接口,具备流控制功能。
(7) 4 线数字 I/O 接口,支持触发输入/输出功能。

1.6.3 DP832 型可编程直流稳压电源的前面板

DP832 型可编程直流稳压电源的前面板示意图如图 1.48 所示。

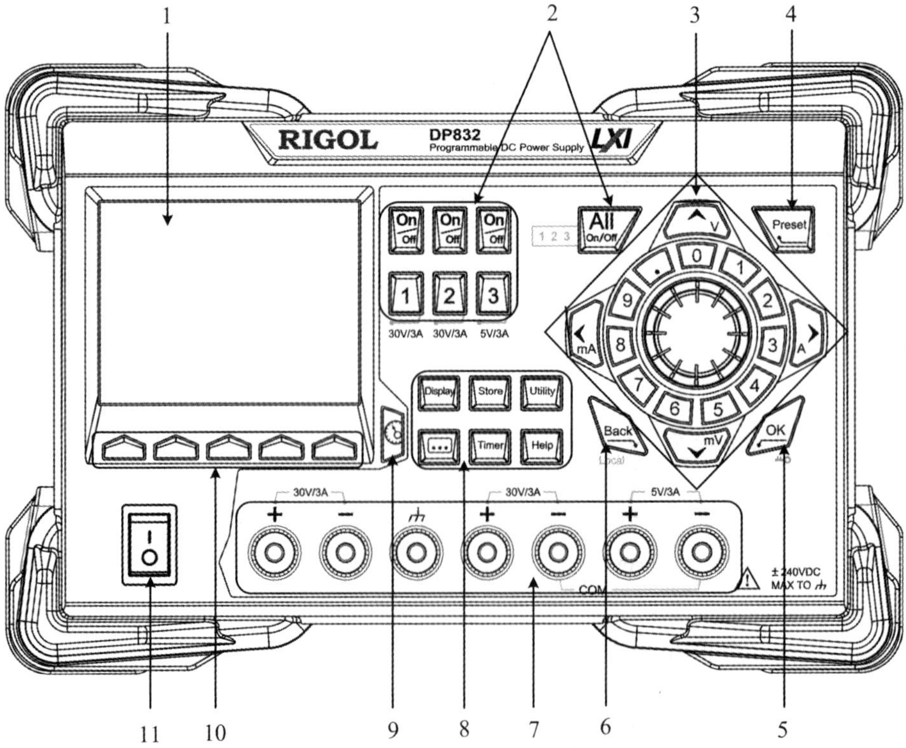

图 1.48 DP832 型可编程直流稳压电源的前面板示意图

1. LCD

9 cm(3.5 英寸)的 TFT 显示屏，用于显示系统参数设置、系统输出状态、菜单选项以及提示信息等。

2. 通道(挡位)选择与输出开关

通道(挡位)选择与输出开关如图 1.49 所示。

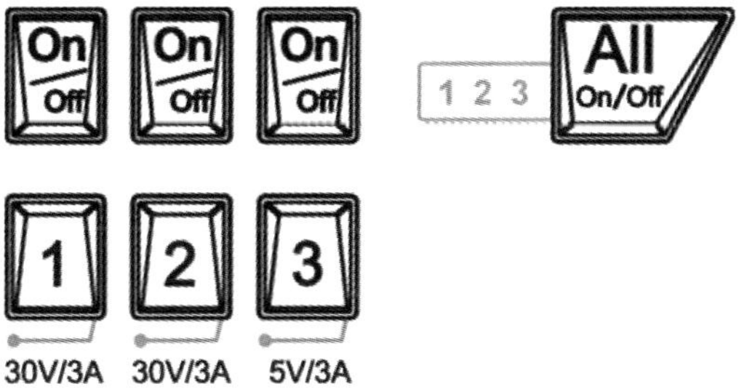

图 1.49　通道(挡位)选择与输出开关

按下该键，选择通道 1 为当前通道，并可设置该通道的电压、电流、过压/过流保护等参数。

按下该键，选择通道 2 为当前通道，并可设置该通道的电压、电流、过压/过流保护等参数。

按下该键，选择通道 3 为当前通道，并可设置该通道的电压、电流、过压/过流保护等参数。

按下该键，可打开或关闭对应通道的输出。

按下该键，仪器弹出是否打开所有通道输出的提示信息，按"确认"键可打开所有通道的输出。再次按"确认"键，关闭所有通道的输出。

3. 参数输入区

参数输入区如图 1.50 所示，包括方向键(单位选择键)、数字键盘和旋钮。

1) 方向键(单位选择键)

方向键：用于移动光标位置。设置参数时，可以使用上/下方向键增大或减小光标处的数值。

单位选择键：使用数字键盘输入参数时，用于选择电压单位(V、mV)或电流单位(A、mA)。

2) 数字键盘

圆环式数字键盘包括数字 0～9 和小数点，按下按键，可直接输入数字或小数点。

3) 旋钮

图 1.50　参数输入区

设置参数时,旋转旋钮可以增大或减小光标处的数值。

浏览设置对象(定时参数、延时参数、文件名输入等)时,旋转旋钮可以快速移动光标位置。

4. “Preset”键

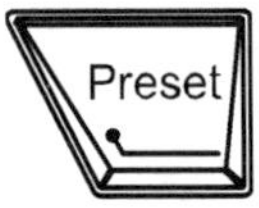

用于将仪器所有设置恢复为出厂默认值,或调用用户自定义的通道电压/电流配置。

5. “OK”键

用于确认参数的设置。长按该键,可锁定前面板按键,此时,除各通道对应的输出开关键 

和电源开关键  外,前面板其他按键不可用。键盘锁密码关闭时,再次长按该键,可解除锁定;键盘锁密码打开时,解锁过程中必须输入正确的密码(如 2012)。

6. “Back”键

用于删除当前光标前的字符。当仪器工作在远程模式时,该键用于返回本地模式。

7. 输出端子

DP832 型可编程直流稳压电源的输出端子如图 1.51 所示。

(1) 通道输出端子:用于输出通道的电压和电流。30 V/3 A 表示输出电压调节范围 0～30 V,最大输出电流 3 A。

(2) 接地端子:该端子与机壳、地线(电源线接地端)相连,处于接地状态。

输出端子的连接方法有两种,如图 1.52 所示。

方法 1　将测试引线与输出端子的 A 端连接(A 端对外有插孔,可以插香蕉插头)。

方法 2　逆时针旋转输出端子外层螺母,将测试引线与输出端子的 B 端连接,顺时针拧紧输出端子的外层螺母。该方法可避免由输出端子自身电阻引入的误差。

注意　将测试引线的正端与通道输出的(+)端连接,将测试引线的负端与通道输出的

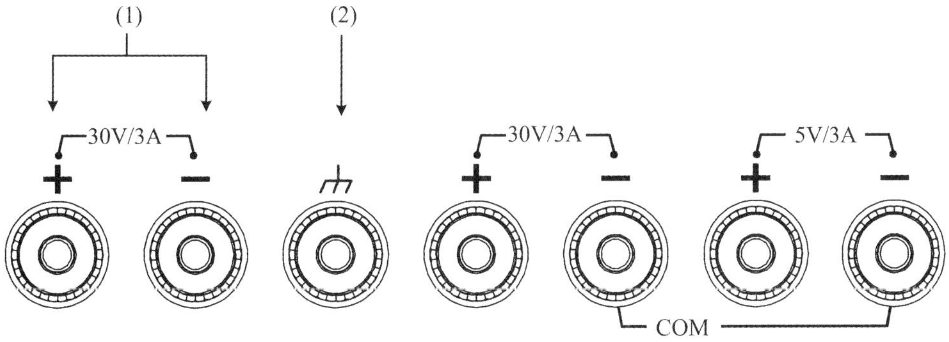

图 1.51　DP832 型可编程直流稳压电源的输出端子

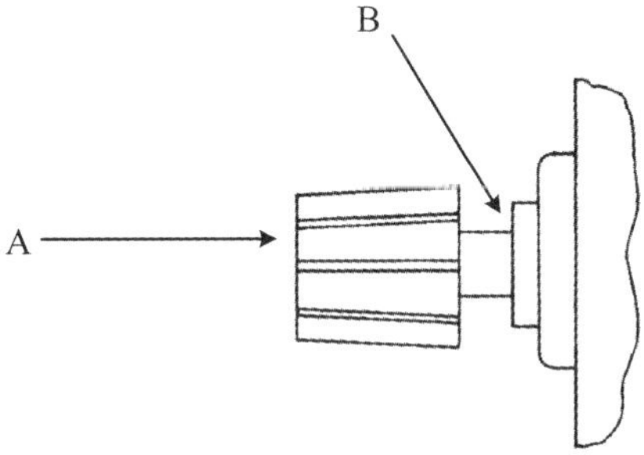

图 1.52　输出端子的连接方法

(一)端连接。

8. 功能菜单区

功能菜单区(图 1.53)包括 6 个按键,主要功能介绍如下。

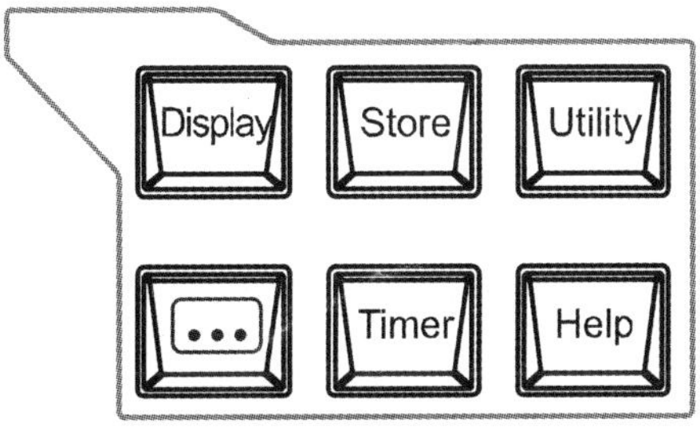

图 1.53　功能菜单区

按下该键进入显示参数设置界面,可设置屏幕的亮度、对比度、颜色亮度、显示模式和显示主题。此外,还可以自定义开机界面。

按下该键进入文件存储与调用界面,可进行文件的保存、读取、删除、复制和粘贴等操作。存储的文件类型包括状态文件、录制文件、定时文件、延时文件和位图文件。仪器支持内外部存储与调用。

按下该键进入系统辅助功能设置界面，可设置远程接口参数、系统参数、打印参数等。此外，还可以校准仪器、查看系统信息、定义“Preset”键的调用配置、安装选件等。

按该键进入高级功能设置界面，可设置录制器、分析器（选件）、监测器（选件）和触发器（选件）的相关参数。

按下该键进入定时器与延时器界面，可设置定时器和延时器的相关参数以及打开和关闭定时器和延时器功能。

按下该键打开内置帮助系统，按下需要获得帮助的按键，可获取相应的帮助信息。详细介绍请参考 1.6.5 节。

9. 显示模式切换/返回主界面

可以在当前显示模式和表盘模式之间进行切换。此外，当仪器处于各功能界面时（“Timer”界面、“…”界面、“Display”界面、“Store”界面、“Utility”界面下的任一界面），按下该键可退出功能界面并返回主界面。

10. 菜单键

菜单键与其上方的菜单一一对应，按下任一菜单键选择相应菜单。

11. 电源开关键

打开或关闭仪器。

1.6.4 DP832 型可编程直流稳压电源的用户界面

DP800 系列电源提供三种显示模式：数字、波形和表盘，默认为数字显示模式。按“Display”→“显示模式”过程，可切换选择不同的显示模式。本小节介绍数字显示模式下用户界面的布局，如图 1.54 和表 1.3 所示。

表 1.3 DP832 可编程直流稳压电源用户界面说明

编号	说明
1	通道编号
2	通道输出电压/电流
3	通道输出状态

续表

编号	说明
4	通道输出模式
5	状态栏,显示系统状态标志。 OTP:打开过温保护 :前面板已锁定 LXI:网络已连接 :已识别 USB 设备 :打开蜂鸣器 :关闭蜂鸣器 :仪器工作在远程模式
6	实际输出电压
7	实际输出电流
8	实际输出功率
9	电压、电流设置值
10	过压保护、过流保护设置值
11	菜单栏

提示　当前显示模式为"数字"或"波形"时,按前面板 ,可在当前显示模式和表盘显示模式之间快速切换。

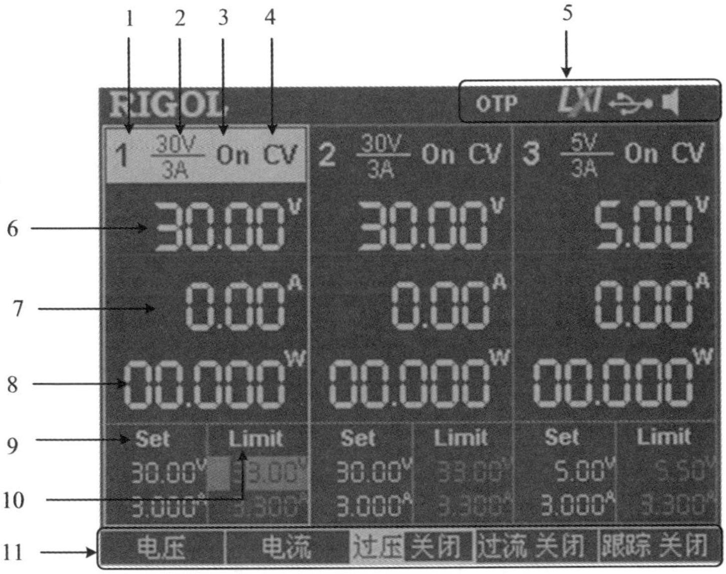

图 1.54　DP832 型可编程直流稳压电源的用户界面

1.6.5 内置帮助系统

内置帮助系统提供前面板任一按键(除参数输入区)及菜单键的帮助信息,方便用户快速获取功能键或菜单键的功能提示。

1. 获得任一按键或菜单键的帮助信息

按“Help”键将其点亮后,按下需要查看其帮助信息的按键或菜单键,即可获得相应的帮助信息,同时“Help”键背灯熄灭。按  可退出帮助系统。

2. 内置帮助界面

按“Help”键将其点亮后,再次按“Help”键可打开内置帮助界面。使用上/下方向键或旋钮选择所需的帮助主题后,选取“查看”可查看相应的帮助信息。

3. 帮助主题

帮助主题包括:

(1) 查看显示的最后一条信息。

(2) 查看远程命令错误队列。

(3) 获得任意键的帮助。

(4) 存储管理。

(5) 缩略语清单。

(6) 串并联帮助。

(7) RIGOL 技术支持。

1.6.6 前面板操作

1. 恒压输出

DP800 系列电源提供如下三种输出模式:恒压输出(CV)、恒流输出(CC)和临界模式(UR)。在 CV 模式下,输出电压等于电压设置值,输出电流由负载决定;在 CC 模式下,输出电流等于电流设置值,输出电压由负载决定;UR 是介于 CV 和 CC 之间的临界模式。本小节介绍恒压输出的操作方法。具体操作方法如下:

(1) 连接通道输出端子。

如图 1.55 所示,将负载与相应通道的前面板通道输出端子连接。

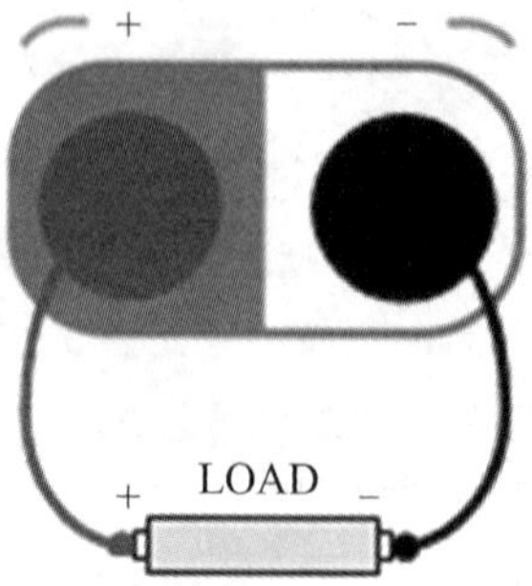

图 1.55 DP832 型可编程直流稳压电源与负载的连接

注意　连接时注意正负极性，以避免损坏仪器或与仪器连接的设备。

（2）打开电源开关键，启动仪器。

（3）选择通道。

根据需要输出的电压值，选择合适的输出通道。按对应的通道选择键，此时显示屏突出显示该通道、通道编号、输出状态及输出模式。

（4）设置电压。

方法 1　按"电压"键，使用左/右方向键移动光标位置，然后旋转旋钮快速设置电压值，默认单位为 V。选择需要设置的位后，也可以使用上/下方向键来修改相应位的数值，默认单位为 V。

方法 2　按"电压"键，使用数字键盘直接输入所需的电压数值，然后按菜单键"V"或"mV"或单位选择键或选择指定单位，或者按"OK"键输入默认的单位 V。在输入过程中，按"Back"键可删除当前光标前的字符；按"取消"键，可取消本次输入。

方法 3　若当前选中"电流"键，仍然可以使用数字键盘直接输入所需的电压数值，然后按单位选择键或选择所需的电压单位即可。在输入过程中，按"Back"键可删除当前光标前的字符；按"取消"键，可取消本次输入。

（5）设置电流。

方法 1　按"电流"键，使用左/右方向键移动光标位置，然后旋转旋钮快速设置电流值，默认单位为 A。选择需要设置的位后，也可以使用上/下方向键来修改相应位的数值，默认单位为 A。

方法 2　按"电流"键，使用数字键盘直接输入所需的电流数值，然后按菜单键"A" 或"mA"或单位选择键或选择指定单位，或者按"OK"键输入默认的单位 A。在输入过程中，按"Back"键可删除当前光标前的字符；按"取消"键，可取消本次输入。

方法 3　若当前选中"电压"键，仍然可以使用数字键盘直接输入所需的电流数值，然后按单位选择键或选择所需的电流单位即可。在输入过程中，按"Back"键可删除当前光标前的字符；按"取消"键，可取消本次输入。

（6）设置过流保护。

按"过流"键，设置合适的过流保护值（设置方法请参考本节"设置电流"），然后打开过流保护功能（按"过流"键可切换打开或关闭过流保护功能）。当实际输出电流大于过流保护值时，输出自动关闭。

（7）打开输出。

打开对应通道的输出，用户界面将突出显示该通道的实际输出电压、电流、功率以及输出模式（CV）。

警告　为避免电击，请正确连接输出端子后，再打开输出开关。

注意　当风扇停止工作时，通道开关不能打开，系统会提示："风扇停转，停止输出！"。

（8）检查输出模式。

在恒压输出模式下，输出模式显示为"CV"。如果输出模式显示为"CC"，可以适当增大电流设置值，电源将自动切换到 CV 模式。

提示　在 CV 输出模式下，当负载电流超过电流设置值时，电源将自动切换到 CC 模式。

此时,输出电流等于电流设置值,输出电压则按比例下降。

2. 恒流输出

在恒流输出模式下,输出电流等于电流设置值,输出电压由负载决定。下面介绍恒流输出的操作方法。具体操作方法如下:

(1) 连接通道输出端子。

请参考“恒压输出”中的操作方法(1)“连接通道输出端子”,正确连接负载与相应通道的前面板通道输出端子。

(2) 打开电源开关键,启动仪器。

(3) 选择通道。

根据需要输出的电流值,选择合适的通道,按对应的通道选择键,此时显示屏突出显示该通道、通道编号、输出状态及输出模式。

(4) 设置电压。

按“电压”键,设置所需的电压值(设置方法请参考“恒压输出”中的操作方法(4)“设置电压”)。

(5) 设置电流。

按“电流”键,设置所需的电流值(设置方法请参考“恒压输出”中的操作方法(5)“设置电流”)。

(6) 设置过压保护。

按“过压”键,设置合适的过压保护值(设置方法请参考“恒压输出”中的操作方法(4)“设置电压”),然后打开过压保护功能(按“过压”键可切换打开或关闭过压保护功能)。当实际输出电压大于过压保护值时,输出自动关闭。

(7) 打开输出。

打开对应通道的输出,用户界面将突出显示该通道的实际输出电压、电流、功率以及输出模式(CC)。

警告 为避免电击,请正确连接输出端子后,再打开输出开关。

注意 当风扇停止工作时,通道开关不能打开,系统会提示“风扇停转,停止输出!”。

(8) 检查输出模式。

在恒流输出模式下,输出模式显示为“CC”。如果输出模式显示为“CV”,可以适当增大电压设置值,电源将自动切换到CC模式。

提示 在CC输出模式下,当负载电压超过电压设置值时,电源将自动切换到CV模式。此时输出电压等于电压设置值,输出电流则按比例下降。

3. 电源串并联

串联两个或多个隔离通道(可以属于单个或多个电源)可以提供更高的电压;并联两个或多个隔离通道(可以属于单个或多个电源)可以提供更高的电流。

注意

(1) 只有隔离通道可以串联或并联。

① 对于单个电源,DP832型可编程直流稳压电源的通道1(CH1)可以和通道2(CH2)或通道3(CH3)串并联,但是CH2和通道CH3不能串并联。

② 属于不同电源的多个通道(隔离通道)可以进行串并联。

(2) 电源串并联时,相应参数的设置必须符合安全要求。

串联电源可以提供更高的输出电压，其输出电压是所有通道的输出电压之和。电源串联时，要为每个通道设置相同的电流设置值和过流保护值。以两个通道串联为例，接线方式如图 1.56 所示。

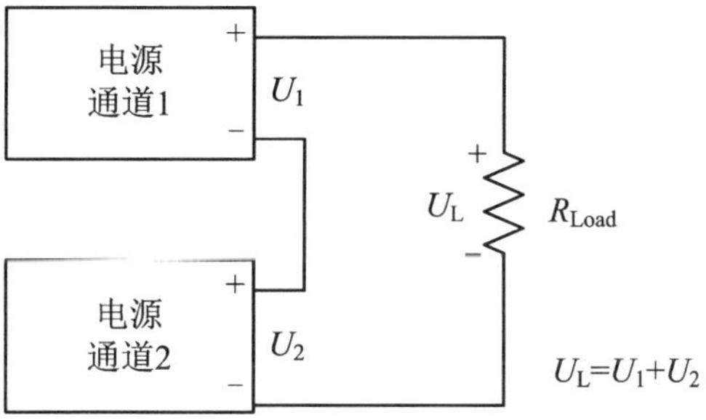

图 1.56　DP832 型可编程直流稳压电源的串联

具体的操作步骤如下：

(1) 按上图所示连接好电源和负载，连接时注意极性。

(2) 参考"恒压输出"中的介绍，分别为每个通道设置合适的电压、电流和过流保护值(所有串联通道均需工作在恒压模式，且电流设置值和过流保护值必须分别相同)，并打开每个通道的输出。

注意　请确保所有串联通道均工作在恒压模式。如果其中一个通道工作在恒流模式，其他通道将进入输出不可预测的临界状态。

并联电源可以提供更高的输出电流，其输出电流是单个通道的输出电流之和。电源并联时，可以分别设置每个电源的参数。以两个通道并联为例，接线方式如图 1.57 所示。

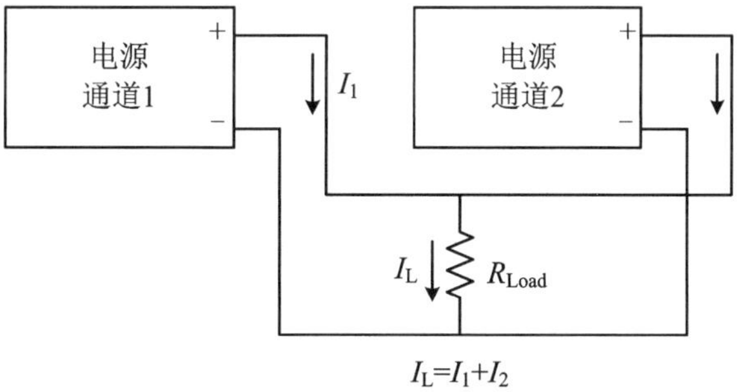

图 1.57　DP832 型可编程直流稳压电源的并联

具体的操作步骤如下：

(1) 按上图所示连接好电源和负载，连接时注意极性。

(2) 参考"恒压输出"和"恒流输出"中的介绍，分别为每个通道设置合适的参数(所有通道可以工作在恒压或恒流模式)，并打开每个通道的输出。

注意　根据负载的实际需要，所有通道可以工作在恒压或恒流模式。

4. 跟踪功能

跟踪功能常用于为运算放大器或其他电路提供对称电压。DP832 型可编程直流稳压电源只有通道 1、通道 2 支持跟踪功能。对于支持跟踪功能的通道，可以根据需要分别设置电压设置值和输出开关状态的跟踪情况。具体操作方法如下：

按“Utility”→“系统设置”→“跟踪设置”→“跟踪方式”过程，切换选择“独立”或“同步”。

(1) 独立。对于支持跟踪功能的两个通道(仅限于同一台仪器)，打开或关闭其中一个通道的跟踪功能时，另一通道的跟踪功能状态不受影响。

(2) 同步。对于支持跟踪功能的两个通道(仅限于同一台仪器)，打开或关闭其中一个通道的跟踪功能时，另一通道的跟踪功能同时打开或关闭。

选择“独立”时，可以更灵活地打开或关闭单个通道的跟踪功能；选择“同步”时，可以快速同步打开或关闭两个通道的跟踪功能。

对于支持跟踪功能的通道(仅限于同一台仪器)，通道电压设置值的跟踪情况与当前已打开跟踪功能的通道数有关。若当前仅已打开单个通道的跟踪功能，则修改该通道的电压设置值时，另一通道的电压设置值将随之改变。此时，未打开跟踪功能的通道的电压设置值不可设，仅能跟随已打开跟踪功能的通道的电压设置值的变化而变化；若当前已打开两个通道的跟踪功能，则修改其中任意一个通道的电压设置值时，另一通道的电压设置值将随之改变。此时，两个通道的电压设置值均可设。

跟踪功能只跟踪电压设置值，与实际输出电压无关。

例 1 仅打开单个通道的跟踪功能并跟踪电压设置值。

操作步骤如下(以仅打开通道 1 的跟踪功能为例)：

(1) 选择“独立”跟踪方式。

按“Utility”→“系统设置”→“跟踪设置”→“跟踪方式”过程，选择“独立”。

(2) 打开通道 1 的跟踪功能。

选择通道 1，按“跟踪”键选择“打开”。此时，通道 1 跟踪功能打开，用户界面通道 1 与通道 2 区域之间显示跟踪状态图标。

(3) 关闭通道 2 的跟踪功能。(若当前通道 2 的跟踪功能已关闭，请忽略此步)

选择通道 2，按“跟踪”键选择“关闭”。此时，通道 2 跟踪功能关闭。

(4) 跟踪电压设置值。

选择通道 1，按“电压”键并设置所需的电压值。此时，通道 2 的电压值将随之改变。例如：将通道 1 的电压设置为 +5 V，通道 2 的电压值则自动变化为 +5 V。

注意 此时，通道 2 的电压设置值不可设，仅能跟随通道 1 电压设置值的变化而变化。

例 2 打开两个通道的跟踪功能并跟踪电压设置值。

首先，可以使用如下任意一种方法打开两个通道的跟踪功能。

方法 1 (1) 选择“同步”跟踪方式。

按“Utility”→“系统设置”→“跟踪设置”→“跟踪方式”过程，选择“同步”。

(2) 同时打开通道 1 和通道 2 的跟踪功能。

选择通道 1 或通道 2，按“跟踪”键选择“打开”。此时，通道 1 和通道 2 的跟踪功能均打开，用户界面通道 1 和通道 2 区域之间显示跟踪状态图标。

方法 2 (1) 选择“独立”跟踪方式。

按“Utility”→“系统设置”→“跟踪设置”→“跟踪方式”过程，选择“独立”。

(2) 打开通道 1 和通道 2 的跟踪功能。

选择通道 1，按“跟踪”键选择“打开”。此时，通道 1 跟踪功能打开，用户界面通道 1 和通道 2 区域之间显示跟踪状态图标。使用同样方法打开通道 2 的跟踪功能。

然后，选择通道 1 或通道 2，按“电压”键并设置所需的电压值。此时，另一通道的电压设置值将随之改变。例如：将通道 1 的电压设置为＋5 V，通道 2 的电压设置值将自动改变为＋5 V。

注意　此时，通道 1 和通道 2 的电压设置值均可设。

跟踪通道输出开关状态的操作方法如下：

按“Utility”→“系统设置”→“跟踪设置”→“开关同步”过程，切换选择“禁止”或“使能”。

(1) 禁止。打开或关闭一个跟踪通道的输出时，另一个跟踪通道的输出状态不受影响。

(2) 使能。对于支持跟踪功能的通道（仅限于同一台仪器），通道输出开关状态的跟踪情况与当前已打开跟踪功能的通道数有关。

若当前仅打开单个通道的跟踪功能（参考“跟踪功能”），则打开或关闭该通道的输出时，另一通道的输出将同时打开或关闭。此时，未打开跟踪功能的通道的输出状态不可设，仅能跟随已打开跟踪功能的通道的输出状态的变化而变化。

若当前已打开两个通道的跟踪功能（参考“跟踪功能”），则打开或关闭其中任意一个通道的输出时，另一通道的输出将同时打开或关闭。此时，两个通道的输出状态均可设。

1.6.7　常用几种电源设置举例

1. 给单管放大器实验板调一路＋12 V 电源

单管放大器实验板工作电源是单路 12 V，电源电流比较小。因此只要调一路通道就可以了。准备把电压调到 12 V，电流（即限流）调到 1 A。具体的操作步骤如下：

(1) 打开电源开关。

(2) 按“1”键，选中通道 1，按屏幕下方“电压”键，使屏幕上 Set 中的电压值被选中。

(3) 调电压值。

方法 1　依次按圆形数字键盘中的“1”键、“2”键，再按键，确定电压值。

方法 2　旋转旋钮，使 Set 中的电压值调到 12 V 位置。

(4) 按屏幕下方“电流”键，使屏幕上 Set 中的电流值被选中。

(5) 调电流值。

方法 1　按圆形数字键盘中的“1”键，再按键，确定电流值。

方法 2　旋转旋钮，把 Set 中的电流值调到 1 A 位置。

(6) 按通道 1 上方的键，将该输出打开。此时通道 1 的＋、－接线柱之间就有 12 V 电压了。

2. 给运放实验板调一组±15 V 电源

运放实验板工作电源是±15 V，需要两组电源。它们电压值相同，一组接成正电源，一组接成负电源。它们的电流都比较小。因此只要把通道 1 和通道 2 设置成互相跟踪，调整 1、2 两个通道的任意一路电压值到 15 V，另一路自动跟踪就可以了。然后把电流（即限流）调到 1 A。具体的操作步骤如下：

(1) 打开电源开关。

(2) 按“1”键，选中通道 1，按屏幕下方“电压”键，使屏幕上 Set 中的电压值被选中。

(3) 按屏幕下方“跟踪”键,使屏幕右下角的跟踪状态打开。

(4) 调电压值。

方法 1 依次按圆形数字键盘中的“1”键、“5”键,再按键,确定电压值。

方法 2 旋转旋钮,使 Set 中的电压值调到 15 V 位置。

(5) 按屏幕下方“电流”键,使屏幕上 Set 中的电流值被选中。

(6) 调电流值。

方法 1 按圆形数字键盘中的“1”键,再按键,确定电流值。

方法 2 旋转旋钮,把 Set 中的电流值调到 1 A 位置。

(7) 再按“2”键,选中通道 2,参照步骤(6)中的方法,调节 2 号通道的电流值。

(8) 分别按通道 1 和通道 2 上方的键,将这两个输出都打开。此时两个通道的+、−接线柱之间就都有 15 V 电压了。

1.7 数字万用表

1.7.1 万用表简介

从显示方式上分,万用表有模拟指针式万用表和数字万用表。它们都可以测量电压、电流和电阻等电工参数,是一种多功能、多量程的测量仪表。一般万用表可测量直流电流、直流电压、交流电流、交流电压、电阻和音频电平等,有的还可以测交流电流、电容量、电感量及半导体的一些参数(如 β)等。与示波器、毫伏表等电子仪器不同,万用表是一种电工测量仪表。通常它的测量信号的两个输入端是浮地的,即只有正负之分,没有接地端(GND)。

万用表作为电工测量仪表,其测量频率范围是比较窄的。例如:南京科华的 MF47D 手持式指针万用表,如图 1.58(a)所示,频率为 45～9 kHz;Fluke 15B 手持式数字万用表,如图 1.58(b)所示,频率只能达到 40～500 Hz。所以它只能测量直流或工频交流,完全不能代替毫伏表或示波器测量电子实验中的交流信号。

由于万用表可以测量的参数种类比较多,而不同类型的参数电路接线方法不尽相同,如果使用不当就测不出正确数据,甚至还可能损坏仪表或电路,因此使用万用表时要注意以下几点:

(1) 使用前应熟悉万用表各项功能,根据被测量的对象,正确选用挡位、量程及表笔插孔。

(2) 在对被测数据大小不明时,应先将量程开关置于最大值,而后由大量程往小量程挡位切换,使仪表指针指示在满刻度的 1/2 以上处即可(指针式万用表)。

(3) 指针式万用表测量电阻时,在选择适当挡位后,应该先调零。其方法是将两表笔相碰使指针指在零位,如指针偏离零位,应调节“调零”旋钮,使指针归零,以保证测量结果准确。如不能调零或数显表发出低电压报警,应及时检查。

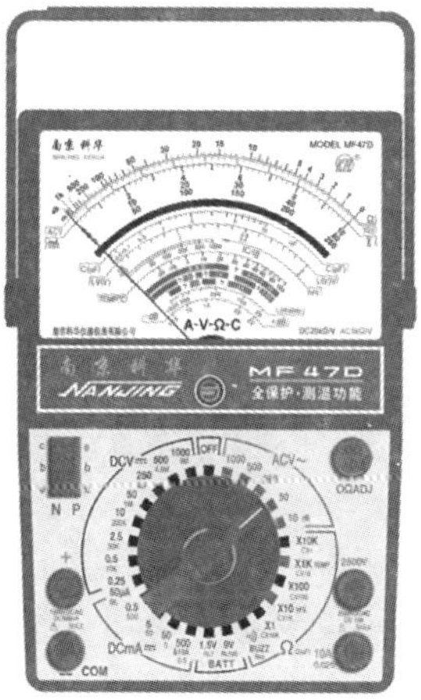

(a) 指针万用表

(b) 数字万用表

图 1.58　两款常见的手持式万用表

(4) 在测量某电路电阻时，必须切断被测电路的电源，并使得被测电阻从电路中断开，不得带电测量。

(5) 使用万用表进行测量时，要注意人身和仪表设备的安全。测试中不得用手触摸表笔的金属部分；不允许带电切换挡位开关，以确保测量准确；避免发生触电和烧毁仪表等事故。

数字万用表往往用显示的位数反映精度，例如：$3^{1/2}$位（即三位半）、$4^{1/2}$位（四位半）等。其实，显示的位数只能代表万用表的分辨率，它与准确度属于两个不同的概念。分辨率表征仪表的“灵敏性”，即对微小测量值的“识别”能力；精度反映测量的“准确性”，即测量结果与真值的一致程度。两者无必然的联系，因此不能混为一谈，更不得将分辨力（或分辨率）误以为是准确度。准确度则取决于仪表内部 A/D 转换器、功能转换器等的综合误差以及量化误差。实际上，正规的厂家也没有必要把精度较低的万用表刻意造出较高的分辨率，两者基本上是能够匹配的。所以，我们可以粗略地认为，显示位数也能一定程度上反映精度。

1.7.2　DM3058 型数字万用表简介

DM3058 型数字万用表是一款 $5^{1/2}$位双显数字台式万用表（图 1.59），它是针对高精度、多功能、自动测量的用户需求而设计的产品，集基本测量、多种数学运算以及任意传感器测量等功能于一身。

DM3058 型数字万用表拥有高清晰的 256×64 点阵单色液晶显示屏，易于操作的键盘布局和清晰的按键背光和操作提示，使其更具灵活、易用的操作特点；支持 RS-232、USB、LAN 和 GPIB（仅 DM3058）接口。主要特色如下：

(1) 真正 $5^{1/2}$位读数分辨率。

(2) 双显示功能，可同时显示同一输入信号的两种特性。

(3) “普通”和“预设”两种操作模式切换，“预设”模式可快速调用预存配置。

(4) 较宽的测量量程：200 mV～1000 V 直流电压量程；

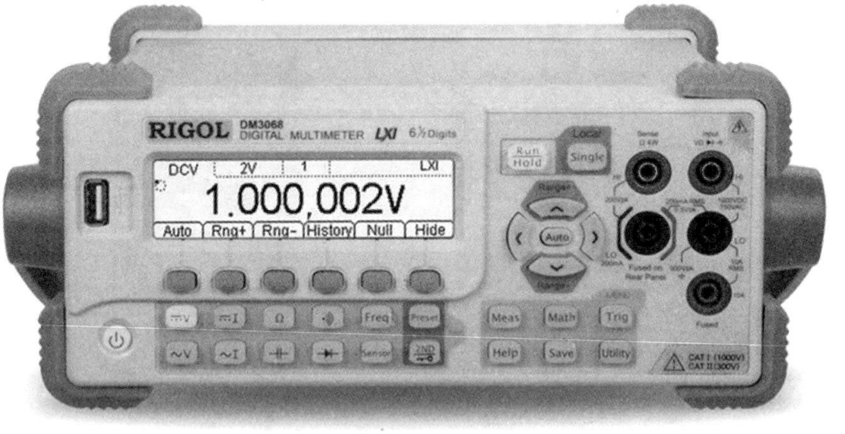

图 1.59 DM3058 型数字台式万用表

200 μA～10 A 直流电流量程；

True-RMS，200 mV～750 V 交流电压量程；

True-RMS，20 mA～10 A 交流电流量程；

200 Ω～100 MΩ 电阻量程，2、4 线电阻测量；

2 nF～10000 μF 电容量程。

（5）较宽的频率测量范围：20 Hz～1 MHz。

（6）刻意进行通断测量和二极管测试。

（7）任意传感器测试功能，内置热电偶冷端补偿。

（8）丰富的数学运算：最大值、最小值、平均值、通过/失败、dBm、dB、相对测量、直方图、标准偏差。

（9）U 盘存储数据和配置，内部存储器可存储 10 组系统配置，并可在需要时调用；能够记录和保存历史测量结果；还支持配置克隆，将仪器的所有配置通过 U 盘备份或“克隆”到其他 DM3058。

（10）支持 USB、GPIB、RS-232 和 LAN 接口；支持 USB、TMC、IEEE488.2 标准、LXI、C 类规范和 SCPI 语言。

（11）支持 Agilent34401A 和 Fluke45 命令集仿真模式。

（12）具有三种电源管理设置：上电值、出厂值、前开关。

（13）中英文菜单和在线帮助系统。

（14）PC 控制软件和任意传感器编辑软件。

1.7.3 DM3058 型数字万用表的前面板、用户界面和基本测量方法

DM3058 型数字万用表前面板示意图如图 1.60 所示。

DM3058 型数字万用表的双显界面、单显界面分别如图 1.61 和图 1.62 所示。

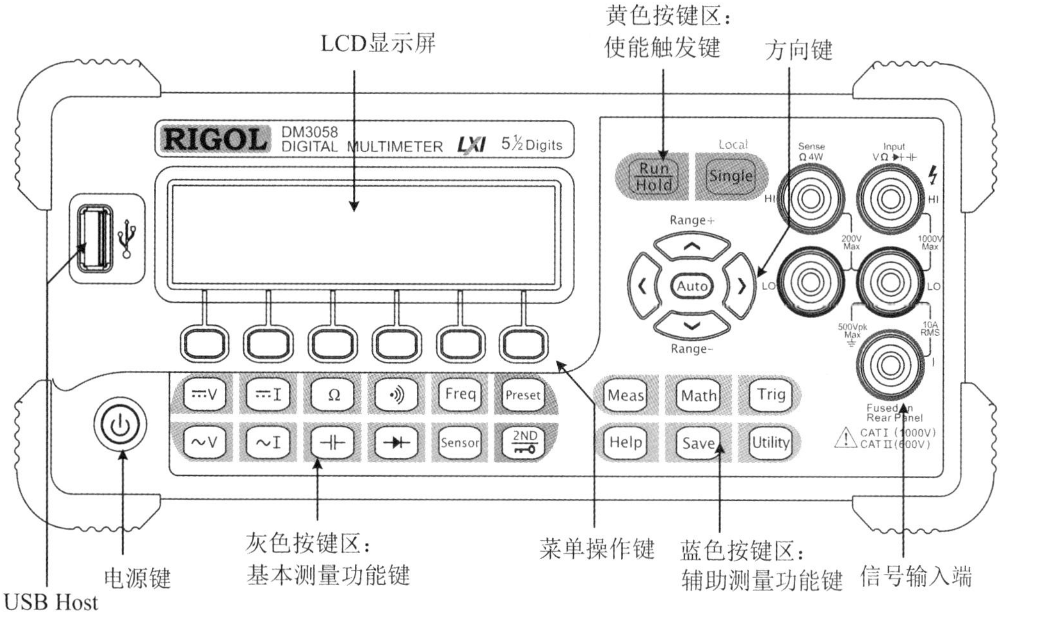

图 1.60　DM3058 型数字万用表前面板示意图

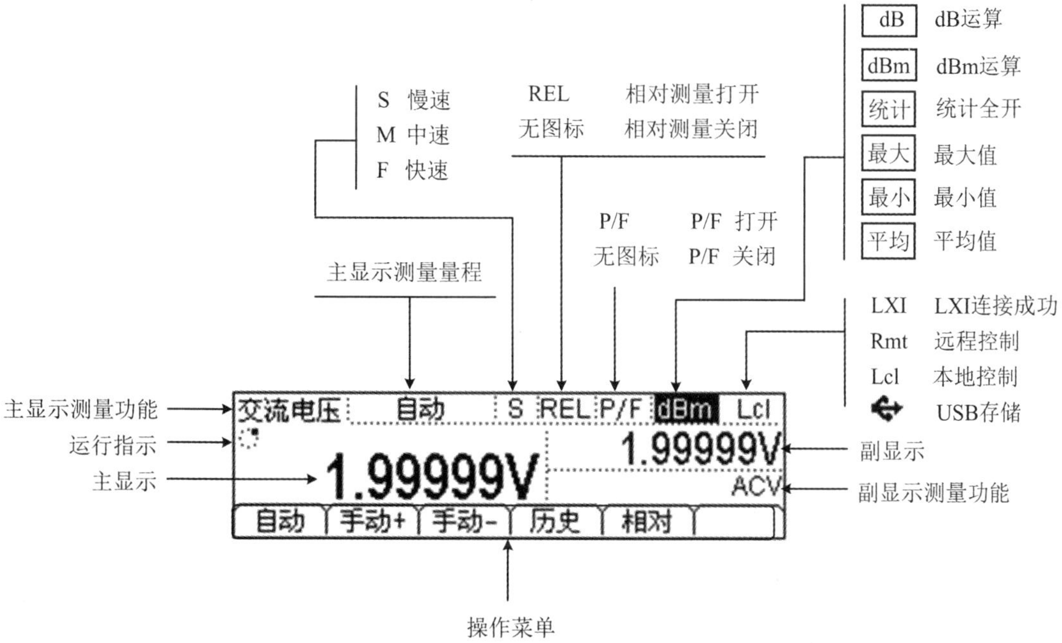

图 1.61　DM3058 型数字万用表的双显界面

图 1.62　DM3058 型数字万用表的单显界面

1. 选择量程

量程的选择有自动和手动两种方式。DM3058 型数字万用表可以根据输入信号自动选择合适的量程,这对用户来说是非常方便的,而手动选择量程可以获得更高的读数精确度。量程选择键位于前面板右侧,如图 1.63 所示。

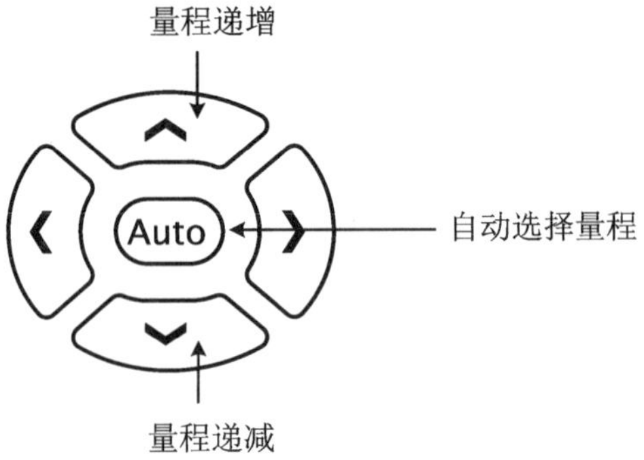

图 1.63 前面板中的量程选择键

方法 1 通过前面板的功能键选择量程。

(1) 自动量程:按"Auto"键,启用自动量程,禁用手动量程。

(2) 手动量程:按向上键,量程递增;按向下键,量程递减。此时禁用自动量程。

方法 2 在测量主界面,使用软键菜单选择量程,如图 1.64 所示。

(1) 自动量程:按"自动"键,选择自动量程,禁用手动量程。

(2) 手动量程:按"手动+"或"手动−"键,手动设置量程。此时禁用自动量程。

图 1.64 量程选择菜单

要点说明:

(1) 当输入信号超出当前量程范围时,万用表提示过载信息"超出量程"。

(2) 上电和远程复位后,量程选择默认为自动。

(3) 建议用户在无法预知测量范围的情况下,选择自动量程,以保护仪器并获得较为准确的数据。

(4) 测试连通性和检查二极管时,量程是固定的。连通性的量程为 2 kΩ,二极管检查的量程为 2.4 V。

方向键的其他功能:

(1) 在存储界面中,上、下键用于选择存储的文件位置。

(2) 在数据输入时,上、下键改变选中位置数值。按向上键,数值增 1;按向下键,数值减 1。

(3) 在数据输入时,左、右键切换数值不同的数位。按下左键,选中前一位;按下右键,选中后一位。

2. 选择测量速率

数字万用表每秒钟对被测电量的测量次数叫测量速率，其单位是“次/s”或“reading/s”，主要取决于 A/D 转换器的转换速率。有的手持式数字万用表用测量周期来表示测量的快慢。完成一次测量过程所需要的时间叫测量周期。

测量速率与准确度指标存在矛盾，通常是准确度愈高，测量速率愈低，二者难以兼顾。解决这一矛盾可在同一块万用表设置不同的显示位数或设置测量速度转换开关：增设快速测量挡，该挡用于测量速率较快的 A/D 转换器；通过降低显示位数来大幅度提高测量速率，此方法目前应用的比较广泛，可以满足不同用户对测量速率的需求。

DM3058 型数字万用表可设置三种测量速率：2.5 reading/s，20 reading/s 和 123 reading/s。2.5 reading/s 对应“慢”(Slow)速率，状态栏标识为“S”，显示刷新率为 2.5 Hz；20 reading/s 对应“中”(Middle)速率，状态栏标识为“M”，显示刷新率为 20 Hz；123 reading/s 对应“快”(Fast)速率，状态栏标识为“F”，显示刷新率为 50 Hz。

测量速率可通过面板上的左、右两个方向键控制(图 1.65)。按下左键，速率增加一挡；按下右键，速率降低一挡。

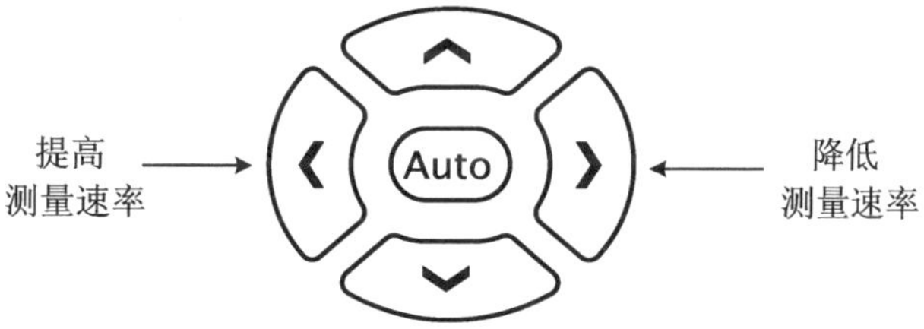

图 1.65　测量速率选择键

要点说明：

(1) 共有 DCV、ACV 和 DCI、ACI 以及 OHM 三种读数速率可选。

(2) 读数分辨率和测量速率设置联动：

① 2.5 reading/s 对应 5.5 位读数分辨率。

② 20 reading/s 和 123 reading/s 对应 4.5 位读数分辨率。

③ Sensor 固定为 5.5 位读数分辨率，“中”速率或“慢”速率可选。

④ 二极管和连通性功能固定为 4.5 位读数分辨率，“快”速率。

⑤ Freq 功能固定为 5.5 位读数分辨率，“慢”速率。

⑥ Cap 功能固定为 3.5 位读数分辨率，“慢”速率。

3. 测量直流电压

DM3058 型数字万用表可测量最大 1000 V 的直流电压。下面将详细介绍直流电压的连接和测量方法。

注意　每次开机后总是自动选择直流电压测量功能。

测量直流电压的具体操作步骤如下：

(1) 按下前面板的 ⎓V 键，进入直流电压测量界面，如图 1.66 所示。

(2) 如图 1.67 所示，连接测试引线和被测电路，红色测试引线接 Input-HI 端，黑色测试引线接 Input-LO 端。

(3) 根据测量电路的电压范围，选择合适的电压量程。

图 1.66　直流电压测量界面

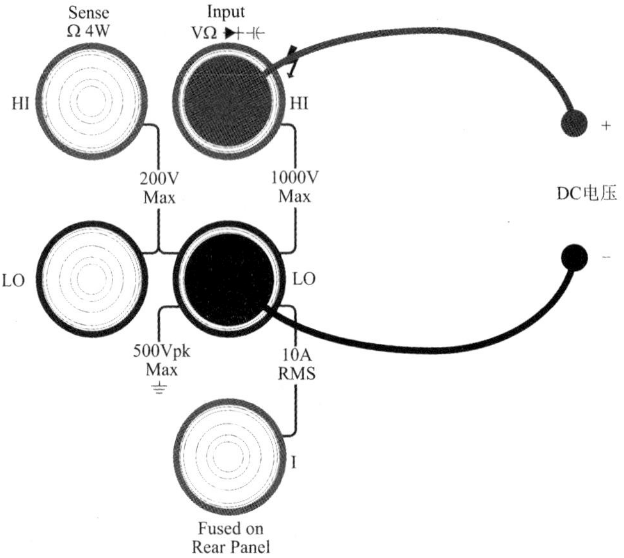

图 1.67　直流电压测量连接示意图

直流电压测量特性见表 1.4。

表 1.4　直流电压测量特性

量程*	200 mV、2 V、20 V、200 V、1000 V
输入保护	所有量程上的 1000 V(HI 端)
可配置参数	量程、直流输入阻抗、相对运算设定值

*：除 1000 V 量程外所有量程均有 20%超量程，量程可自动或手动设置。1000 V 挡位输入超过 1000 V 时，显示“超量程”。任意量程下均有 1000 V 输入保护。

(4) 设置直流输入阻抗。

按 Meas 键→“阻抗”，设置直流输入阻抗值。直流输入阻抗的默认值为 10 MΩ，此参数出厂时已经设置，用户可直接进行电压测量。(如果用户不需要修改此参数，直接执行下一步。)

(5) 设置相对值(可选操作)。

按下“相对”键，打开或关闭相对运算功能。相对运算打开时，显示屏上方显示“REL”，此时显示的读数为实际测量值减去所设定的相对值。(相对值的具体设置方法，请参考 1.7.5 节。)

(6) 读取测量值。

读取测量结果时，可使用左、右方向键选择测量(读数)速率。

(7) 查看历史测量数据。

按“历史”键，进入如图 1.68 所示的界面，对本次测量所得数据进行查看或保存处理。

图 1.68　历史信息查看界面

可通过“信息”“列表”和“直方图”三种方式，对所测量的历史数据进行查看。查看后可通过“保存”键对历史数据进行保存。按“更新”键，刷新历史信息为当前最新信息。

4. 测量交流电压

DM3058 型数字万用表可测量最大 750 V 的交流电压。下面将详细介绍交流电压的连接和测试方法。

交流电压的具体操作步骤如下：

(1) 按下前面板的(~V)键，进入交流电压测量界面，如图 1.69 所示。

图 1.69　交流电压测量界面

(2) 如图 1.70 所示连接测试引线和被测电路，红色测试引线接 Input-HI 端，黑色测试引线接 Input-LO 端。

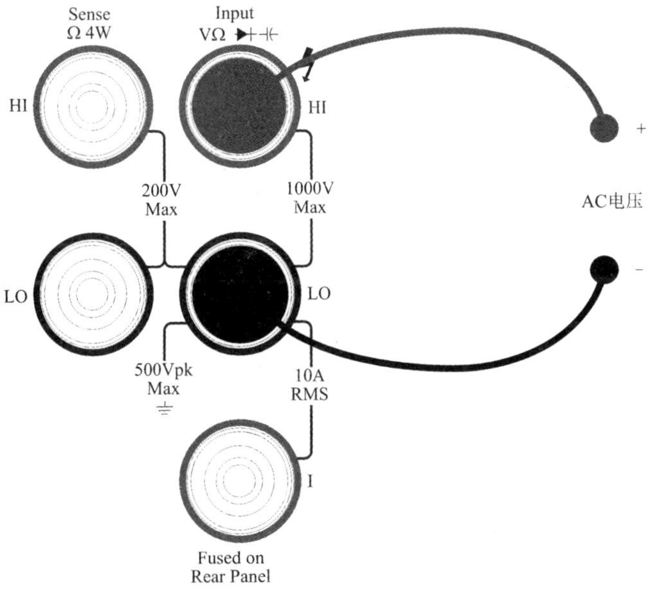

图 1.70　交流电压测量连接示意图

(3) 根据测量电路的电压范围，选择合适的电压量程。

交流电压测量特性见表 1.5。

表 1.5　交流电压测量特性

量程*	200 mV、2 V、20 V、200 V、750 V
输入保护	所有量程上均为 750 V_{rms}(HI 端)
可配置参数	量程、相对运算设定值

*：除 750 V 量程外所有量程均有 20%超量程，量程可自动或手动设置。750 V 挡位输入超过 750 V 时，显示“超量程”。任意量程下均有 750 V_{rms} 输入保护。

(4) 设置相对值(可选操作)。

按下“相对”键，打开或关闭相对运算功能。相对运算打开时，显示屏上方显示“REL”，此时显示的读数为实际测量值减去所设定的相对值。(相对值的具体设置方法，请参考 1.7.5 节。)

(5) 读取测量值。

读取测量结果时，可使用左、右方向键选择测量(读数)速率。此时，按下第二功能(2ND)键再按频率测量(Freq)键，可得到所测交流信号的频率值，如图 1.71 所示。

图 1.71　交流信号双显测量界面

(6) 查看历史测量数据。

按“历史”键，进入如图 1.72 所示的界面，对本次测量所得的数据进行查看或保存处理。

图 1.72　历史信息查看界面

可通过“信息”“列表”和“直方图”三种方式，对所测量的历史数据进行查看。查看后可通过“保存”键对历史数据进行保存。按“更新”键，刷新历史信息为当前最新信息。

5. 测量直流电流

DM3058 型数字万用表可测量最大 10 A 的直流电流。下面将详细介绍直流电流的连接和测试方法。

测量直流电流的具体操作步骤如下：

(1) 按下前面板的(⎓I)键，进入直流电流测量界面，如图 1.73 所示。

(2) 如图 1.74 所示，连接测试引线和被测电路，红色测试引线接 Input-I 端，黑色测试引线接 Input-LO 端。

图 1.73　直流电流测量界面

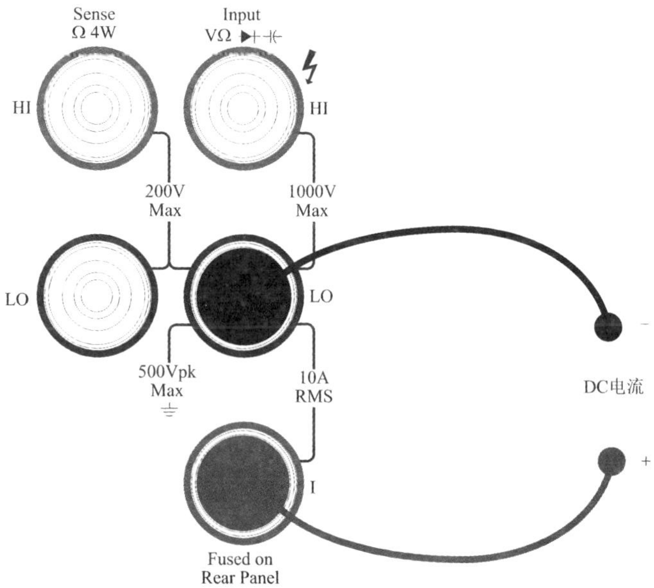

图 1.74　直流电流测量连接示意图

(3) 根据测量电路的电流范围,选择合适的电流量程。直流电流测量特性见表 1.6。

表 1.6　直流电流测量特性

量程*	200 μA、2 mA、20 mA、200 mA、2 A、10 A
输入保护	后面板 10 A、机内 12 A
可配置参数	量程、相对运算设定值

*:除 10 A 挡外所有量程均有 20%超量程,量程可自动或手动设置。

(4) 设置相对值(可选操作)。

按下“相对”键,打开或关闭相对运算功能。相对运算打开时,显示屏上方显示“REL”,此时显示的读数为实际测量值减去所设定的相对值。(相对值的具体设置方法,请参考 1.7.5 节。)

(5) 读取测量值。

读取测量结果时,可使用左、右方向键选择测量(读数)速率。

(6) 查看历史测量数据。

按“历史”键,进入如图 1.75 所示的界面,对本次测量所得数据进行查看或保存处理。

可通过“信息”“列表”和“直方图”三种方式,对所测量的历史数据进行查看。查看后可通过“保存”键对历史数据进行保存。按“更新”键,刷新历史信息为当前最新信息。

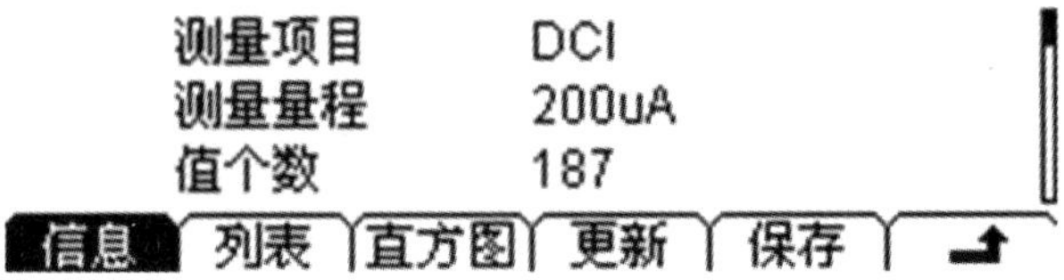

图 1.75 历史信息查看界面

6. 测量交流电流

DM3058 型数字万用表可测量的最大 10 A 的交流电流。下面将详细介绍交流电流的连接和测量方法。

测量交流电流的具体操作步骤如下：

(1) 选中前面板的(~I)键，进入交流电流测量界面，如图 1.76 所示。

图 1.76 交流电流测量界面

(2) 如图 1.77 所示，连接测试引线和被测电路，红色测试引线接 Input-I 端，黑色测试引线接 Input-LO 端。

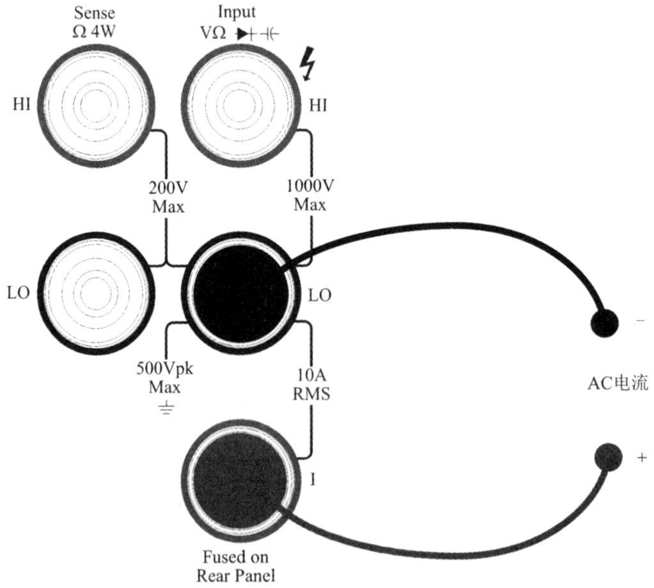

图 1.77 交流电流测量连接示意图

(3) 根据测量电路的电流范围，选择合适的电流量程。交流电流测量特性见表 1.7。

表 1.7　交流电流测量特性

量程*	20 mA、200 mA、2 A、10 A
输入保护	后面板 10 A、250 V 保险丝，机内 12 A
可配置参数	量程、相对运算设定值

*：除 10 A 挡外所有量程均有 20%超量程，量程可自动或手动设置。

（4）设置相对值（可选择操作）。

按下“相对”键，打开或关闭相对运算功能。相对运算打开时，显示屏上方显示“REL”，此时显示的读数为实际测量值减去所设定的相对值。（相对值的具体设置方法，请参考 1.7.5 节。）

（5）读取测量值。

读取测量结果时，可使用左右方向键选择测量（读数）速率。

（6）测量的历史数据处理。

按“历史”键，进入如图 1.78 所示界面，对本次测量所获得的数据进行查看或保存处理。

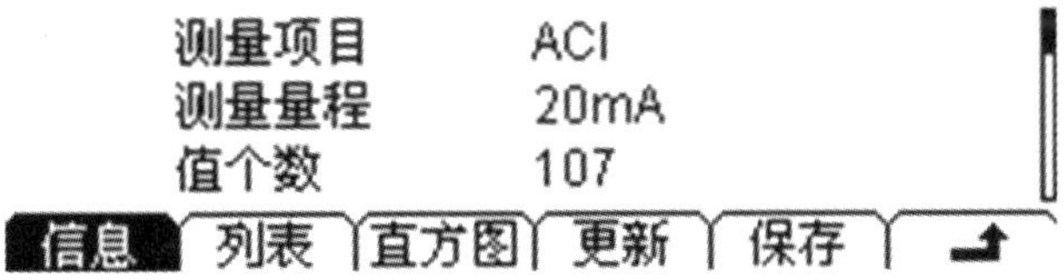

图 1.78　历史信息查看界面

可通过“信息”“列表”和“直方图”三种方式，对所测量的历史数据进行查看。查看后可通过“保存”键对历史数据进行保存。按“更新”键，刷新历史信息为当前最新信息。

7. 测量电阻

DM3058 型数字万用表提供二线、四线两种电阻测量模式。下面将分别介绍二线法、四线法测量电阻的连接和测量方法。

二线法测电阻的具体操作步骤如下：

（1）按下前面板的（Ω）键，选择二线电阻模式，进入二线法测电阻界面，如图 1.79 所示。

图 1.79　二线法测电阻界面

（2）如图 1.80 所示，连接测试引线和被测电阻，红色测试引线接 Input-HI 端，黑色测试引线接 Input-LO 端。

（3）根据测量电阻的阻值范围，选择合适的电阻量程。二线法测电阻的测量特性见表 1.8。

表 1.8　二线法测电阻的测量特性

量程*	200 Ω、2 kΩ、20 kΩ、200 kΩ、2 MΩ、10 MΩ、100 MΩ
开路电压	<8 V
输入保护	所有量程上的 1000 V(HI 端)
可配置参数	量程、相对运算设定值

*:所有量程均有 20%超量程。量程可自动或手动设置。

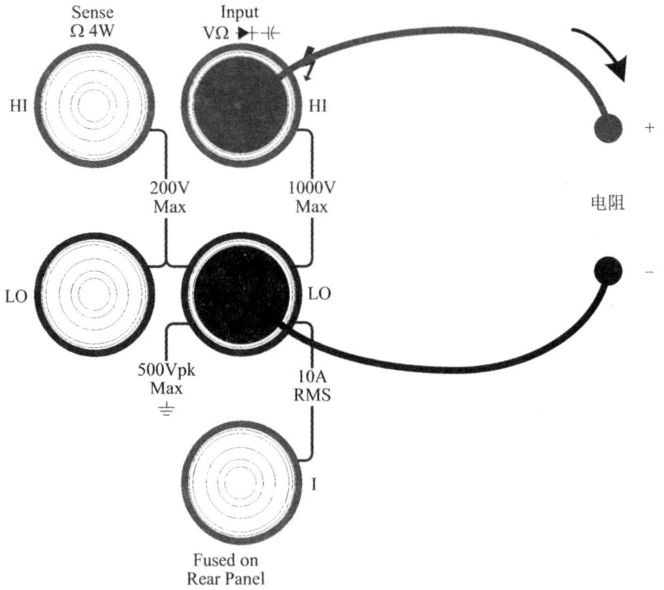

图 1.80　二线电阻测量连接示意图

(4) 设置相对值(可选操作)。

按下“相对”键,打开或关闭相对运算功能。相对运算打开时,显示屏上方显示“REL”,此时显示的读数为实际测量值减去所设定的相对值。(相对值的具体设置方法,请参考 1.7.5 节。)

(5) 读取测量值。

读取测量结果时,可使用左右方向键选择测量(读数)速率。

(6) 查看历史测量数据。

按“历史”键,进入如图 1.81 所示的界面,对本次测量所获得数据进行查看或保存处理。

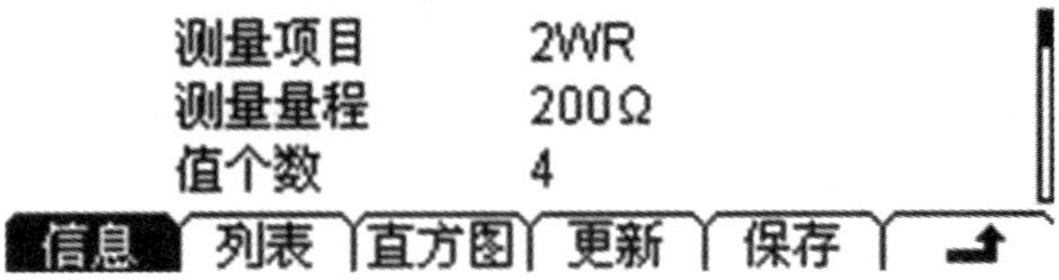

图 1.81　历史信息查看界面

可通过“信息”“列表”和“直方图”三种方式,对所测量的历史数据进行查看。查看后可通过“保存”键对历史数据进行保存。按“更新”键,刷新历史信息为当前最新信息。

注意　当测量较小阻值电阻时，建议使用相对值运算，可以消除测试导线阻抗误差。

四线法测电阻的具体操作步骤如下：

当被测电阻阻值小于 100 kΩ，测试引线的电阻和探针与测试点的接触电阻与被测电阻相比已不能忽略不计时，若仍采用二线法测量必将导致测量误差增大，此时可以使用四线法进行测量。

(1) 连续按 Ω 切换到四线电阻模式，进入四线电阻测量界面，如图 1.82 所示。

图 1.82　四线电阻测量界面

(2) 如图 1.83 所示，连接测试引线，红色测试引线接 Input-HI 和 HI Sense 端，黑色测试引线接 Input-LO 和 LO Sense 端。

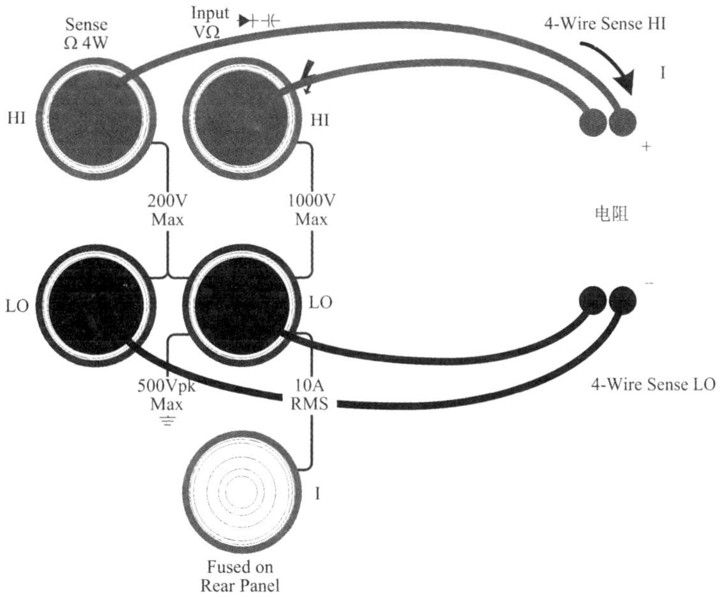

图 1.83　四线法测电阻示意图

(3) 根据被测电阻的阻值范围，选择合适的电阻量程。四线法测电阻的测量特性见表 1.9。

表 1.9　四线法测电阻的测量特性

量程*	200 Ω、2 kΩ、20 kΩ、200 kΩ、2 MΩ、10 MΩ、100 MΩ
开路电压	<8 V
输入保护	(1) 所有量程上的 1000 V(HI 端) (2) 所有量程上的 200 V(HI Sense，LO Sense)
可配置参数	量程、相对运算设定值

*：所有量程均有 20% 超量程。量程可自动或手动设置。

（4）设置相对值（可选操作）。

按下“相对”键，打开或关闭相对运算功能。相对运算打开时，显示屏上方显示“REL”，此时显示的读数为实际测量值减去所设定的相对值。（相对值的具体设置方法，请参考1.7.5节。）

（5）读取测量值。

读取测量结果时，可使用左、右方向键选择测量（读数）速率。

（6）查看历史测量数据。

按“历史”键，进入如图1.84所示的界面，对本次测量所获得数据进行查看或保存处理。

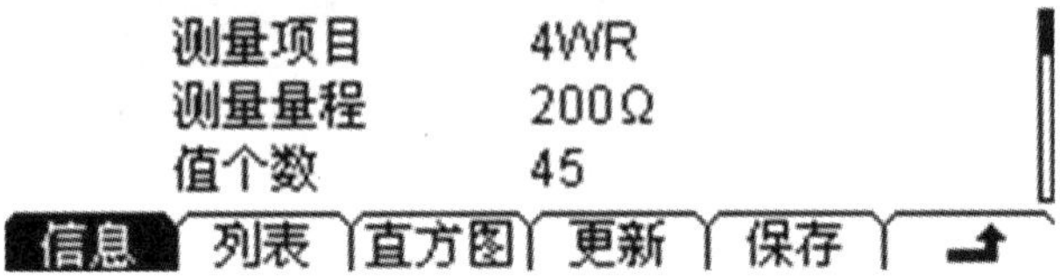

图1.84　历史信息查看界面

可通过“信息”“列表”和“直方图”三种方式，对所测量的历史数据进行查看。查看后可通过“保存”键对历史数据进行保存。按“更新”键，刷新历史信息为当前最新信息。

注意　测量电阻时，电阻两端不能放置在导电桌面或用手拿着进行测量，这样会导致测量结果不准确，而且电阻越大，影响越大。

8. 测量电容

DM3058型数字万用表最大可测量10000 μF的电容。下面将详细介绍电容的连接和测量方法。

测量电容的具体操作步骤如下：

（1）按下前面板的 ⊣⊢ 键，进入电容测量界面，如图1.85所示。

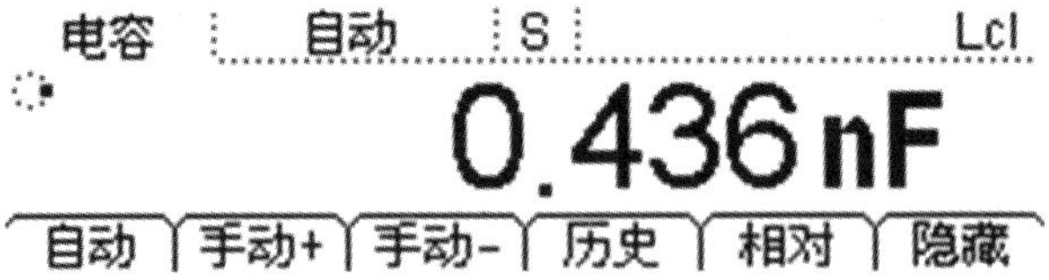

图1.85　电容测量界面

（2）如图1.86所示，将测试引线接于被测电容两端，红色测试引线接Input-HI端和电容的正极，黑色测试引线接Input-LO端和电容的负极。

（3）根据被测电容的容值范围，选择合适的电容量程。电容测量特性见表1.10。

表1.10　电容测量特性

量程*	2 nF、20 nF、200 nF、2 μF、200 μF、10000 μF
输入保护	所有量程上的1000 V（HI端）
可配置参数	量程、相对运算设定值

*：所有量程提供20%超量程。量程可自动或手动设置。

（4）设置相对值（可选操作）。

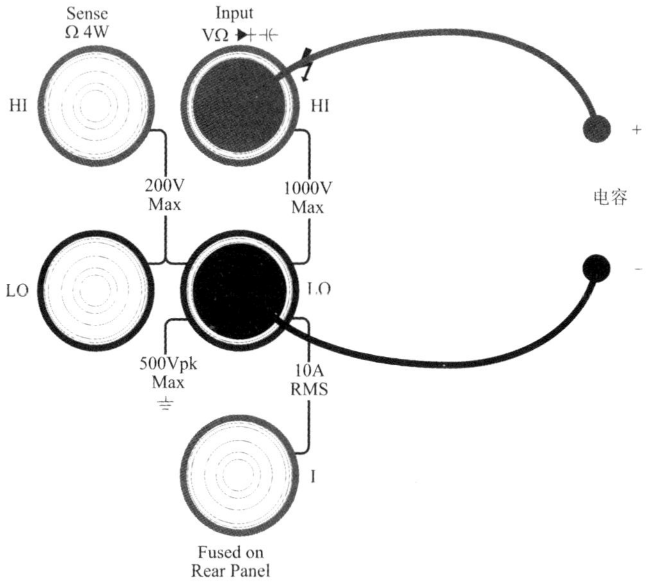

图 1.86 电容测量连接示意图

按下“相对”键，打开或关闭相对运算功能。相对运算打开时，显示屏上方显示“REL”，此时显示的读数为实际测量值减去所设定的相对值。（相对值的具体设置方法，请参考 1.7.5 节。）

（5）读取测量结果。

电容测量功能固定为“慢”速测量，3.5 位显示，因此读取测量结果时不能调节读数速率。

（6）查看历史测量数据。

按“历史”键，进入如图 1.87 所示的界面，对本次测量所获得数据进行查看或保存处理。

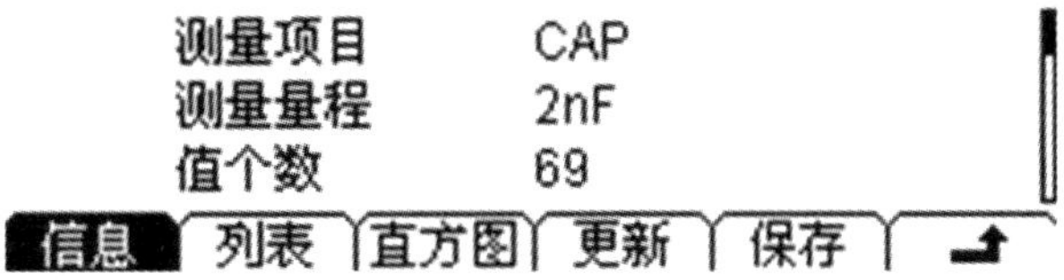

图 1.87 历史信息查看界面

可通过“信息”“列表”和“直方图”三种方式，对所测量的历史数据进行查看。查看后可通过“保存”键对历史数据进行保存。按“更新”键，刷新历史信息为当前最新信息。

注意 用万用表测量电解电容前，每次都要用测试引线将电解电容的两个脚短接一下进行放电，然后才可以测量。

9. 测试连通性

当短路测试电路中测量的电阻值低于设定的短路电阻时，仪器判断电路是连通的，发出蜂鸣提示音（声音已打开）。下面将详细介绍如何使用 DM3058 型数字万用表对电路进行连通性测试。

测试连通性的具体操作步骤如下：

（1）按下前面板的键，进入如图 1.88 所示的界面，测量电路的连通性。

图 1.88　连通性测试界面

(2) 如图 1.89 所示，连接测试引线和被测电路，红色测试引线接 Input-HI 端，黑色测试引线接 Input-LO 端。

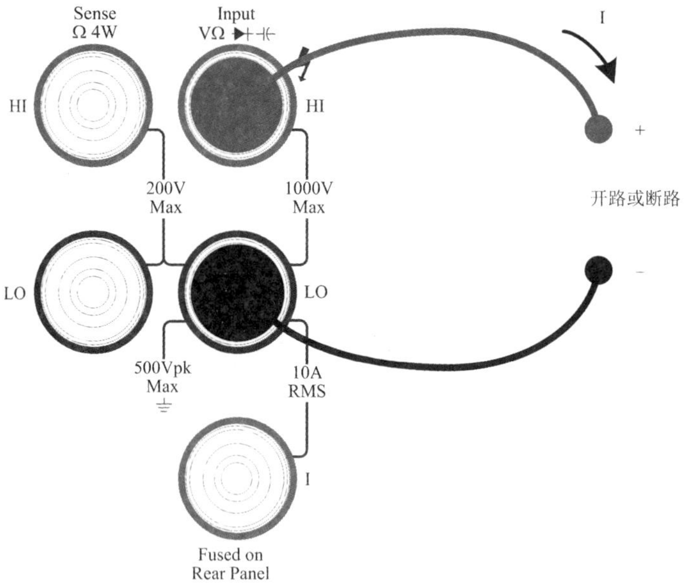

图 1.89　连通性测试示意图

(3) 设置短路阻抗。

按“设置”键，设置短路电阻值。短路电阻值的默认值为 10 Ω，此参数出厂时已经设置，用户可直接进行连通性测试。如果用户不需要修改此参数，直接执行下一步。连通性测量特性见表 1.11。

表 1.11　连通性测量特性

测试电流	1 mA
量程	量程固定在 2 kΩ
开路电压	<8 V
输入保护	1000 V(HI 端)
蜂鸣条件	$0\leqslant R_{testing}\leqslant$短路阻抗，1 Ω≤短路电阻≤2 kΩ

10. 检查二极管

检查二极管的具体操作步骤如下：

(1) 按下前面板的[▶|]键，进入二极管检测界面，如图 1.90 所示。

(2) 如图 1.91 所示，连接测试引线和被测二极管，红色测试引线接 Input-HI 端和二极管正极，黑色测试引线接 Input-LO 端和二极管负极。

图 1.90　检查二极管界面

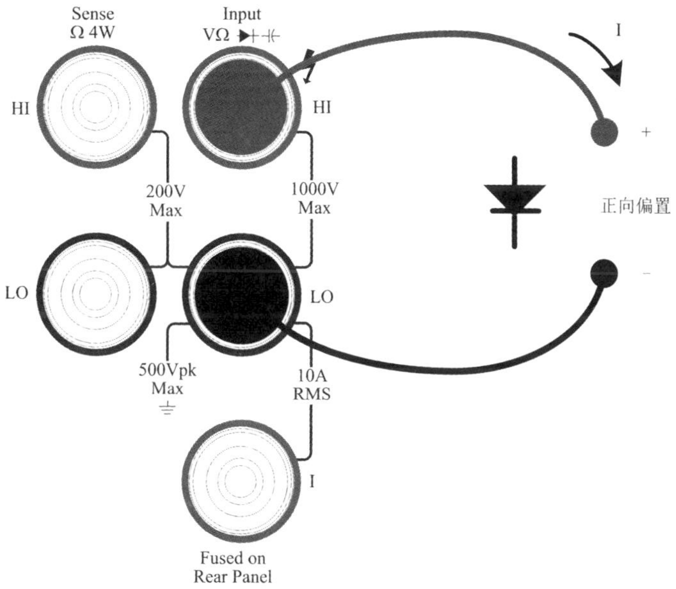

图 1.91　二极管检测示意图

(3) 检查二极管通断情况。

二极管检测特性见表 1.12。二极管导通时，仪器发出一次蜂鸣(声音已打开)。

表 1.12　二极管检测特性

测试电流	1 mA
量程	量程固定在 2.0 V
开路电压	<8 V
输入保护	1000 V(HI 端)
蜂鸣条件	$0.1\ V \leqslant V_{measured} \leqslant 2.0\ V$

11. 测量频率或周期

被测信号的频率或周期可以在测量该信号的电压或电流时，通过打开第二功能测量得到，也可以直接使用频率或周期测量功能键 Freq 进行测量。下面将介绍如何直接使用功能键 Freq 进行测量。

测量频率的具体操作步骤如下：

(1) 按下前面板的 Freq 键，进入频率测量界面，如图 1.92 所示。

图 1.92　频率测量界面

(2) 如图 1.93 所示，连接测试引线，红色测试引线接 Input-HI 端，黑色测试引线接 Input-LO 端。

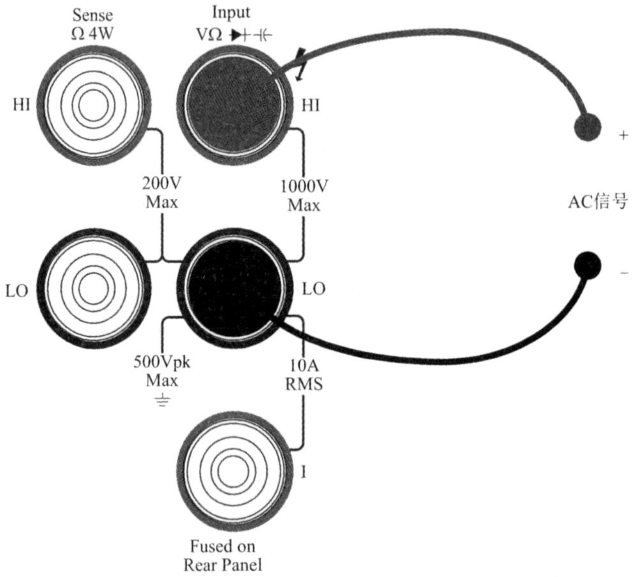

图 1.93　频率测量连接示意图

(3) 频率测量特性见表 1.13。

表 1.13　频率测量特性

量程	200 mV、2 V、20 V、200 V、750 V
测量范围	20 Hz～1 MHz
输入保护	所有量程上的 750 V_{rms}(HI 端)
可配置参数	相对运算设定值

(4) 设置相对值(可选操作)。

按下“相对”键，打开或关闭相对运算功能。相对运算打开时，显示屏上方显示“REL”，此时显示的读数为实际测量值减去所设定的相对值。(相对值的具体设置方法，请参考 1.7.5 节。)

(5) 读取测量值。

Freq 功能固定为“慢”速测量，5.5 位显示，因此读取测量结果时不能调节读数速率。

(6) 查看历史测量数据。

按“历史”键，进入如图 1.94 所示的界面。对本次测量所得数据进行查看或保存处理。

图 1.94　历史信息查看界面

可通过“信息”“列表”和“直方图”三种方式，对所测量的历史数据进行查看。查看后可通过“保存”键对历史数据进行保存。按“更新”键，刷新历史信息为当前最新信息。

测量周期的具体操作步骤如下：

(1) 连续按 Freq 键进入周期测量界面，如图 1.95 所示。

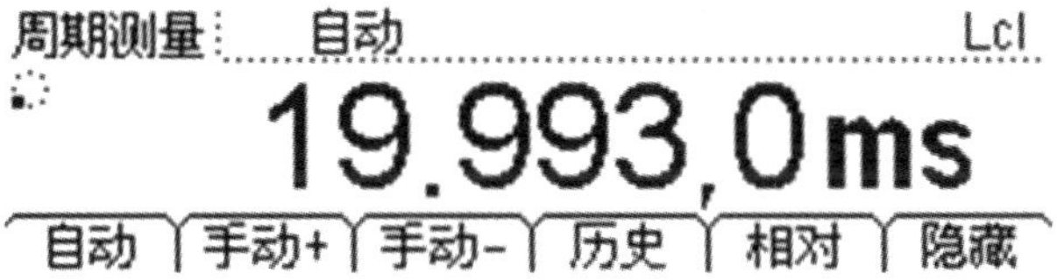

图 1.95　周期测量界面

(2) 如图 1.96 所示，连接测试引线，红色测试引线接高电压 HI 端，黑色测试引线接低电压 LO 端。

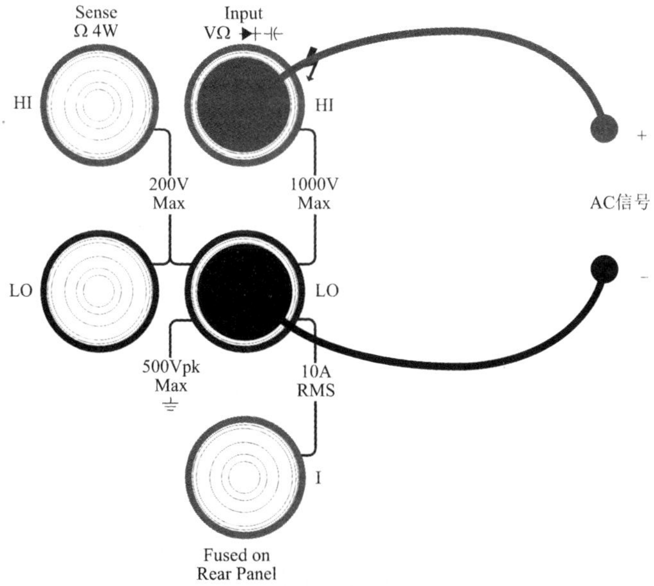

图 1.96　周期测量连接示意图

(3) 周期测量特性见表 1.14。

表 1.14　周期测量特性

量程	200 mV、2 V、20 V、200 V、750 V
测量范围	1 μs～0.05 s
输入保护	所有量程上的 750 V_{rms}(HI 端)
可配置参数	相对运算设定值

(4) 设置相对值(可选操作)。

按下“相对”键,打开或关闭相对运算功能。相对运算打开时,显示屏上方显示“REL”,此时显示的读数为实际测量值减去所设定的相对值。(相对值的具体设置方法,请参考1.7.5节。)

(5) 读取测量值。

周期测量功能固定为“慢”速测量,5.5位显示,因此读取测量结果时不能调节读数速率。

(6) 查看历史测量数据。

按“历史”键,进入如图1.97所示的界面。

图1.97 历史信息查看界面

可通过“信息”“列表”和“直方图”三种方式,对所测量的历史数据进行查看。查看后可通过“保存”键对历史数据进行保存。按“更新”键,刷新历史信息为当前最新信息。

1.7.4 设置测量参数

使用Meas键,通过测量参数的操作菜单,可对直流电压、直流电流和连通性三种测量功能的参数进行设置。

万用表出厂时,已经配置好相关的测量参数,用户可以直接进行任何测量操作,也可以根据需要更改测量参数。

1. 交流滤波

交流滤波适用于直流电压和直流电流测量。

当前已选中直流电压或直流电流功能时,按Meas键→“滤波”,如图1.98所示,打开或关闭交流滤波器,则当被测直流信号含有交流分量时,通过交流滤波可以将交流滤掉,使测量数据更加精确。

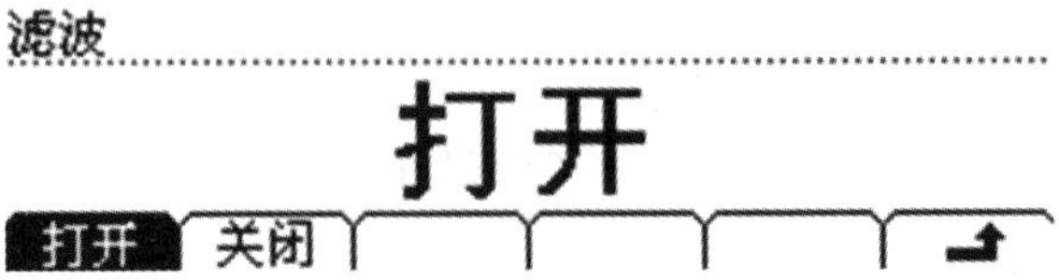

图1.98 打开/关闭交流滤波

2. 直流阻抗

选择直流电压测量时的输入阻抗值,此参数只适用于直流电压测量。

当前已选中直流电压功能时,按Meas键→“阻抗”,进入如图1.99所示的界面。

直流输入阻抗菜单的说明见表1.15。

图 1.99　选择直流阻抗

表 1.15　直流输入阻抗菜单的说明

功能菜单	说明
10 MΩ	设置直流阻抗为 10 MΩ
>10 GΩ	设置直流阻抗 >10 GΩ
↰	保存所有设置，回到上一级菜单

直流阻抗可选参数为 10 MΩ 或>10 GΩ。万用表的输入阻抗值一般固定为 10 MΩ，但对于 200 mV 和 2 V 的量程，可以选择更大的阻抗值(>10 GΩ)来提高测量精度。当前选择保存在万用表内部的存储器中。

直流输入阻抗的选择：

(1) 当直流输入阻抗选择为“10 MΩ”时，所有量程范围的输入阻抗值均为 10 MΩ。

(2) 当直流输入阻抗设置为“>10 GΩ”时，200 mV 和 2 V 量程的输入阻抗大于 10 GΩ，20 V、200 V 和 1000 V 量程的输入阻抗为 10 MΩ，保持不变。

直流输入阻抗的出厂默认值为 10 MΩ。直流输入阻抗设置存储在万用表内部的存储器中。

3. 短路电阻值

设置短路测试电路中的短路电阻值。当被测电路中所测电阻的阻值低于短路电阻值时，仪器判断电路是连通的，并发出蜂鸣提示音(声音已打开)。短路电阻仅适用于连通性测试。

当前已选中连通性测量功能时，按 Meas 键→“短路”，进入如图 1.100 所示的界面。

图 1.100　设置短路电阻

使用方向键改变参数值：修改参数值时，左、右键切换数值不同的数位。按左键，选中前一位；按右键，选中后一位。上、下键改变选中数位的数值。按向上键，数值增 1；按向下键，数值减 1。

短路电阻：

(1) 短路电阻的阻值范围为 1～2000 Ω。短路电阻的出厂默认值为 10 Ω。

(2) 短路电阻值存储在非易失性存储器中，掉电后电阻值保持不变。

1.7.5 数学运算功能

数学运算主要包括 5 种功能：统计（最大值、最小值、平均值）、P/F、dBm、dB 和相对运算。选择不同的数学运算功能，以满足不同条件的测量要求。

数学运算功能适用于电压、电流、电阻、电容、频率/周期和任意传感器测量功能，其中 dB 和 dBm 运算仅适用于电压测量。

按下 Math 键，在屏幕显示数学运算的操作菜单，如图 1.101 所示。

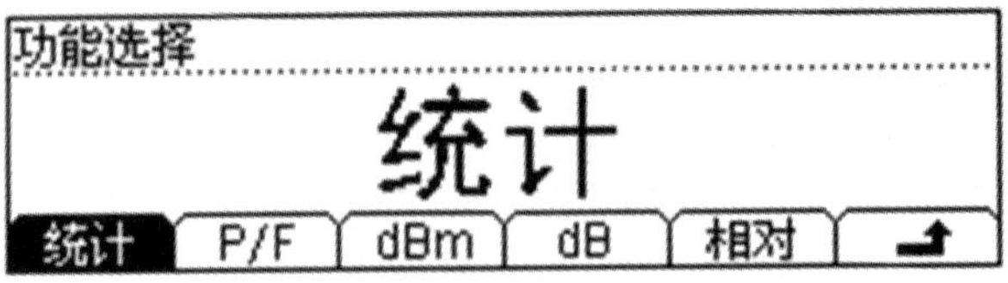

(a) 电压测量

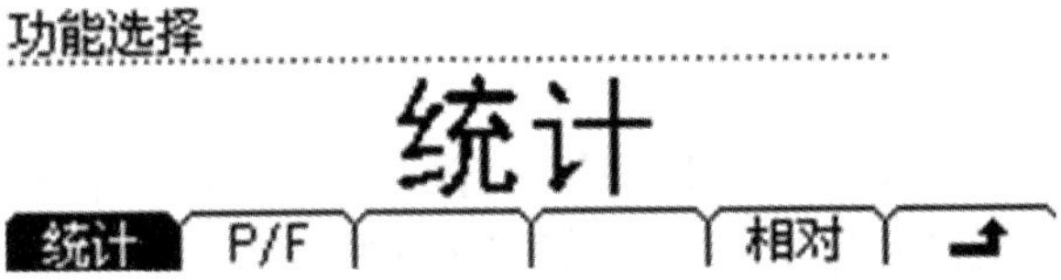

(b) 电流、电阻、电容、频率/周期和传感器测量

图 1.101 数学运算功能界面

对于数学运算功能菜单的说明见表 1.16。

表 1.16 数学运算功能菜单的说明

功能菜单	设定	说明
统计	—	统计当前测量的最大值、最小值、平均值或全部进行统计
P/F	—	根据设定的上下限参数，执行通过/失败测试
dBm	—	计算传送到被测量参考电阻上的功率 0 dBm=1 mW
dB	—	计算测量值相对于参考值的分贝数
相对	打开 关闭	打开或关闭相对运算
⬏	—	保存所有更改，返回上一级菜单

1. 统计运算

统计运算用于统计测量期间读数的最小值、最大值、平均值。

数字万用表允许对以下测量功能进行统计运算：直流电压、交流电压、直流电流、交流电流、电阻、频率、电容和任意传感器测量。

按 Math 键→"统计"，进入如图 1.102 所示的界面。选择所需的统计功能，按"打开"键，即可打开相应的功能并进入读数界面。

对于统计运算功能菜单的说明见表 1.17。

表 1.17　统计运算功能菜单的说明

功能菜单	设定	说明
最大	—	统计测量期间所有读数的最大值 该功能打开时,状态栏显示“最大”
最小	—	统计测量期间所有读数的最小值 该功能打开时,状态栏显示“最小”
平均	—	统计测量期间所有读数的平均值 该功能打开时,状态栏显示“平均”
全部	—	显示统计测量最大值、最小值和平均值,并显示所统计的样本数 该功能打开时,状态栏显示“统计”
打开	打开 关闭	打开/关闭已选中的统计功能
↰	—	保存所有更改,返回上一级菜单

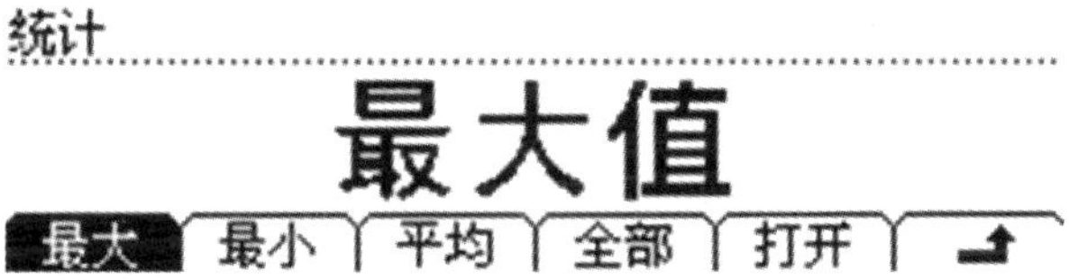

图 1.102　统计运算菜单界面

统计运算的方法:

(1) 启用统计运算时,万用表的第一个读数被作为最大值或最小值显示。连续多个读数时,最小值总是显示当前所有读数中最小的数值;最大值则总是显示当前读数中最大的数值。

(2) 统计的最大值、最小值、平均值和读数数量均存储在万用表的易失性存储器中,掉电时自动清除。

2. P/F 运算

P/F 运算可根据设定的上、下限参数,对超出范围的信号进行提示。万用表允许对以下测量功能进行限值运算:直流电压、交流电压、直流电流、交流电流、电阻、频率、电容和任意传感器测量。

按 Math 键→“P/F”,进入如图 1.103 所示的界面。

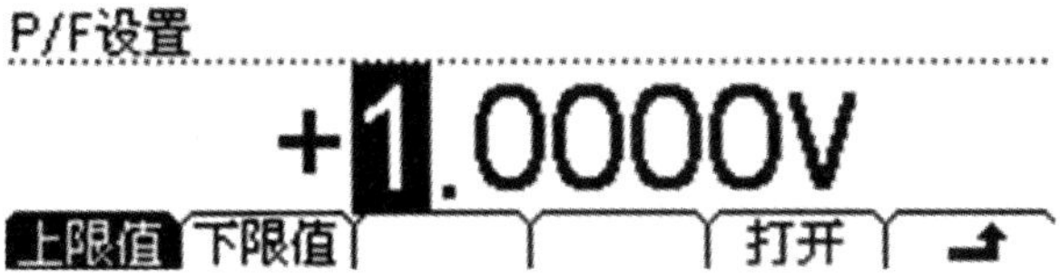

图 1.103　P/F 运算设置界面

对于限值运算功能菜单的介绍见表 1.18。

表 1.18　限值运算功能菜单

功能菜单	设定	说明
上限值	—	指定限定范围的上限值
下限值	—	指定限定范围的下限值
打开	—	打开 P/F 运算，状态栏显示“P/F”
↰	—	保存所有更改，返回上一级菜单

(1) 限值设定方法：选择“上限值”键或“下限值”键，通过左、右方向键切换想要编辑的数位，通过上、下方向键输入数值。设置正负时，使用左键选中最左边的符号位，使用上、下键切换正、负号。

(2) 限值单位：限值的单位随当前测量功能而定。

(3) 超限提示：

① 当读数超出设定的上限值时，副显示提示“HI FAIL”。

② 当读数超出设定的下限值时，副显示提示“LO FAIL”。

③ 当读数超出上、下限值时，蜂鸣器将发出声音报警(系统设置中声音打开时)。

(4) 限值运算参数值范围：

① 上、下限的范围可设定在当前测量功能量程的－120%～＋120%。

② 指定的上限值应始终大于下限值。

③ 上、下限值均存储在易失性存储器中，上电时，上、下限值被重置为默认值。

3. dBm 运算

dBm 虽然是一个表示信号功率的单位，但也经常用来表示使用 dBm 为单位的功率绝对值。由于本表不能直接测量信号在负载上的功率，只能测量直流电压和交流电压，因此只能通过设定一个参考电阻计算功率绝对值 dBm

按Math键→“dBm”，进入如图 1.104 所示的界面。

图 1.104　dBm 运算设置界面

对于 dBm 运算功能菜单的说明见表 1.19。

表 1.19　dBm 运算功能菜单的说明

功能菜单	设定	说明
默认	—	将设定值恢复为系统默认值 可以通过方向键设定该参数：2 Ω～8000 Ω
打开	—	打开 dBm 运算，状态栏显示“dBm”
↰	—	保存所有更改，返回上一级菜单

dBm 运算方法：

启用 dBm 运算后，电压测量值按照式(1.6)转换为 dBm 值：

$$dBm = 10 \times \lg[(Reading^2/R_{REF})/0.001\ W] \tag{1.6}$$

其中 Reading 是信号电压幅度的读数值，R_{REF}是参考电阻阻值。下同。

4. dB 运算

dB 是一个表征相对值的值，它用于 dBm 值的相对运算。与 dBm 一样，此表中 dB 运算只适用于直流电压和交流电压测量。

按Math键→“dB”，进入如图 1.105 所示的界面。

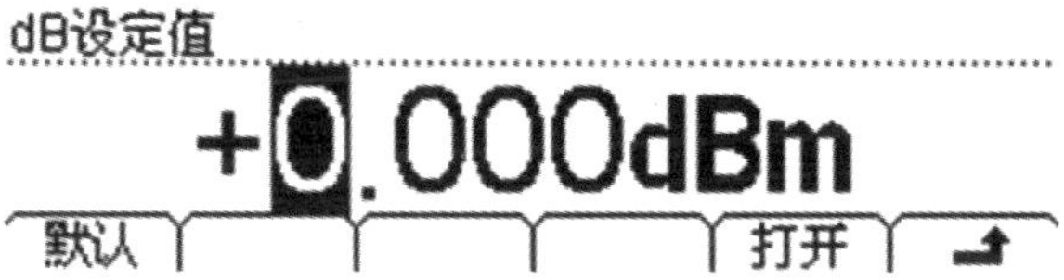

图 1.105　dB 运算设置界面

对于 dB 运算功能菜单的说明见表 1.20。

表 1.20　dB 运算功能菜单的说明

功能菜单	设定	说明
默认	—	将设定值设定为系统的默认值 0 dBm
打开	—	打开 dB 运算，状态栏显示“dB”
⮥	—	保存所有更改，返回上一级菜单

(1) dB 运算方法：

启用 dB 运算后，仪器会计算下一读数的 dBm 值，并将此 dBm 值与已存储的 dB 设定值作差，计算方法如下列公式所示：

$$dB = 10 \times \lg[(Reading^2/R_{REF})/0.001\ W] - dB\text{设定值} \tag{1.7}$$

这里的 dB 指以 dB 为单位的两功率的比值大小。dB 设置的范围为－120 dBm～＋120 dBm。默认的 dB 值为 0 dBm。

(2) dB 设定值：

① 在操作界面上(使用方向键)输入一个数值，将此值作为 dB 设定值存储。

② dB 设定值存储在易失性存储器中，掉电后自动清除。

5. 相对运算

相对运算用于相对测量。实际测量读数等于测量值与预设值之间的差值。

按Meas键→“相对”，进入如图 1.106 所示的界面。

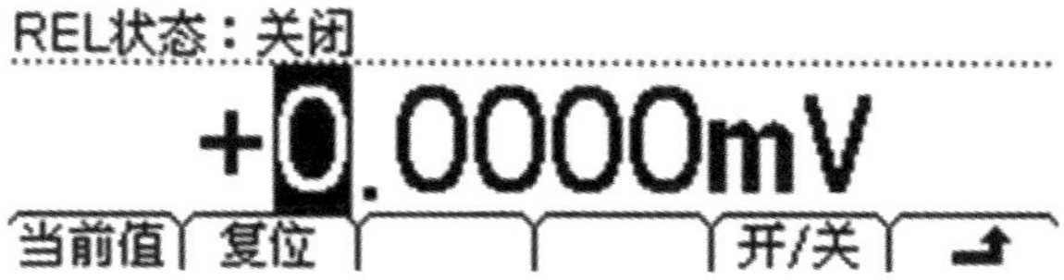

图 1.106　相对运算设置界面

对于相对运算功能菜单的说明见表 1.21。

表 1.21　相对运算功能菜单的说明

功能菜单	设定	说明
当前值	—	设定当前测量值作为预设值
复位	—	将预设值复位到 0
开/关	—	打开/关闭相对运算功能。打开时，状态栏显示“REL”
↩	—	保存所有更改，返回上一级菜单

（1）相对运算方法：

启用相对运算后，屏幕上显示相对测量的结果：

$$\text{主显示} = \text{测量值} - \text{预设值} \tag{1.8}$$

万用表允许对以下测量功能进行相对运算：直流电压、交流电压、直流电流、交流电流、电阻、频率/周期、电容和任意传感器测量。

（2）预设值的设置：

① 在操作界面按 [2ND] 键→“相对”键，进入“预设值”设置界面。

② 选择“当前值”，按下“开/关”键启用相对运算后，万用表将当前设置时的读数值作为参考值存储。

③ 在“预设值”设置界面，可使用方向键输入所需的预设值。

限于篇幅，DM3058 型数字万用表的其他功能就不再一一介绍。如需进一步了解，请参考使用说明书。

第 2 章　常用电子元器件的使用

2.1　电　阻　器

2.1.1　电阻器的基本作用

电阻器简称电阻。电阻在电路中的作用，遵循欧姆定律的原则。如图 2.1(a)所示的闭合回路，其回路内的电流与电源电势 E 成正比，而与电阻值 R 成反比。即

$$I = \frac{E}{R} \tag{2.1}$$

如果回路内有多个电势，则 E 为总电势；回路内有多个电阻时，则 R 为总电阻值。在图 2.1(b)中，当通过电阻的电流为 I 时，电阻两端必出现电压降，其值由

$$V_R = IR \tag{2.2}$$

确定。这两种情况本质上是一回事。就电阻电路而言，不论是直流工作情况还是交流工作情况，这些关系一般都是正确的。这里，我们看到了电阻的降压和限流这两种现象，即电流通过电阻要产生电压降；电阻两端如果存在电势，必定要在电阻中产生电流。这正是电阻的基本作用。

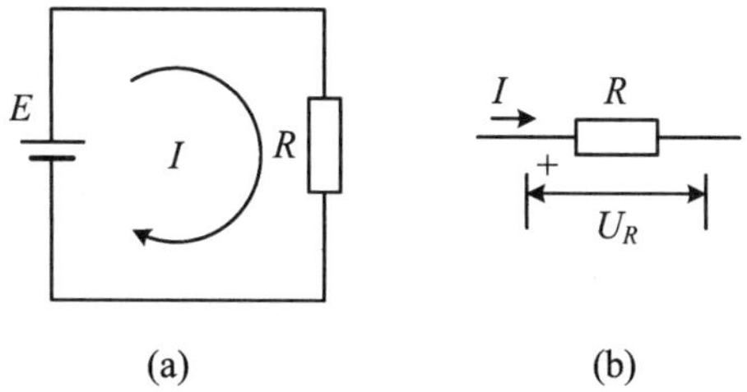

图 2.1

图 2.2 是简单的晶体管放大电路。电路中的基极电流 I_b，从电源 V_{CC} 正端通过电阻 R_b、晶体管基极 b 和发射极 e 流入电源负端；另外，集电极的电流 I_c 从电源 V_{CC} 正端通过电阻 R_c、三极管的集电极 c 和发射极 e 流入电源的负端。由于电流 I_b 流过电阻 R_b 产生了电压降 $V_{R_b}(=I_bR_b)$，所以晶体管 b、e 间的电压肯定要低于 V_{CC}。这就是 R_b 的降压作用。根据同样的道理，由于 R_c 的降压作用，晶体管 c、e 间的电压必然也低于 V_{CC}。另一方面，由于接入了这两个电阻，基极电流和集电极电流分别为

$$I_b = \frac{V_{CC} - U_{be}}{R_b} \quad （其中 U_{be} 为 b、e 间的电压） \tag{2.3}$$

$$I_c = \frac{V_{CC} - U_{ce}}{R_c} E \quad （其中 U_{ce} 为 c、e 间的电压） \tag{2.4}$$

可以肯定，在任何情况下，基极电流 I_b 不会超过 V_{CC}/R_b，集电极电流 I_c 不会超过 V_{CC}/R_c。这就是电阻的限流作用。

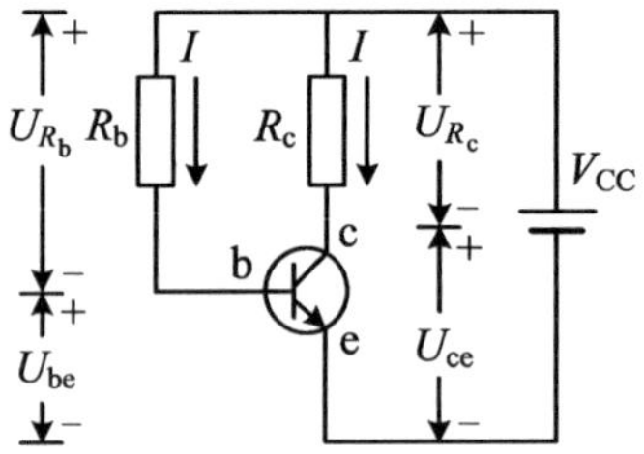

图 2.2

2.1.2 电阻器的主要技术参数

电阻器的主要技术参数有两项：标称阻值和标称功率。

标称阻值是指电阻体表面上标注的电阻值。根据误差等级不同，标称阻值具有不同的系列，参见《电子课程设计指导书》（游春豹编）。标称电阻值不同于实际电阻值，它们之间存在一定的差别。实际阻值与标称值之间所允许的最大误差，称为误差等级。普通电阻器的误差等级有 1%、5%等。

标称功率是指电阻器在直流或交流电路中，当在一定大气压力和规定的温度下，长期连续工作所允许承受的最大功率。使用时，如果电阻承受的功率较大，发热就严重，甚至烧坏。

2.1.3 电阻器的阻值与误差标注方法

电阻的标称阻值误差等级一般均标在电阻体上，其标注方法一般有以下两种。

1. 直接标注法

直标法是将电阻的标称阻值与误差等级直接标注在电阻器表面上，如图 2.3 所示。有的厂家用一些文字符号标明单位，例如 3.3 kΩ 就标为 3k3，这样可以克服因小数点面积小而看不清的缺点。

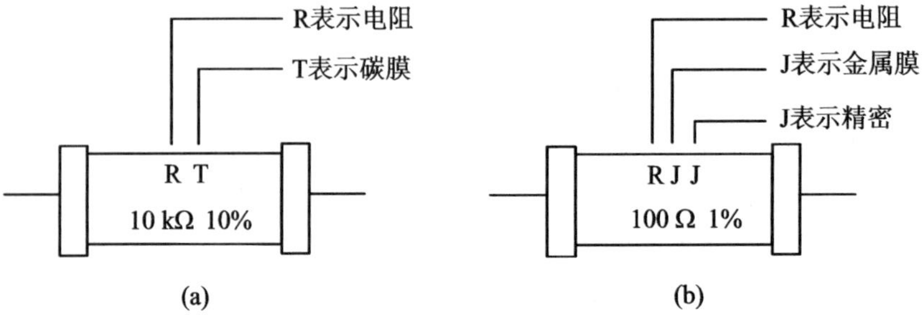

图 2.3 电阻器的直标法

2. 色环标注法

为了能从电阻体的各个方向均能看清标注内容，有的电阻器采用不同的色环来表示阻值和误差。普通电阻器有的用四道色环来表示，有的用五道色环表示，如图 2.4 所示。在四道色环电阻上，第一道色环表示电阻值的第一位数值，第二道色环表示电阻值的第二位数值，第三道色环表示电阻值中尾数零的个数（即倍乘），第四道色环表示误差。在五道色环电阻上，前三道色环分别表示阻值的第一、二、三位数值，后两道色环与四色环电阻含义一样。

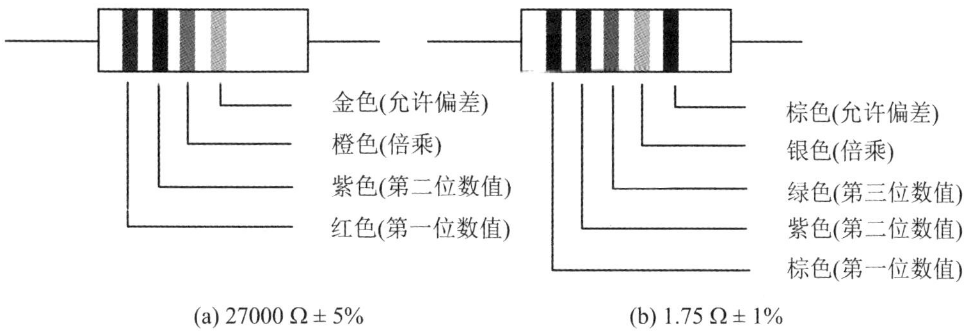

图 2.4　电阻器的色标法

表 2.1 列出了各种颜色表示的数值，其中四道色环的电阻允许误差只有±5%、±10%、±20%三种。例如若某四环电阻的四道色环分别是蓝、红、橙、银，则其电阻值为

$$62 \times 10^3\ \Omega = 62\ \text{k}\Omega \tag{2.5}$$

误差为±10%。

表 2.1　电阻器各颜色表示的数值

颜色	有效数字	乘数（倍乘）	允许误差
银	—	10^{-2}	±10%
金	—	10^{-1}	±5%
黑	0	10^0	—
棕	1	10^1	±1%
红	2	10^2	±2%
橙	3	10^3	—
黄	4	10^4	—
绿	5	10^5	±0.5%
蓝	6	10^6	±0.2%
紫	7	10^7	±0.1%
灰	8	10^8	—
白	9	10^9	+5%～20%
无	—	—	±20%

2.1.4 普通电阻器阻值的测量

电阻器的类别及其主要技术参数的数值一般都标注在它的外表面上。当其参数标志因某种原因而脱落或欲知道其精确阻值时，需要进行测量。

对于常用的碳膜、金属膜电阻器以及线绕电阻器阻值，可用普通万用表的电阻挡直接测量，但在具体测量时应注意以下几点。

1. 合理选择量程

万用表测量电阻必须合理选择量程。对指针式万用表来说，其电阻挡刻度线是一条非均匀的刻度线，使被测电阻的指示值尽可能位于刻度线的 0 刻度到全程 2/3 这一段位置上。这样可保证测量的精确度。例如，被测电阻的阻值为几欧至几十欧、几十欧至几百欧、几百欧至几千欧、几千欧至几十千欧，则应分别选用万用电表的 R×1、R×10、R×100、R×1k 挡。对于上百千欧电阻器的测量，则应选用 R×10k 挡。若电表无此量程挡，则应选用 R×1k 挡，一般来说，这时的测量误差是相当大的。对数字万用表来说，万用表的量程是阻值的测量范围。如果被测阻值超过量程，就读不出来数据。

2. 注意"调零"

对指针式万用表来说，所谓"调零"，就是将电表的两只表笔短接后，调节表盘上的"0 Ω"旋钮，使指针位于 0 Ω 位置上。"调零"是测量电阻器之前必不可少的步骤，而且每换一个量程都必须重新调整一次。顺便指出，若"0 Ω"旋钮已调到极限位置，但指针仍指不到 0 Ω 位置，则说明电表内部电池电压已不足，应更换新电池后再进行测量。对数字万用表来说，"调零"不是必须的，但也应该短路观察一下。

3. 测量方法要得当

测量方法正确与否对于测量结果有很大影响。在具体测量时，手不要同时触及电阻器的两引出线，以免因人体分流作用而使测量值小于它的实际值。尤其是测几百千欧的大阻值电阻时，手最好不要接触电阻体的任何部分。对于几欧的小电阻，应注意使表笔与电阻引出线接触良好，必要时可将电阻两引线上的氧化物刮掉再进行测量。用 DM3058 型数字万用表测量小电阻时，应该使用四线法测量，具体见 1.7 节。

有时需要测量电路中电阻的阻值，这时应将电阻器从电路中焊开一端，同时还应切断电路电源，以防操作不慎而烧坏电表。

4. 读数要准确

在指针式万用表中观测被测电阻的阻值读数时，两眼应位于电表指针的正上方（万用电表应水平放置）。若表盘内有一弧形反射镜，当看到指针与其镜中的影像重合时方可读数。若指针位于两条刻度线之间，除了将刻度线所代表的阻值读出外，还应再估计一下刻度间的数值。例如图 2.5 指针所示的位置，应读作"9.2 欧"。

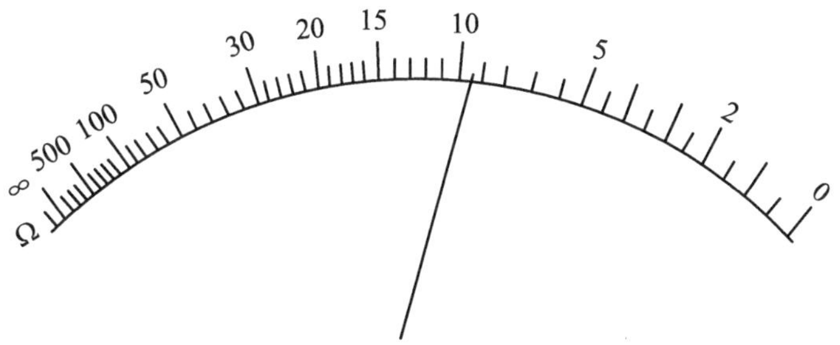

图 2.5　指针的读数

2.2　电　位　器

电位器实际上是一只可调电阻，电路符号如图 2.6 所示。电位器在电子电路和电子装置中有着广泛的用途，可用来调节音量、阻值、电位等。常用电位器有旋转式和直滑式两种，其外形如图 2.7 所示。

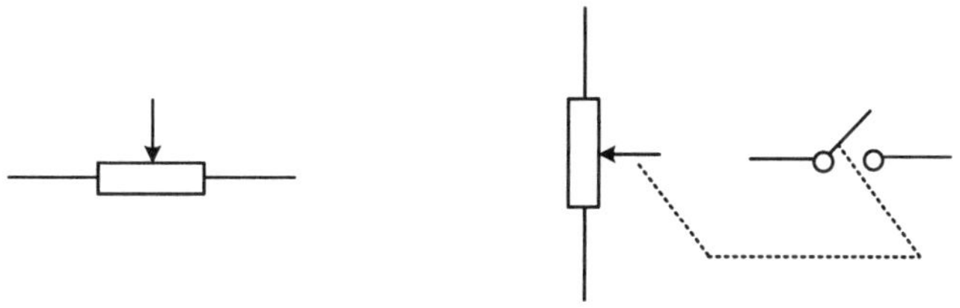

(a) 普通电位器　(b) 带开关电位器

图 2.6　电位器的符号

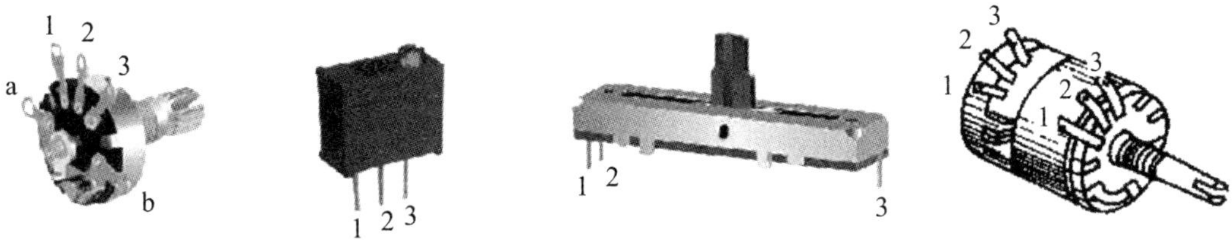

(a) 带开关电位器　(b) 多圈精密电位器　(c) 直滑式电位器　(d) 同轴电位器

图 2.7　常用电位器的外形

2.2.1　电位器的基本作用

电位器是一种三端元件，其中两端之间是固定电阻而另一活动端与接触刷相连。接触刷可以从一端移到另一端，因此活动端与某一固定端间的电阻值可以通过调节活动端的位置而改变。

电位器的用途很广，归纳起来，最常用的无非是可调电阻、分压器、位置电压转换器。在图 2.8 所示的电路中，电位器 R_{p1} 作为分压器，将输入信号 U_i 进行衰减，衰减倍数可通过 R_{p1} 调整；R_{p2} 作为可调电阻，调节三极管的静态工作点。

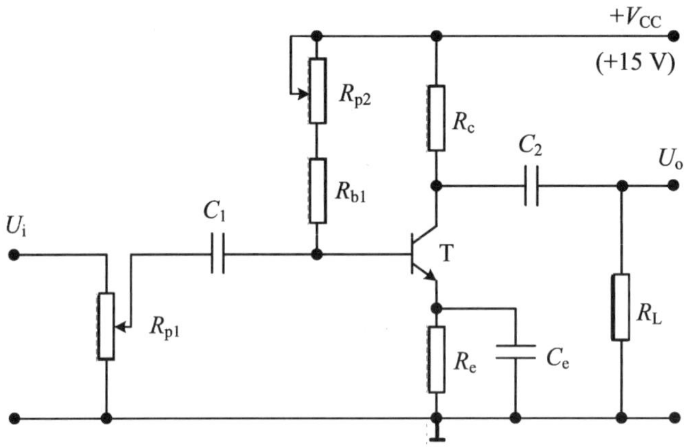

图 2.8　电位器的应用

2.2.2　电位器的基本技术参数

电位器可以看作电阻器的一个分支，所以许多参数与电阻器相同，如标称阻值、误差等级、标称功率等，这里不再重复。标称阻值是指两固定端间的电阻值。此外，常用技术参数还有阻值变化规律、滑动噪声等。

2.2.3　电位器的性能测量

在收音机、录音机、电视机等电子设备中，电位器的作用主要是调节音量、音调、亮度、对比度、色饱和度等，因此对于它的要求主要是：阻值符合要求，中心滑动端与电阻体之间接触良好，其动噪声和静噪声应尽量小；对于带开关的电位器，其开关部分应动作准确可靠。

在具体检测时，可以首先测量一下它的阻值，即两端片之间的阻值应为其标称值，然后再测量它的活动端与电阻体的接触情况。这时万用表仍工作在电阻挡上，将一只表笔接电位器的活动端，另一只表笔接其余两端中的任意一个。慢慢将其转柄从一个极端位置旋转至另一个极端位置，其阻值则应从零(或标称值)连续变化到标称值(或零)。在整个旋转过程中，表针不应有任何跳动现象。对于调节特性为直线式电位器，当旋转均匀时，其表针的移动也应是均匀的；对于反对数式或对数式电位器，当旋转均匀时，其表针的移动则是不均匀的。开始较快(或较慢)，结束时则较慢(或较快)。另外，在电位器转柄的旋转过程中，应感觉平滑，不应有过松或过紧现象，也不应出现可闻的响声。

对于带开关的电位器，除应进行上述测量外，还应检查开关部分是否良好。当将开关断开或接通时，应能发出明显而清脆的响声。开关接通时，两端之间的阻值应为零；开关断开时，其阻值应为无穷大。

图 2.9 所示的是用万用表检测电位器示意图。

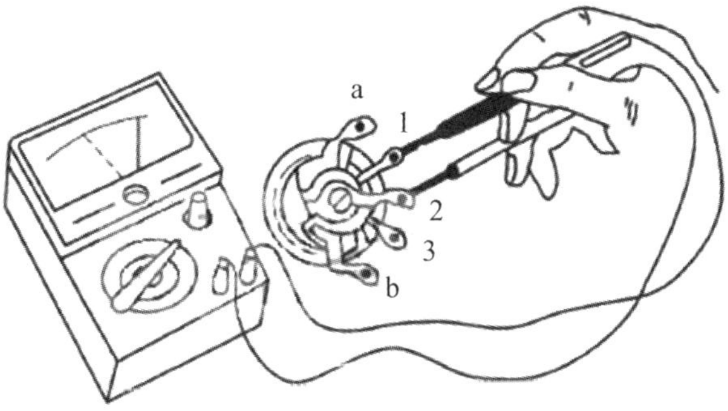

图 2.9　用万用表检测电位器示意图

2.3 电　容　器

2.3.1 电容器的基本作用

电容器能够被充电和放电，也就是贮存电能和释放电能，这是它的基本功能。在充电期间，电容器上的电荷和电压按指数增长，电路中有一指数衰减的充电电流；充电完毕，电流消失，电容上电压达到稳定值而不再变化。放电期间，电容上电荷和电压按指数下降，电路中有一指数衰减的放电电流；放电完毕，电流消失，电容上的电压也消失。由充放电过程可知，电路中任何电容两端的电压不可能突然变化，这种电压不能突变的现象是分析电路的基本概念之一。同时亦可看到，充放电过程是一个暂时的不稳定过程，电路分析中称它为过渡过程，它所需的时间称为过渡时间。过渡过程对了解电容器充放电的基本功能和分析任何电路是有用的，但我们经常只分析稳定状态。

如上所述，如果把电容器接在直流电路中，只有在电源开启时的充电和关闭时的放电（当存在放电回路时）这两个暂时的过程中，电路上才存在电流。所以，就稳态而言，直流电流不能通过电容器，相当于开路。如果把电容器接在交流或脉动直流电路中，由于不停地充电与放电，使得电路中始终有电流。可见，变动电流能够通过电容器，并且具有类似电阻那样的阻碍电流（由电荷的变率，即由容量和工作频率决定）的作用。所以，电容器被广泛应用于各种耦合、旁路、滤波、调谐以及脉冲电路中。

在阻容耦合三极管放大电路（图 2.8）中，C_1、C_2 都起到耦合作用，它们利用电容“隔直通交”的原理，将交流输入信号耦合到三极管的基极，使其也能跟着输入信号而变化。同时 C_2 将三极管集电极的变化量取出来，使其输出只有变化成分而没有直流成分。而在该电路中，C_e 起旁路作用，它为交流信号提供一个低阻通路，使交流电流和直流电流各行其路。本书第 1 章还介绍了去耦电容的作用。

2.3.2 几种固定电容器的主要特点

固定电容器可以采用多种介质材料。习惯上，电容器都是按所选用的不同介质材料而分类的，如云母电容器、纸介电容器、电解电容器等。

1. 云母电容器

云母电容器是用质地良好的云母片作为介质，以铝或铜等金属箔片作为极板，并交替叠置压塑在塑料外壳中制成的。也可以采取在云母片上烧渗银层的工艺制造。

由于云母的绝缘性能良好，所以云母电容器具有介质损耗小、稳定性高等优点。同时亦比较容易满足耐高压的要求。但是由于天然云母的矿藏有限，因而价格较高，而且一般只适宜于制成小容量的电容器。

2. 陶瓷电容器

陶瓷电容器是用陶瓷作为介质，在陶瓷板的两面各烧渗一层银作为极板。其外形有圆盘形、圆管形等各种结构。

陶瓷电容器的优点与云母电容器相仿，即稳定性好，介质损耗小，耐高压，并且价格比较低廉。这类电容器的容量不易做得很大，一般都为小容量。

3. 纸介电容器

以电容器纸作为介质，用几层电容器纸重叠起来，并夹着两条金属箔卷成一个圆柱体或扁柱体，然后封装起来，便构成了纸介电容器。

纸介电容器的优点是制造工艺简单，容易做成容量比较大的电容器，并且价格低廉，因而被广泛应用。它的缺点是介质损耗大，稳定性差，附加电感也比较大，这对高频工作将产生不良影响。

还有一种金属化纸介电容器，它的极板不是一般的金属箔，而是覆在电容器纸上的金属薄膜，使质量指标得到了改善。特别是对于低压电容器，其体积可以做得很小，因而出现了可替代电解电容器的产品。

4. 有机薄膜电容器

有机薄膜电容器是以有机薄膜为介质的电容器。目前最常用的有聚苯乙烯薄膜、聚四氟乙烯薄膜和涤纶薄膜三类。这种电容器的结构和纸介电容器相似，也是做成螺卷形。

有机薄膜电容器的优点是绝缘电阻大，损耗小，稳定性好，在很多场合可以代替质量很高的云母电容器。

5. 电解电容器

电解电容器分有极性和无极性两种。目前无极性的产品还比较少，用得最多的是铝质有极性电解电容器，它的阳极是铝箔，阴极为稠糊状或液态的电解质，介质为铝箔表面上的氧化铝薄膜。

电解电容器的最大优点是容量大，很小的体积可以做成很大的电容量，所以一般大容量场合选用电解电容器。其缺点是绝缘电阻低，损耗大，稳定性较差，耐高温性能也差。

由于电解电容器具有极性，所以不能用于交流电路中，只能用于直流或脉动直流电路中，并要特别注意它的正负极(电容器引出线端标注有符号)，否则极易毁坏。

除了上述的铝质电解电容器外，还有高质量的用钽、铌等材料制成的电解电容器。它们的体积可以做得更小(即容量容易做得更大)，而且稳定性、耐高温等都优于铝电解电容。但它们的价格相对较贵。

2.3.3　电容器的主要技术参数

电容器最主要的技术参数有两项：容量和额定工作电压。

1. 容量及允许偏差

电容器的容量决定于它的几何结构和电介质(绝缘材料)的种类。极板的有效作用面积 S 愈大，极板间的距离 d 愈小，电介质的介电常数 ε 愈大，电容器的容量 C 就越大。平行板电容器的容量可按式(2.6)计算：

$$C = 0.0884\frac{\varepsilon S}{d} \tag{2.6}$$

虽然各类电容器的结构不同，如纸介电容器是螺卷形，陶瓷介质电容器有圆片形和圆管形等，进而表示电容量的关系式也各不相同，但上述原则仍是适用的。

电容器也是标准元件，它的容量及其精度都由国家主管部门颁发的标准规定。《电子技术基础课程设计》一书中列出了常用电容器的标称容值系列和常用电容器的允许偏差。

2. 额定工作电压

在电容器两极施加电压后，极板间的电介质便处于电场中，本来是中性的电介质，由于外电场力的作用，介质分子内的正电荷将在空间位置上发生少许偏移，形成所谓电偶极子，也就是介质内部出现了电场，破坏了原来的电中性状态。这种现象称为电介质的极化。可见，极化状态下的介质是带电荷的，但这些电荷依然受介质本身的束缚而不能自由行动，介质的绝缘性能尚未遭到破坏，只有极少数电荷脱离束缚而形成很小的漏电流。

如果外加电场不断加强，最后将使极化电荷大量脱离束缚，引起的漏电流大大增加，于是介质的绝缘性能便遭到破坏，完全失去电容的作用。这种现象称为介质击穿，也叫电容击穿。为此有必要规定一个安全工作电压，称为额定工作电压。额定工作电压是指在规定的温度范围内，电容器能够长期(指工作寿命内)可靠的工作的最高电压。

2.3.4　电解电容器的定性测量

因为电解电容器的容值相对较大，所以可以用万用表直接粗略地测量其性能，如容值、漏电流等。用指针式万用表测漏电流时，可用万用表的电阻挡测电阻的方法来估测，黑表笔应接电容器的“＋”极，红表笔接电容器的“－”极，此时表针迅速向右摆动然后慢慢退回，待不动时指示的电阻值越大，表示漏电流越小；若指针向右摆动后不再摆回，说明电容器击穿；若指针根本不向右摆动，说明电容器内部断路或电解质已干涸而失去容量。以指针式便携型万用表为例，上述测量过程的等效电路如图 2.10 所示。图中 E 为万用表内部电池，在 MF-47 型万用表中，当处于 R×1、R×10、R×100 和 R×1k 挡时，E=1.5 V；当处于 R×10k 挡时，E=15 V。R 为等效内阻，不同挡的 R 值不同；挡值越小，R 越小。

上述测量也可以定性地测量电解电容器的容量大小。其方法是观察表针开始向右摆动的幅度和向左退回的速度。一般来说在万用表相同的挡下测量，如向右摆动的幅度愈大，容量愈大；向左退回的速度愈慢，容量愈大。因为电解电容器的实际容量与其标称值差别较大，特别是放置时间较久或使用时间较长的电容器，因此利用万用表准确测量其电容值是难以做到的，只能比较出它们的相对大小。另外，这种测量方法只有在容值与万用表内阻大小匹配得较合适时，表头指针的摆幅以及指针的退回速度才能适合肉眼的观察。所以使用这种方法，测量电容的容值范围是十分有限的，并且还要在合适的电阻挡上进行。如果容值较小，根本就看不出其偏转，所以不适合测量小容量的电容。

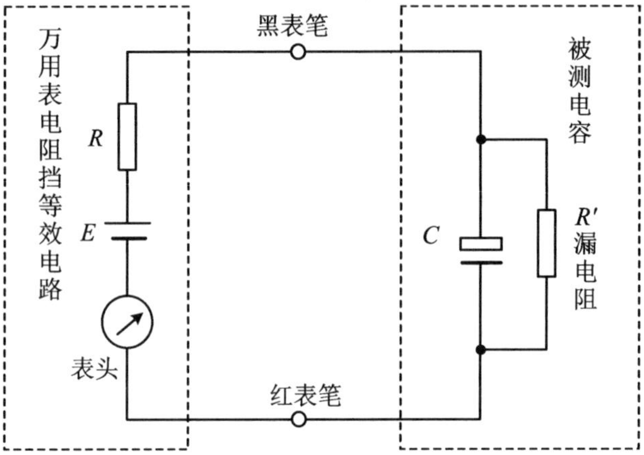

图 2.10　指针式便携型万用表测电容的等效电路

DM3058 型数字万用表具有电容测量功能，可以直接测量。

2.4　晶体二极管

2.4.1　晶体二极管的基本作用

晶体二极管（简称二极管）的最基本特性是具有单向导电性。利用单向导电性可以很方便地实现整流、检波、限幅、续流等目的。限于篇幅，这里不做介绍。

2.4.2　用指针式万用表测定二极管的方法

先将万用表拨到欧姆挡的 $R\times100$ 挡或 $R\times1\text{k}$ 挡（对应的内电池为 1.5 V），然后用红表笔和黑表笔分别接二极管两端，这时表针所指示的电阻值有两种可能，一种是比较小（指针偏转到中间偏右）的阻值，一种是比较大$\left(\text{指针偏转不到满刻的}\dfrac{1}{4}\right)$的阻值。下面分这两种情况加以说明其判断方法。

（1）阻值比较小：说明此时的二极管处于正向导通状态，外加的是正向偏置，故黑表笔接的那一端为二极管的正极，红表笔接的那一端为二极管的负极。

（2）阻值比较大：说明此时的二极处于反向截止状态，外加的是反向偏置，故黑表笔接的那一端为二极管的负极，红表笔接的那一端为二极管的正极。

然后再交换表笔测量，观察结果是否与上一次正好相反。如果正好相反，说明判断正确。

如果两次观察结果，指针偏转情况比较接近，说明该二极管失去了单向导电性；如果两次观察，电阻都为 0，说明内部已短路；若电阻都为∞，说明内部已断路。这两种情况都说明二极管已损坏，不能再使用。

顺便指出，测量一般小功率二极管的正、反向电阻（包括后面介绍的晶体三极管的测量），不宜使用 $R\times1$ 挡和 $R\times10\text{k}$ 挡。前者通过 PN 结的正向电流大（万用表内阻小），容易烧毁管子；后者加在 PN 结的反向电压太高（万用表内电池为 15 V），容易将管子击穿。另外，二极管的正反向电阻值随测量使用的万用表的量程（$R\times100$ 挡还是 $R\times1\text{k}$ 挡）不同而不同，这是由 PN 结的非线性特性造成的，属于正常现象。因此测量时不直接读电阻值，而是观察指针的偏转幅度。

2.4.3　用数字万用表测定二极管的方法

先按下前面板的(→|)键，进入二极管检测界面。用红表笔和黑表笔分别接二极管两端，然后换一个方向再测量一次。如果一次显示“OPEN”，另一次显示约“0.6 V”（普通二极管），并伴随一声响声，说明二极管是好的；如果两次都显示“OPEN”，说明二极管有开路；如果两次都显示约“0 V”，说明二极管内部短路。

2.5　晶体三极管

2.5.1　晶体三极管的基本用途

晶体三极管（简称三极管）的用途极广，但归纳起来可以分为放大作用和开关作用两个方面。无论哪种用途，都是基于它的电流控制功能。

当发射结处于正偏，集电结处于反偏时，三极管具有放大作用，此时 $I_c=\beta I_b$，$\Delta I_c=\beta\Delta I_b$。

当发射结处于正偏，集射之间加有一定的电压以后，就会形成一定的 I_c；若发射结从正偏转成反偏（或 0 偏）后，虽然集电极回路不变，但 I_c 也随之消失。这样，三极管的集射之间就相当于一个“开关”，当发射结正偏时，“开关”导通；当发射结反偏（或 0 偏）时，“开关”截止，这就是三极管的开关作用。

2.5.2　用万用表测定三极管的方法

1. 判断基极和管子类型

用指针式万用表测定：由于三极管的基极与发射极、基极与集电极分别是两个 PN 结，故利用 PN 结单向导电的特性以及指针式万用表的电阻挡（$R\times100$ 挡或 $R\times1\text{k}$ 挡），可以判断出管子的极性和类型。测量方法如下：

先假设一个管脚为基极，以任一表笔接到此脚上，再以另一表笔分别去接其余的两个管脚，将得到两个阻值。如果这两个阻值都很大或者都很小，则此管脚有可能为基极。然后再将表笔对换，按上述方法测量此管脚。如果得到的两个阻值恰好与前面的相反，即都很小或都很大，则此脚为基极。如果不符合上述规律，应另换一个管脚假设为基极，重新按上述方法测量，直到找到符合上述规律的管脚为止。如果某个管脚的阻值在对换表笔前后测出的值都很大（∞）或都很小（0），则该管已损坏。

找到基极后再注意一下管脚和表笔的极性，即可判断出管子的类型。当黑表笔接在基极，红表笔分别接在其他两管脚时测得的电阻如果都较小，则可确定该管为 NPN 型，反之即为 PNP 型。

用数字式万用表测定：与指针式万用表类似，进入二极管检测界面。先假设一个管脚为基极，以任一表笔接到此管脚上，再以另一表笔分别去接其余的两个管脚。如果两次都显示“OPEN”，或者两次都显示约“0.6 V”或“0.3 V”，说明此管脚即为基极。如果不符合上述规律，应更换一个管脚假设为基极，重新按上述方法测量，直到找到符合上述规律的管脚为止。如果两次都显示约“0.6 V”，说明是硅管；如果两次都显示约“0.3 V”，说明是锗管。

2. 判断集电极和发射极

判断集电极和发射极的基本原理是把三极管接成基本单管放大电路，如图 2.11 所示。操作图如图 2.11(a)所示，利用测量管子的电流放大系数 β 的大小来判定集电极和发射极。指针式万用表在电阻挡指针偏转角度越大（指示阻值越小），说明万用表电阻挡等效电路与被测元件构成的回路电流越大，所以这里 β 的大小仍然可以利用万用表的电阻挡测量。

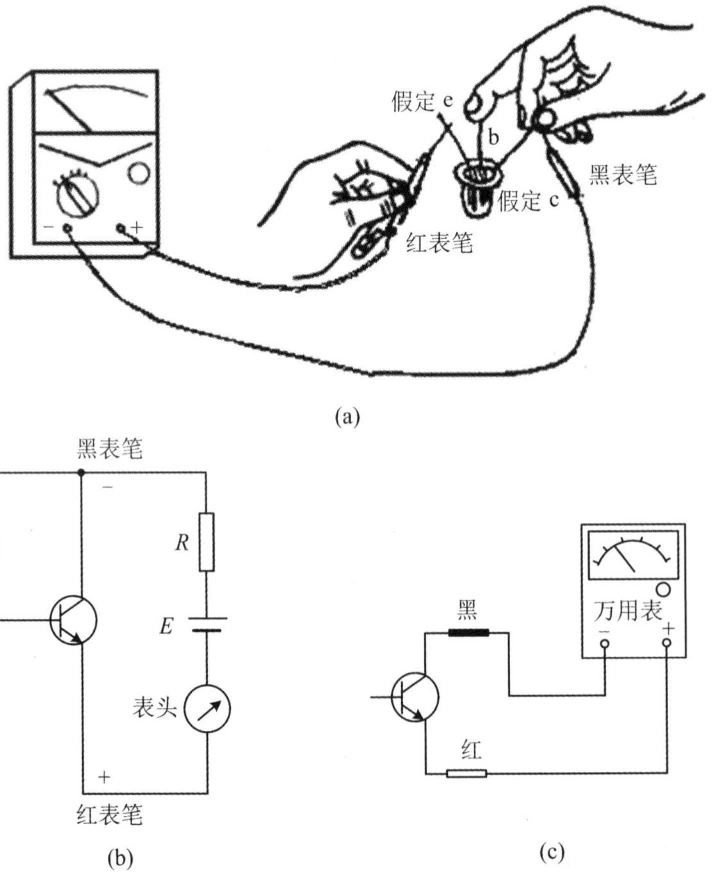

图 2.11

简便的测试方法如下：

当肯定被测管为 NPN 型硅管后，用万用表的电阻挡($R\times100$ 挡或 $R\times1k$ 挡)。将红表笔接于某一个待测管脚，假设它为发射极，黑表笔接另一个管脚，基极悬空，这时组成了如图 2.11(c)所示的电路。由于三极管未加偏置电流，故这时流过管子的电流应该很小，观察表针偏转情况。然后给管子加上偏置电流，如果黑表笔接的确是集电极，红表笔接的确是发射极，则加上偏置后(图 2.11(a)和图 2.11(b))，管子流过的电流增大，表针应摆动，指向较小的阻值。偏置电阻 R_b 可用人体电阻来代替，即用手指捏住黑表笔所接的管脚和已断定出来的基极(注意这两个电极不能相碰)，这时表针摆幅越大越好。如果表针反映不大，则应重新假设发射极，重复上述过程。

数字万用表的测量方法类似。

3. 粗测穿透电流 I_{CEO}

如图 2.11(b)所示，在三极管管脚已确定的前提下，将基极开路，测量三极管集电极与发射极之间的电阻。一般此阻值应在几万欧以上，如果阻值太小，表明 I_{CEO} 很大，管子性能不好；如果接近于 0，表明管子已经损坏。此方法适用于小功率管。

第3章 模拟放大器的基本实验方法

3.1 电路的焊接

对一个实验电路来说，元器件的合理布置，电路的可靠连接以及合理布线是电路正常工作的前提。电路中元器件的连接通常有插接、焊接等方法。插接的优点是装拆都很方便，但缺点也很明确，容易接触不良，还有不耐震动，接触电阻和接触电势差大，分布参数大等问题。焊接的优点是接触可靠，固定较牢，电路可长期使用，因此电子产品一般采用焊接的方法。插接因为方便、灵活，无须设计和制作专用电路板，特别是需要经常修改电路时尤为突出，因此深受学生实验的喜爱。但近年来，市场上出现了能灵活焊接的多孔电路板（俗称洞洞板），使得焊接也可以在实验中推广。本书上册已经比较详细地介绍了插接，这里只介绍焊接。

3.1.1 焊接目的

电子实验中所说的焊接是指锡焊。焊接的目的除了保证电路中的电气可靠连通以外，还要使得元器件牢固地固定在电路板上。也就是说，焊接的目的既要保证电气连接，又要保证机械连接。因此，焊接工作不能草率，否则容易出现虚焊造成接触不良，或者焊接面出现断裂。草率的焊接往往还会造成电路电极铜箔脱落，甚至破坏元器件外部封装或内部极间的绝缘，影响元器件的质量。所以必须掌握操作方法，熟知各项焊接要领，才能保证质量。

3.1.2 焊接用材料和工具

1. 焊料

一般的焊接都要施加专用的焊料，才能使两个被焊体牢固地溶合在一起。普通锡焊采用以锡铅为主要材料的合金焊料（焊锡丝）。它们有多种不同的配方，如电路板锡焊通常采用低温焊锡丝，这是一种空心锡丝，外径有 2.5 mm、2 mm、1.5 mm、1 mm 等，芯内贮有松香焊剂，熔点温度约 140 ℃，其中含 51%锡和 31%铅，还含有 18%镉，以降低熔点温度。

2. 焊剂

被焊元器件电极的表面一般都有镀层，如镀金、银、锡、镉、镍等。过久的贮存、不良的包装以及周围有害气体的污染，都会引起氧化。受氧化的电极镀层很难搪上焊锡，即焊接活性很差，俗称“不沾锡”，因此焊接前应清除氧化层。

焊剂，也称助焊剂，主要作用是清洗被焊面的氧化物，增强焊接活性。焊剂一般有强酸性焊剂（腐蚀性大）、弱酸性焊剂（腐蚀性小）、中性焊剂（剂量平衡时呈非酸非碱性）和以松香为主的焊剂等。因为酸性或碱性焊剂在焊接后易留下残渣腐蚀元器件，因此实验室应用最广的焊剂是松香。松香是树脂的制成品，呈半透明块状物，以淡黄色为佳，其烟少，在达到焊接温度（约 150 ℃）时，松香酸可起到温和的除氧化效用。

3. 电烙铁

电烙铁是锡焊的基本工具，起到加热作用。一般电子实验所用的烙铁功率在 20～30 W，它们能够胜任一般小型电子元件的焊接工作，在使用不很频繁的情况下，温度也不会太高。

根据不同装配物体的焊接需要，烙铁头可以选用轴式和弯轴式，其中轴式头便于垂直操作。烙铁头的头端是焊接工作面，根据需要可以挫成不同的形状，如马蹄形、尖型等。焊接小型元件和电路板铜箔的烙铁头，直径一般是 4～5 mm。钝铜烙铁头的工作面在使用过程中，由于受温度、焊料和焊剂的影响，很容易形成凹坑变形，或在烙铁头加温部分生成较多的氧化膜。这些逐渐增厚的氧化膜一方面影响热量传递，使之加热温度不高，呈现所谓“烧死”形象；另一方面受震后，氧化膜极易碎落在焊接的工作面上，造成焊接点周围不清洁，严重时也影响电路工作，因此要经常配换烙铁头或用钢锉修整。

4. 其他辅助工具

焊接过程通常还需要一些辅助工具，如镊子、烙铁架等。

烙铁架是在焊接间隙用来摆放烙铁的，使得烙铁不至于烫坏桌面和其他物体。

镊子在焊接过程中有两个作用。焊接时，用镊子夹住元器件引脚，一方面可以代替人手固定元件，不至于热量传到手上烫伤手指；另一方面，在被焊面与元器件之间有一个镊子夹住引脚，使得热量沿引脚向上传递的过程中因遇到一块较大散热面而加速散热，不至于烫坏元器件。

3.1.3 焊接步骤

焊接过程一般有三个步骤：处理焊接面、搪锡和焊接。

1. 处理焊接面

焊接面往往因为各种原因很不清洁，例如具有油类附着物、生成了较厚的氧化层等，它们严重影响了焊接活性，为此需要事先进行清洁处理。这项工作进行的好坏，直接影响焊接质量。而有些明显的沾污和铜锈层仅做简单的清洁（如沾一些松香）往往是不够的，通常要用化学或物理的方法进行去污，如用刀片或砂纸刮一层，使之露出光洁的铜为止。用刀片去污时，注意不要损伤元器件引脚。

2. 搪锡

处理好焊接面后，再在焊接面上搪一层焊锡。具体方法是将加热好的烙铁头先沾一些焊锡，然后用松香烙铁加热过的松香清洗被焊面。在此过程中，烙铁头上的焊锡自然会流到焊接面上，形成一层镀锡层。

3. 焊接

待双方被焊面都搪上锡后，将它们固定放在一起，再用烙铁加热，这样两边原来搪上的焊锡将会自动融合起来。移去烙铁，待其冷却后，焊接即告完成。

3.1.4 注意事项

焊接时要注意以下几点：

(1) 坐姿端正，左手拿焊锡丝，右手握(抓)烙铁，眼睛离焊点 30 cm 左右，如图 3.1 所示。烙铁头尖端和线路板的夹角一般控制在 35°～55°，用拇指和食指轻轻捏住焊锡丝，端头一般留出 2～5 cm，轻轻往前推。

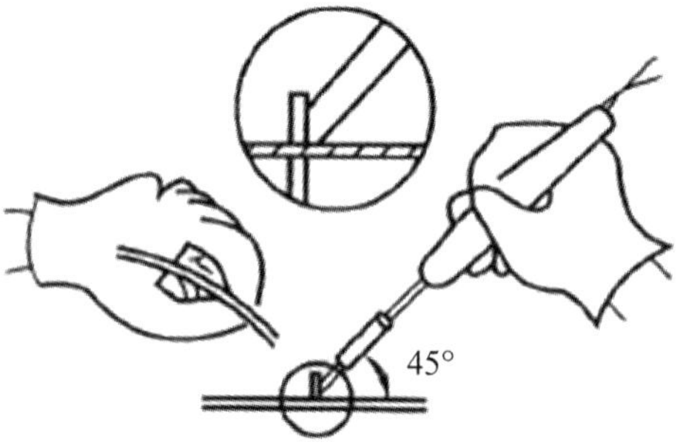

图 3.1　焊接姿势

(2) 焊点达到焊接温度后，焊料从中心区向四周及缝隙处自然漫流润湿，因此在焊接过程中，烙铁头不必移动或磨蹭助焊，移动和磨蹭烙铁头反而容易使接触温度不稳定，造成焊料面积扩散或堆积，使焊点面积外观不雅。

(3) 如果由于某种原因烙铁头温度过低，如锡焊面过大、烙铁头烧死，使焊料达不到完全熔化的温度，焊点将会呈沙粒状(或豆渣状)，容易出现虚焊。此时应采取措施，如更换烙铁、清理烙铁头等。

(4) 焊料不可过多。锡焊是靠焊料高温熔化后溶合在一起，而不是靠过多的焊料简单的堆积而成。过多的焊料使散热加快，烙铁头温度降低，这是造成沙粒状焊点的原因之一，这样的焊点往往会出现虚焊。

(5) 加热时间不宜过长，否则容易烫坏元件。必要时可用镊子夹住管脚加速散热。

(6) 焊剂的用量必须限制在一定的范围。剂量不足，会使焊接质量低劣，而过量的使用焊剂会在焊接处产生隐患。如：① 焊剂过多产生的蒸气会导致焊点多针孔；② 过量的焊剂使焊接表面不清洁；③ 由于焊剂渗入元件体内，使可变性元件接触不良；④ 由于焊剂过多的蒸气渗入半密封性元件体内，元件的绝缘性能变差；⑤ 过量的焊剂产生较多的焊剂残留物，使金属腐蚀。

(7) 焊接完毕，烙铁头离开焊接点后，焊接区温度需要逐渐降落到室温，这个过程约需 4～6 秒。因此，在降温时，也就是在焊料凝固过程中，被焊区各零件及导线要保持静止，待其自然凝固。在凝固期不能震动，否则易凝成沙粒状和裂缝。有沙粒状和裂缝的焊点，受空气侵蚀，非常容易氧化，不能持久保持电接触良好。

(8) 因为烙铁头温度较高，所以需要特别注意安全。短时间不用烙铁，应该把烙铁放在烙铁架上；烙铁与烙铁架要摆放在人不易碰到的位置；不要让电线碰上烙铁，否则会烧坏绝缘皮，造成电线短路或者人身触电；在甩落烙铁头上的多余焊锡时，要特别注意人、电路板和其他一些可能被烫到的物体。

3.2　静态工作点的测量与调试

放大器静态工作点的测量与调试，是在不加输入信号(即对电压放大器来说 $U_i=0$ 或输入端短路)的情况下，检查放大器的静态工作点，然后进行必要的调整，使之工作于合适的工作点上的过程。

3.2.1　静态工作点的测量

所谓静态工作点的测量，就是选用合适的直流毫安表和直流电压表，分别测量电路在静态时(输入信号为 0)晶体管的集电极电流 I_{CQ} 以及直流电压 U_B、U_C 和 U_E(或 U_{BE}、U_{CE})。为避免更动接线，可以采用电压测量法来换算电流。例如：只要测出 U_E(发射极对地)，可由 $I_{CQ}\approx I_{EQ}=U_E/R_e$ 计算出 I_{CQ}，或者测出 U_C(集电极对地)，可由 $I_{CQ}=(V_{CC}-U_C)/R_C$ 计算出 I_{CQ}。要注意的是，测量各极电压时应选用内阻较高的电表(如晶体管万用表或数字万用表)，否则测量结果将会有较大的误差。

3.2.2　静态工作点的调试

测量静态工作点(即电流 I_{CQ}、电压 U_{CEQ})为的是了解静态工作点的位置是否合适。如测出 $U_{CEQ}<0.5$ V，则说明晶体管已经饱和；如果 $U_{CEQ}\approx V_{CC}$，则说明晶体管已经截止。对于放大模拟信号的放大器，一般不应该把静态工作点设置在这两种情况下。如果遇到这两种情况，或测量值与选定的静态工作点不一致，就需要对静态工作点进行调试。不然，将使放大后的信号产生非线性失真。

在晶体管放大器的图解分析中我们已经知道，静态工作点的位置与电路参数 V_{CC}、R_C、R_b 或 R_{b1} 有关，如图 3.2 所示，通常 V_{CC}、R_C 都已事先选定，所以在晶体管放大电路中，当需要调试工作点时，一般都是通过改变偏置电阻 R_b(或 R_{b1})来实现的。应当注意的是，如果用电位器作偏置电阻 R_b 或 R_{b1} 来调试工作点时，为了防止电位器阻值过小时 I_C 过大而烧坏管子，应用一只固定电阻与电位器串联。

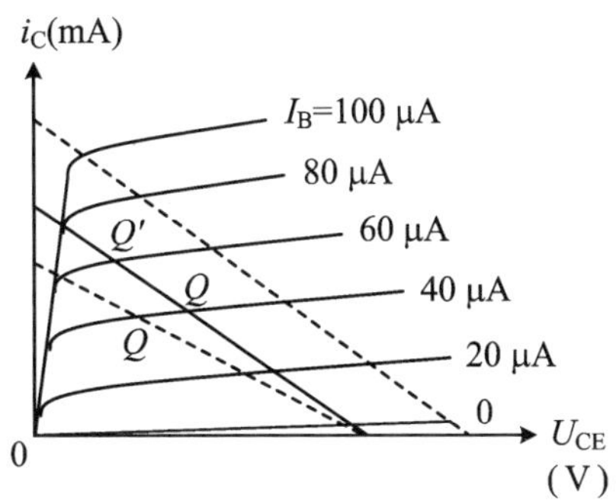

图 3.2　电路参数对工作点的影响

图 3.3 是测量和调试静态工作点的一个例子。在这个图上，是通过改变偏置电阻 R_{b1}（图中是电位器 R_p）来实现调试工作点的。所以其实验步骤是：首先，将稳压电源第 1 路调到 12 V，将实验电路的输入端短路。然后，把数字万用表设置为直流电压测量，并把数字万用表的红、黑表笔分别接到实验板上 R_c 电阻的上、下两端，接好稳压电源并打开第 1 路的输出开关“On/Off”。最后，调试实验板上的 R_p 旋钮，观察数字万用表的读数，使它到 4.8 V。这里的集电极电流 I_{CQ} 的测量就是采用了电压测量法。

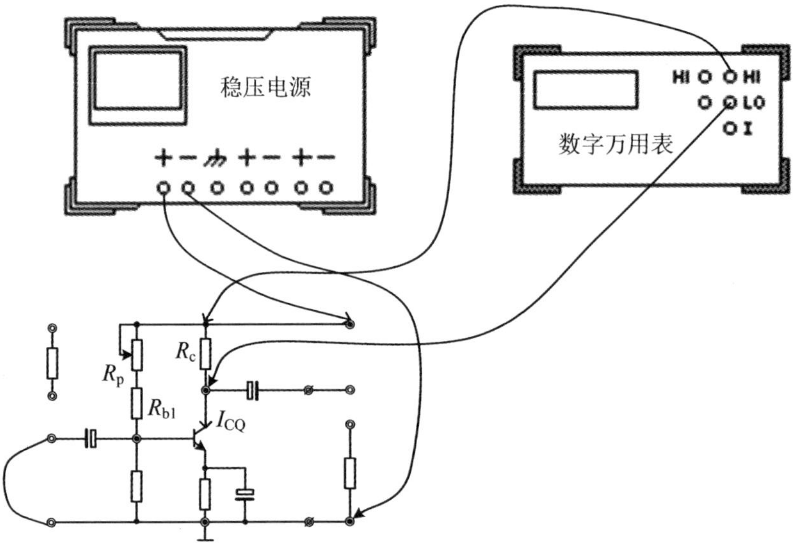

图 3.3　测量和调试静态工作点

3.3　消除非线性失真

在静态工作点初步调试完毕后，应在放大器输入端加入一个交流信号，其频率高低和幅值大小与放大器的要求一致。然后用示波器逐级观察波形，如果出现波形失真，则还需要调整相应级的静态工作点，以便使放大器既获得较高的放大倍数，又不致产生波形失真。实验电路接线图如图 3.4 所示。现在来分析两种典型的波形失真及其消除方法。

3.3.1　饱和失真

对于图 3.4，如果放大电路的静态工作点偏高，信号电压正半周的某部分进入晶体管的饱和区，使输出电压波形“底部被切掉”，这种现象称为饱和失真。出现这种情况时，应减小基极偏流 I_{BQ} 或集电极电阻 R_C，使晶体管脱离饱和区，以消除饱和失真。

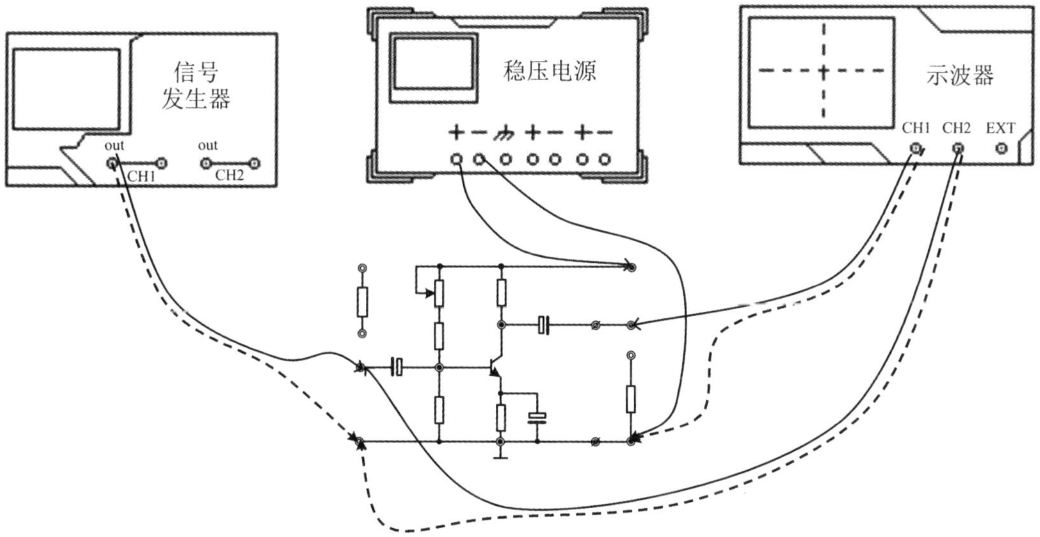

图 3.4　实验电路接线图

3.3.2　截止失真

如果静态工作点偏低，信号电压的某部分进入晶体管的截止区，使输出电压波形"顶部被压缩"，这种现象称为截止失真。出现这种情况时，唯一的办法是加大基极偏流 I_{BQ}，使晶体管脱离截止区，以消除截止失真。

如果调试中发现输出电压波形的顶部和底部都被切掉，说明既有截止失真或压缩，又有饱和失真。这是由输入信号幅度太大引起的，只要适当减小输入信号的幅度即可消除。如果不允许减小输入信号幅度，就应适当增大电源电压 V_{CC}，并重新调整静态工作点，以扩大放大器的动态范围，消除波形失真。

3.3.3　放大器最佳工作点的调试和最大动态范围的测量

当电源电压 V_{CC} 和交流负载电阻确定后，放大器的动态范围取决于输出级静态工作点的位置。为了得到最大动态范围，应将静态工作点调在交流负载线的中点(称为最佳工作点)。为此在放大器正常工作情况下，逐步增大输入信号电压 U_s 的幅度，用示波器观察放大器的输出波形。若输出波形同时出现正、负峰被削，则说明静态工作点已在交流负载线的中点(最佳工作点)；若正峰先削掉或负峰先削掉，则说明静态工作点不在交流负载线中点(不在最佳工作点上)，此时必须调节输出级的 R_b，直到静态工作点最佳为止。

当静态工作点调到最佳之后，逐渐增大 U_s，直到输出电压波形为最大不失真时，测量输出电压 U_o，则最大动态范围等于 $2\sqrt{2}U_o$(U_o 为有效值)。

3.4 测量放大器的基本性能指标

3.4.1 电压放大倍数的测量

在调整好放大器的工作点，输出波形基本上不失真的情况下，就可以用示波器或交流毫伏表测量放大器的电压放大倍数。测量时，按图 3.4 接好线路，使稳压电源、信号发生器、示波器和放大器等正常工作。将信号源的频率调到放大器中频区的某个频率上，幅值调到放大器所要求的电压数值上，然后用示波器或交流毫伏表分别测量放大器的输入电压 U_i 和输出电压 U_o，便可求出放大器的电压放大倍数为

$$A_U = \frac{U_o}{U_i} \tag{3.1}$$

如果所测得的电压放大倍数不满足设计要求，则可根据情况调整电路的静态工作点，或改变集电极电阻 R_C，或换用其他 β 值的晶体管，使放大倍数满足要求。

本课程测量电压放大倍数的接线图如图 3.4 所示。为了保证测量准确度，应注意以下几个方面：

(1) 正确选用测量仪器。所选仪器的工作频率范围(即频带)应大于被测电路的工作频段，仪器的输入阻抗应远大于被测电路的输出阻抗。我们本课程使用的信号发生器和示波器远远满足有关指标要求。但万用表因为频带不够，所以不适合使用。

(2) 正确使用测量仪器。对本课程的单管放大器而言，频段选某个频率测量，如 1 kHz。将信号发生器调到 1 kHz/15 mV_{rms}(rms 表示有效值，也称为均方根值，下同)正弦波，接到实验板的输入端，用示波器同时观察输入与输出波形。首先调节水平时基，使波形在水平方向显示合适(如一个周期在水平方向上占 2 大格)，使波形在垂直方向上所占格数也合适(如峰峰值占 4 格左右)。正确调节触发，使波形稳定。接着使用快速测量菜单，读取 CH1 和 CH2 的“有效值”(也可以用“峰峰值”)。最后根据两个有效值(或两个峰峰值)相比得出放大倍数。

值得注意的是，虽然数字存储示波器可以通过数学运算通道 MATH 选择“CH1÷CH2”，但这种运算是两个通道的电压瞬时值相除，并不一定代表电路的电压放大倍数，故不能作为放大倍数的测量使用。

(3) 测量多级高增益放大器的电压放大倍数时，其输入信号一般都是毫伏或微伏数量级，虽然普通信号发生器已经有输出电压指示和衰减器，但其精度往往比较差，只能起到参考作用。实验时，还需选用高灵敏度的毫伏表或微伏表来测量放大器的输入信号 U_i。如果在某些场合不具备这些条件，可在信号源与放大器之间连接一个分压器，并同时提高 U_s，使 U_i 满足要求，电路如图 3.5 所示。

由于分压系数 $K=R_2/(R_1+R_2)$ 为已知，这样我们就可以选用灵敏度较低的电压表，直接测量比 U_i 扩大 $1/K$ 的输入信号 U_s 来计算放大倍数，即

$$A_U = \frac{U_o}{U_i} = \frac{R_1+R_2}{R_2} \cdot \frac{U_o}{U_s} \tag{3.2}$$

为了避免分布参数及放大器输入电阻对分压系数的影响，选择 R_2 时应满足 $R_i \gg R_2$，通常 R_2 取几欧到几十欧即可，R_1 的选择以保证 U_s 的测量方便为宜，如 $R_1 = 100\ \text{k}\Omega$，$R_2 = 100\ \Omega$，则 $U_s/U_i \approx 1000$。当然，R_1、R_2 的精度大小对测量精度影响很大。

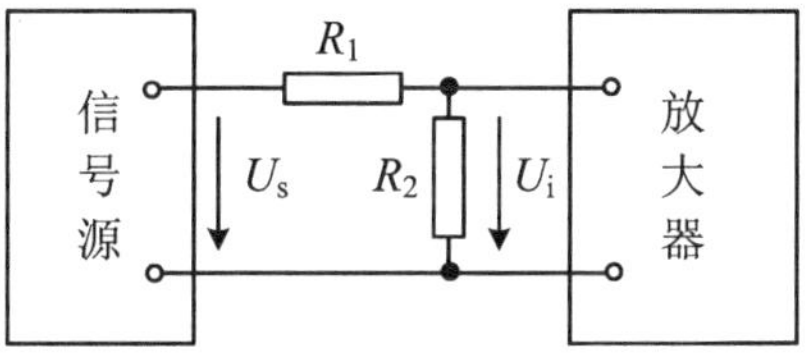

图 3.5　加分压器测量电压放大倍数

本课程的实验，因为电路增益不是太高，信号源也能将输入幅值调整合适（此电路输入幅值需要 15 mV_{rms} 左右）并能达到满意的精度，现有仪器都能满足测量要求，所以无需另加分压电路。

3.4.2　输入电阻的测量

按定义 $r_i = U_i/I_i$，理论上说，只要测量出 U_i 和 I_i，就能计算出 r_i。但是，在电子实验中，一般不提供能测量信号电流的交流毫安表，示波器也不具备测量信号电流的功能，因此测量输入电阻只能采用间接测量法。通常有以下两种方法。

1. "串联电阻法"测量

串联电阻法即在信号源与放大器输入端之间串联一个已知电阻 R_s，如图 3.6(a)所示。三极管放大器或反相输入的运算电路因为其输入电阻相比测量仪器（实验用的是示波器）的输入阻抗要小得多，因此往往采用此方法。

在放大器正常工作情况下，用示波器或毫伏表分别测量 U_s 与 U_i 的值，则

$$r_i = \frac{U_i}{U_s - U_i} R_s \tag{3.3}$$

还应当指出的是 U_s 不应取得太大，否则晶体管有可能工作在非线性状态，使测量误差较大，通常可在输出电压波形不失真的情况下测量。为了保证测量的准确度，还应注意 R_s 值的选取，一般使 R_s 接近于 r_i 值为宜，取值太大或太小都将带来较大的测量误差。

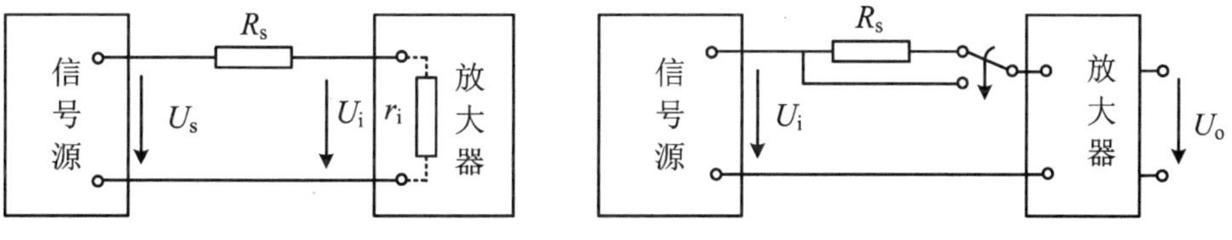

(a) "串联电阻法"测量原理图　　(b) "输出电压法"测量原理图

图 3.6　输入电阻的测量

2. "输出电压法"测量

当输入电阻 r_i 很高（如场效应管放大器）而测量仪器的输入电阻有限时，按"串联电阻法"测量将引入较大的测量误差。此时应采用测量输出电压 U_o 的方法，测量电路如图 3.6(b)所示。接通电源和信号源使放大器正常工作。拨动开关使 $R_s = 0$，测量放大器输出电压为 U_{o1}；串联电阻 R_s，测量放大器输出电压为 U_{o2}，则

$$r_i = \frac{U_{o2}}{U_{o1} - U_{o2}} R_s \tag{3.4}$$

R_s 的取值仍以接近 r_i 为宜，如果用电阻箱代替 R_s，则可以调节电阻箱的阻值，使 $U_{o2} = U_{o1}/2$，此时电阻箱的值即为输入电阻 r_i 的阻值。

图 3.7(a)是“串联电阻法”中测量信号源电压的接线图，图 3.7(b)是测量放大器输入电压的接线图。此实验板中已经准备了串联电阻 R_s。如果被测电路没有准备 R_s，可考虑外接一个标准电阻，比如用电阻箱代替。在接线图中，输出信号一直接到示波器的一个通道(这里用的是 CH1)，这是因为测量过程中应监视输出，保证输出波形不失真，同时用输出波形做示波器的触发信号，以保证波形稳定。

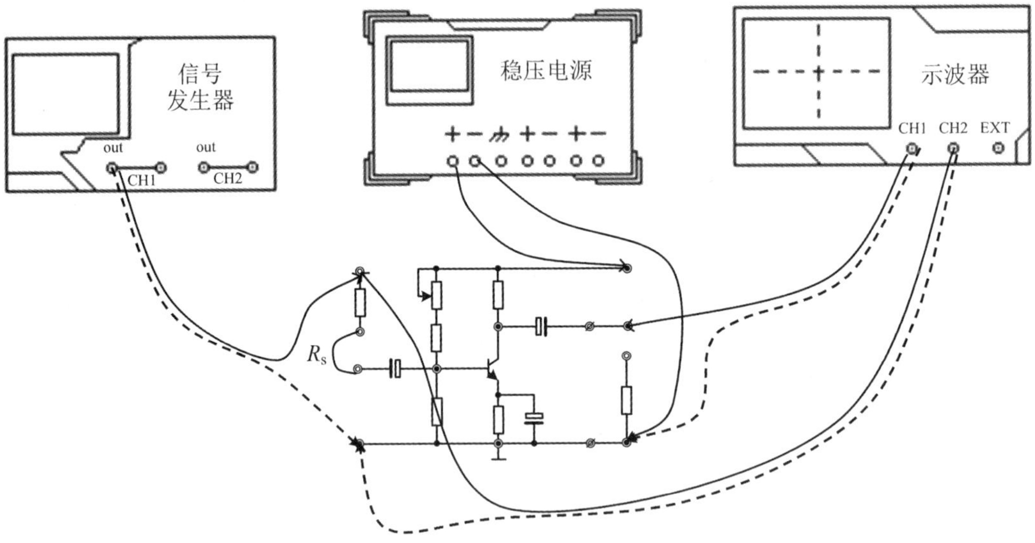

(a) 测量 U_s 的接线图

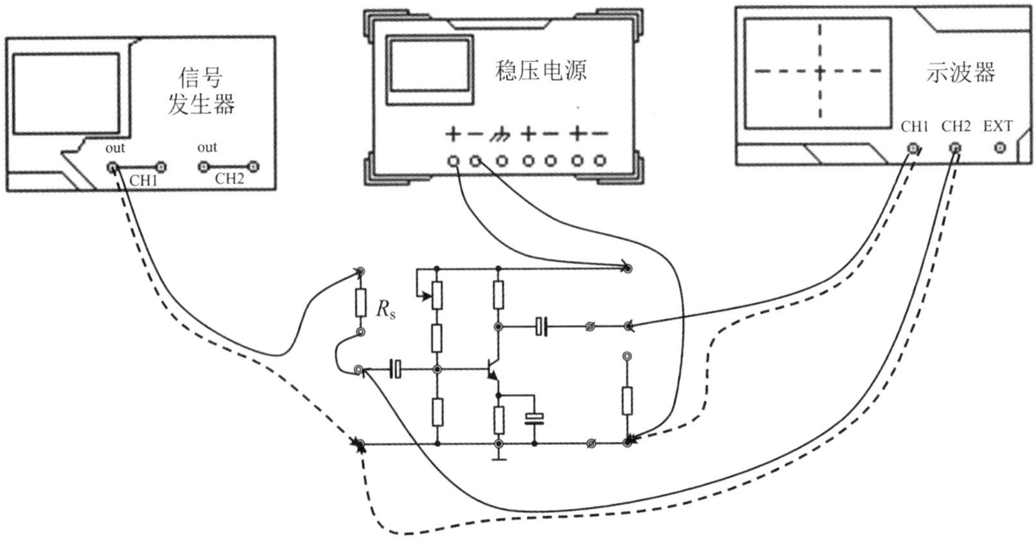

(b) 测量 U_i 的接线图

图 3.7 测量输入电阻的接线图

3.4.3　输出电阻的测量

放大器的输出端可以等效为一个理想的电压源 U'_o 与输出电阻 r_o 相串联，如图 3.8 所示。放大器输出电阻的大小反映了放大器带负载的能力，因此可以通过测量放大器接入负载前后的电压变化来求出输出电阻 r_o。在放大器正常工作情况下，首先测量放大器的开路输出电压 U'_o，再测量放大器接入已知负载 R_L 时的输出电压 U_o，则

$$r_o = \frac{U'_o - U_o}{U_o} R_L \tag{3.5}$$

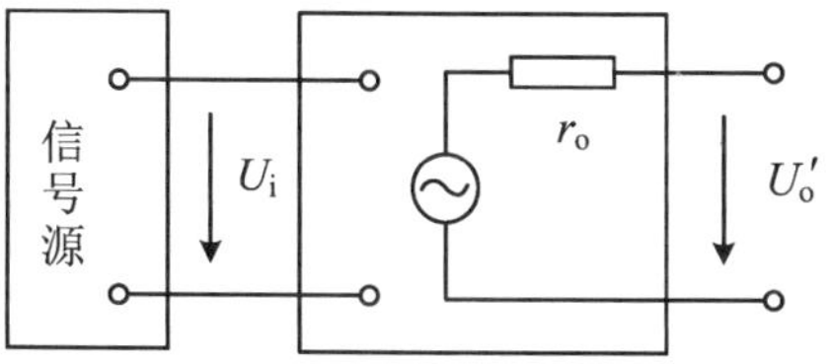

(a) 测量放大器的开路输出电压 U'_o

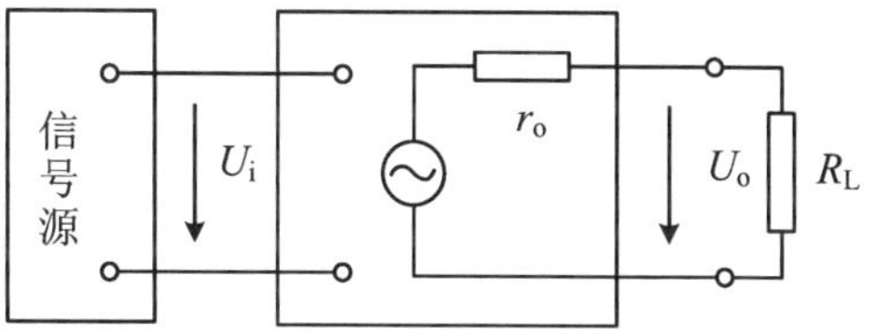

(b) 测量放大器的带载输出电压 U_o

图 3.8　输出电阻测量原理图

在测试时应注意以下两点：① R_L 过大或过小都将使测量误差较大，仍然以取 R_L 接近 r_o 为宜。如果用电阻箱作负载 R_L，可调节电阻箱，使 $U_o = U'_o/2$，此时放大器的输出电阻可以从电阻箱直接读出。② 应在输出电压波形不失真的情况下进行测量，且保持信号波形稳定。因此要观察输出波形，并将它作为示波器的触发信号。

如果要测量单管放大器的输出电阻，也要分别测量放大器的开路输出电压 U'_o 和带载输出电压 U_o。它们的接线图分别如图 3.4 和图 3.9 所示。

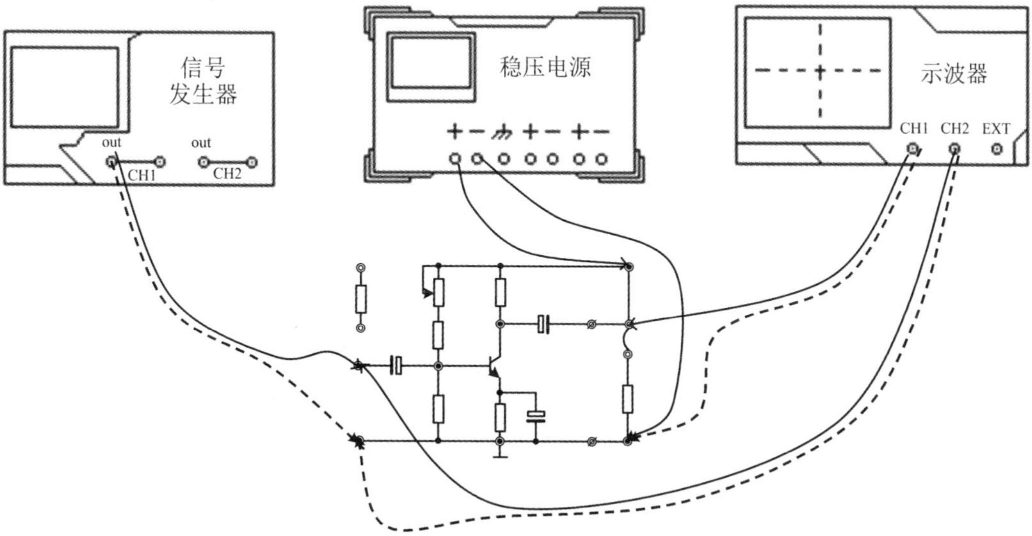

图 3.9　测量放大器的带载输出电压

3.4.4 放大器幅频特性的测量

放大器幅频特性是放大器的增益与输入信号频率之间的关系曲线，测量放大器的幅频特性，就是测量不同频率信号时放大器的增益。如果输入信号幅值保持不变，且输出波形不失真，则输出信号的幅值与频率之间的关系也与此相同。图 3.10 是某单管放大器的输出电压幅值与频率，以及输出、输入相位差与频率的关系曲线。它们反映了该电路的频率特性。其中上图是幅频特性，下图是相频特性。

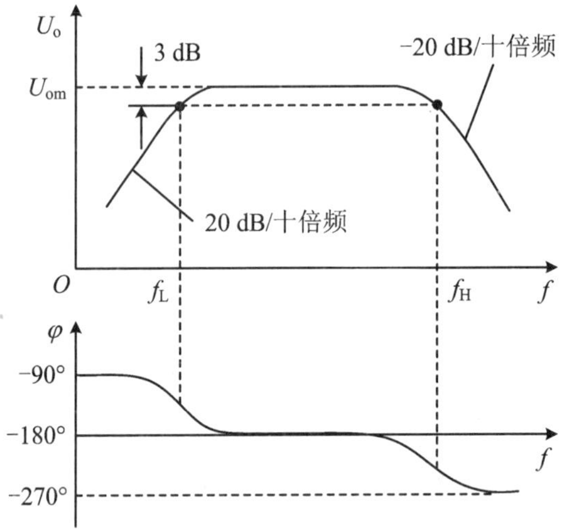

图 3.10　单管放大器的输出频率特性

测量电路的频率特性时，可利用前述测量增益的方法，每改变一个信号频率，测出其相应的增益。由于幅频特性曲线的横坐标一般采用对数坐标，因此选取测量频率时，也应注意按对数规律进行。

测量频率特性时，也可利用前述测量输出电压的方法。测量时，每改变一个信号频率，注意保持输入信号 U_i 的幅值不变，再测出其放大器的输出电压。然后将测量结果画于对数坐标纸上，便可得到输出幅频特性曲线。如果把每点的输入幅值考虑进去，计算出放大倍数，则可得增益幅频特性曲线。测量放大器频率特性的接线图可参考图 3.4。

如果只是测量放大器的通频带，完全可以通过输出频率特性来得到。首先找出并测量放大器中频区的输出电压 U_{om}，然后升高频率，同时维持 U_i 不变（如果频率变化造成 U_i 变化，应及时调整信号源的输出幅值，把 U_i 调回到原来值），直到输出电压降到 $0.707U_{om}$ 为止，此频率就是上限频率 f_H。同理，维持 U_i 不变，降低频率，直到输出电压降到 $0.707U_{om}$ 为止，此频率就是下限频率 f_L。于是放大器的通频带为 $\Delta f = f_H - f_L$。

如果不知道中频频率，则需要通过实验的办法把它找出来。放大器中频区的任何一个频率点都可以认为是中频频率。从图 3.10 可以看到，在中频区任何一个频率点，其放大倍数都比较稳定，而且数值最大。寻找中频频率的具体操作步骤如下：

(1) 测量某个频率点（例如 1 kHz）的输入、输出电压值（例如输入 15 mV_{rms}，输出 1.5 V_{rms}），并记录下来。

(2) 增大信号频率（例如增大到 2 kHz），测量输入、输出电压值。如果测出的输入发生变化(如输入变为 14 mV_{rms}),就调整信号发生器的幅值(因为输入值小于 15 mV_{rms},所以应该增大幅值),直到测出的输入信号恢复到原来的值(输入幅值恢复到 15 mV_{rms},当然信号发生器的幅度指示就超过了 15 mV_{rms}),再观察并记录输出信号幅值。

(3) 如果此时输出信号幅值大于原来输出电压幅值(此例是 1.5 V_{rms}),则说明原来的频率点(此例是 1 kHz)不是中频频率,而是偏低频频率。现在的频率(2 kHz)是不是中频还有待继续测量。

(4) 继续增加频率,按照步骤(2)和步骤(3)的方法进行测量与判断,直到找到相邻的两个频率点所对应的输出电压不再增加为止。此时的频率就是中频频率,此时的输出电压就是中频输出电压。

找到中频频率和中频输出电压后,截止频率的测量与此类似。例如测量高频截止频率 f_H:在中频频率基础上增大输入频率,首先观察输入信号有没有变化。如果有变化,就调整信号发生器的幅值,使输入信号恢复如初。再观察输出信号幅值,看有没有达到中频频率时的 0.707 倍。如果没有达到,就继续改变频率再测量;如果正好达到,此时的频率就是高频截止频率 f_H。同样的道理,可以通过减小频率找到低频截止频率 f_L。

值得说明的是,本课程使用的 DG4202 型信号发生器具有扫频输出功能,即输出波形可以不停地从低频到高频变化。把这个扫频信号作为放大器的输入,放大器输出接示波器,则我们会在屏幕上看到输出波形有两个特点:其一左边波形比较稀疏,说明开始频率比较低。越到右边越密,说明信号频率越来越大;其二幅值大小前后有明显的变化。开始时幅值比较小,随着频率增加,幅值越来越大,当达到一定大小后,再增加频率,输出幅值则随着频率的增大开始变得越来越小,如图 3.11 所示,其变化规律与图 3.10 幅频特性的规律一致。也就是说,波形的正向包络线反映了电路的幅频特性。但因为示波器探头没有检波功能,这种方法无法直接显示包络线,也就无法定量测量幅频特性的有关参数,如截止频率等,所以仍然需要采用逐点测量法。

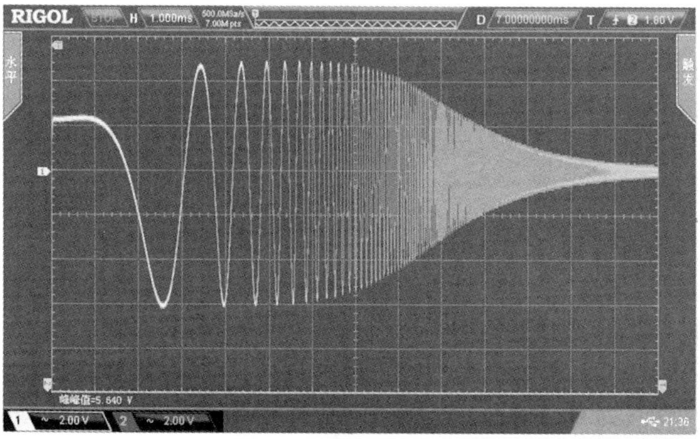

图 3.11　用扫频法测量输出波形

3.4.5　相位差的测量

两个信号的相位差,可以采用双踪示波器进行测量。具体方法是选择两个信号中的一个作为触发源信号,一般选幅度较强且稳定的一路信号(如放大器的输出信号)。调节水平

"SCALE"旋钮和垂直"SCALE"旋钮，使其显示的波形适当。利用光标测量两个波形的时间差，经换算得出相位差。

还是以单管放大器为例，用 DS2302A 型示波器测量输入、输出相位差。首先按图 3.3 接线并调整好静态工作点，再按图 3.4 接线并将信号发生器的输出调出一个 1 kHz/15 mV_{rms}的正弦波。调节水平"SCALE"旋钮和垂直"SCALE"旋钮，使其显示的波形适当，调节触发系统让波形稳定。按示波器的"Cursor"键，通过光标菜单选择光标模式为"追踪"，光标 A、光标 B 分别选择 CH2 和 CH1，将光标 A 和光标 B 分别调到 CH2 和 CH1 的波峰上，并且保证两个波峰相邻且光标 A 在左、光标 B 在右。读出左上角光标数据区的 ΔX，此值就是两波形的时间差 Δt。再用左边快速测量菜单，测出周期 T，如图 3.12 所示。相位差 φ 可用下面的公式计算出来：

$$\varphi = 360° \times \frac{\Delta t}{T} \tag{3.6}$$

按照图中示波器的结果，该电路的相位差是

$$\varphi = 360° \times \frac{\Delta t}{T} = 360° \times \frac{460}{1000} = 165.6°$$

细心的同学可能发现，DS2302A 型示波器在快速测量中有测量相位差的参数，但是这个参数只能定性测量。它对波形在屏幕上波形所占的格数和所显示的形状要求比较高。不同设置下误差不一样，且误差较大。所以要得到较准确的相位差，还是需要使用光标法。

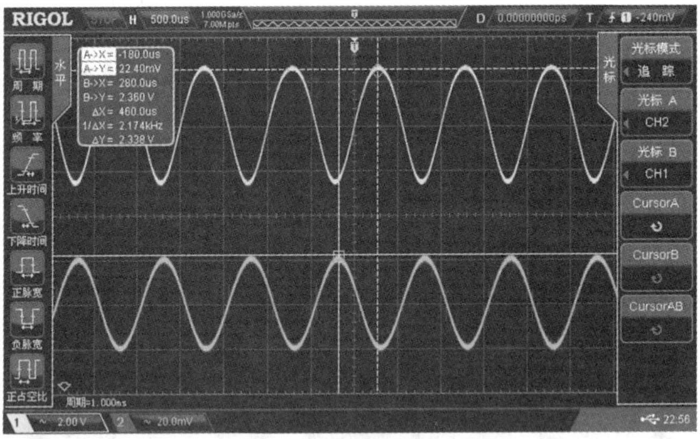

图 3.12　光标法测量相位差

3.4.6　积分时间常数的测量

对于一个积分电路，首先要把输入、输出波形显示出来。根据波形判断它是否是积分电路，并测量出积分时间常数。如果输入是一个方波，输出是三角波，则可以断定此电路就是一个积分电路。问题是，我们的积分电路往往是由运放等有源器件构成的，即使同一个电路形式，输入信号也是一个方波，如果电路参数或方波参数不匹配，可能也不能输出三角波。这就要求我们在实验前仔细分析，在理论上确定参数是不是大致匹配。图 3.13 是一个基本积分电路测量时间常数的接线图。

如果积分电路的参数是 $R=10\ \text{k}\Omega$，$C=0.1\ \mu\text{F}$，则信号发生器的方波参数可以调到频率为 200 Hz，幅值为 5 V_{pp}，占空比为 50%。调节示波器的水平"SCALE"旋钮和垂直

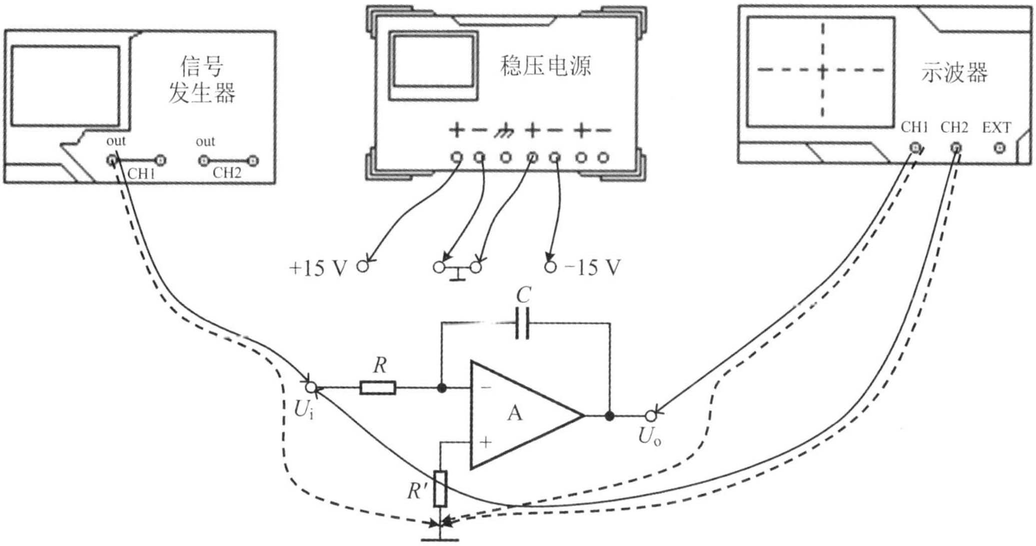

图 3.13　基本积分电路测量时间常数的接线图

“SCALE”旋钮，使其显示的波形适当，调节触发系统让波形稳定。能够观察到输入是方波，输出是三角波，如图 3.14 所示。

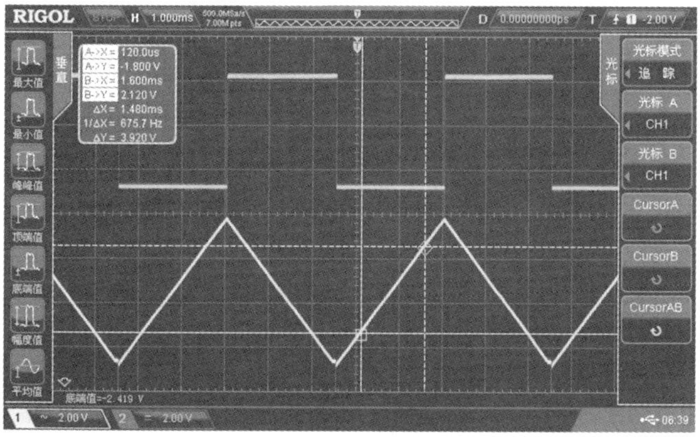

图 3.14　积分时间常数的测量

这里使用了光标的追踪模式，将光标 A 和光标 B 分别追踪输出三角波，让它们处于同一条直线段上(图中是某个上升段)，并让光标 A 在左、光标 B 在右。通过左上角的光标数据区读出 ΔX 和 ΔY，再用左边快速测量菜单，测出输入波形在光标所在区域对应的值 U_i(图中是低电平，选底端值)。通过下面公式计算出积分时间常数 τ：

$$\tau = -\frac{U_i}{\Delta Y} \cdot \Delta X \tag{3.7}$$

按图中参数，可以计算出该电路的时间常数为

$$\tau = -\frac{U_i}{\Delta Y} \cdot \Delta X = -\frac{-2.431}{3.92} \times 1.5\ \text{ms} = 0.93\ \text{ms} \tag{3.8}$$

为了能够显示满意的波形，需要注意以下几点：

(1) 测量方波输入的低电平电压值，不能用交流耦合，否则就不是绝对低电平值，而是

交流成分中的低电平。如果输入波使用交流耦合，因为输入信号频率不高，低电平和高电平都不够平坦，所以将影响读数。输出波形必须用交流耦合，否则由于积分电路的漂移现象，将造成输出含有较大的直流成分，不利于观察三角波的细节。

(2) 方波的频率和幅值必须与被测积分电路的时间常数相匹配，否则三角波未必能显示出来。

(3) 因为追踪光标的读数 ΔX 和 ΔY 都是光标 B 减去光标 A 的结果，所以必须让光标 A 在左、光标 B 在右，否则读出的数据符号不正确。而且要特别注意两个光标必须在同一条直线段，否则 $\Delta Y/\Delta X$ 不能正确反映积分曲线的斜率。输入的测量点也要与光标所在区域对应，否则这段积分曲线的斜率就不会再受输入值的影响。

3.4.7 滞回比较器阈值的测量

滞回比较器有两个阈值，一个是输入信号从足够小增大到足够大时的阈值 U_{THH}，一个是从足够大减小到足够小时的阈值 U_{THL}。如图 3.15 所示。

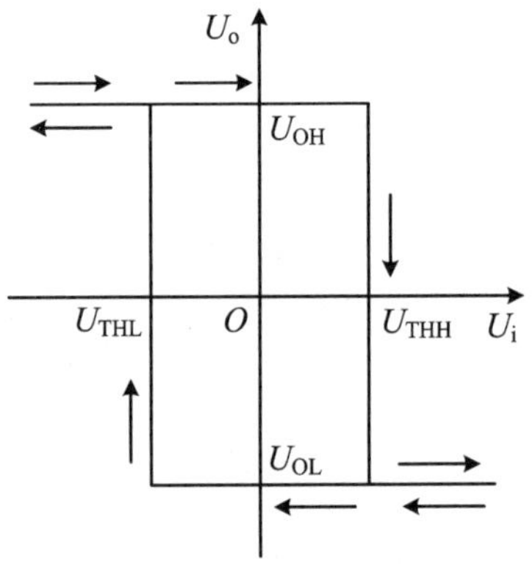

图 3.15 反相输入滞回比较器的传输特性

根据传输特性的特点，可以在输入端加入一个可变的直流信号，监视输入和输出的电压值，慢慢增加输入电压，观察输出什么时候发生跳变(对反相输入滞回比较器而言，此时跳变应该是从高电平 U_{OH}跳变到低电平 U_{OL})，跳变时的输入电压值就是 U_{THH}；再慢慢减小输入电压，观察输出什么时候发生跳变(对反相输入滞回比较器而言，此时跳变应该是从低电平 U_{OL}跳变到高电平 U_{OH})，跳变时的输入电压值就是 U_{THL}。

这个过程也可以通过示波器的波形来观察，用追踪光标测量两个阈值。具体的操作步骤如下：

(1) 输入一个频率合适、幅值足够大的三角波给滞回比较器，观察输入与输出波形。

(2) 打开示波器的光标菜单，光标模式选择“追踪”，光标 A 和光标 B 都选择输入波形。调节光标 A，使光标竖线与输出下降沿的开始点对齐，光标 B 的竖线与输出上升沿的开始点对齐。记录两个 Y 值，它们分别是 U_{THH}和 U_{THL}。如图 3.16 所示。

(3) 通过左边快速测量菜单，让示波器显示输出信号的顶端值和底端值，它们分别就是 U_{OH}和 U_{OL}。

这里有几点需要注意的事项：

(1) 输入信号的幅值要足够大，变化范围必须能穿过 U_{THH}和 U_{THL}。由普通运放构成的比较器，信号频率不能太大，一般不要超过 200 Hz。否则输出的矩形波上升沿和下降沿都不够陡峭，如图 3.16 所示，因此信号源的参数与电路的参数需要配合。

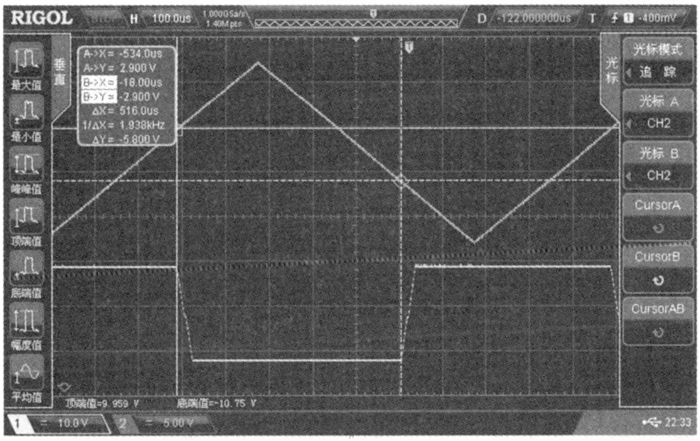

图 3.16　滞回比较器阈值的测量

（2）输出方波由于频率不高，应该采用直流耦合。因为输入的三角波波形含有直流和交流两个成分，所以要测量瞬时值也必须采用直流耦合。

当然，输入信号未必一定需要三角波。事实上，输入信号只要在一个周期内有半个周期单调上升，另半个周期单调下降，且满足注意事项（1）就可以了。因此实验中也经常用正弦波代替三角波来测试比较器。

第4章　仿真软件 Multisim 14.0 的使用

4.1　Multisim 14.0 简介

随着电子信息产业的飞速发展，计算机技术在电子电路设计中发挥着越来越大的作用。电子产品的设计开发手段由传统的设计方法到简单的计算机辅助设计(CAD)，再到电子设计自动化(EDA)，一直在不断地发展进步。

EDA(Electronics Design Automation)是电子设计自动化的英文缩写，EDA 技术主要包括电路设计、电路仿真、系统分析等方面的内容。NI Multisim 是当前流行的、特别适合电子系统仿真与设计的一款 EDA 工具软件，由美国 NI(National Instruments)公司开发，已被广泛应用于国内外的教育界和电子技术界。

Multisim 14.0 是早期 EWB 5.0、Multisim 10.0、Multisim 12.0 等版本的升级产品。它进一步完善了以前版本的基本功能，同时又增加了新的功能，其特点和优势主要包括以下几个方面：

(1) 直观的图形界面。Multisim 14.0 具有界面直观、操作方便等优点。选用元器件和测试仪器等均可直接拖放到工作区中，单击鼠标接线简单方便，测试仪器的操作方式与实物相似，测量数据、波形、特性曲线等也与真实仪表一样。

(2) 完备的元器件库。Multisim 14.0 进一步扩充了元器件库，元器件库不仅包含大量的虚拟分立元件、集成电路，还包含大量的实物元件模型。

(3) 丰富的测试仪器仪表。20 余种虚拟仪器和多种多样的分析功能为电路性能的测试和分析提供了强有力的支持，且仪器仪表均可多台同时调用。

(4) 功能强大的 SPICE(Simulation Program with Integrated Circuit Emphasis)仿真。能对模拟电路、数字电路、数模混合电路和射频电路等进行交互式仿真。

(5) 支持微控制器(MCU)仿真，能实现基于 MCU 单片机系统仿真。

(6) 具有 PCB 文件的转换功能，可将仿真文件导出到 Ultiboard 平台。

(7) 可实现与 LabVIEW 联合仿真，利用 LabVIEW 可采集、处理外部真实信号。

4.2　Multisim 14.0 的基本界面

4.2.1　Multisim 14.0 的主窗口

启动 Multisim 14.0，出现如图 4.1 所示的主窗口界面。

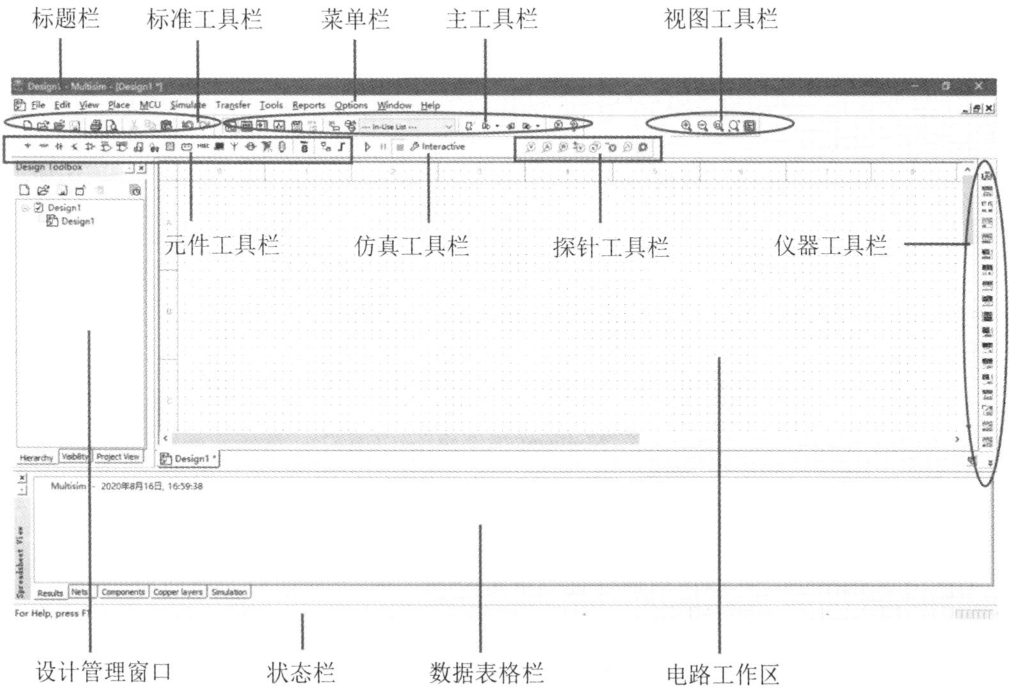

图 4.1　Multisim 14.0 的主窗口界面

Multisim 14.0 以图形界面为主，采用菜单栏、工具栏和热键相结合的方式。其主工作界面主要由标题栏、菜单栏、标准工具栏、主工具栏、视图工具栏、元件工具栏、仿真工具栏、探针工具栏、仪器工具栏、设计管理窗口、电路工作区、数据表格栏、状态栏等组成。

4.2.2　Multisim 14.0 的菜单栏和工具栏

1. Multisim 14.0 的菜单栏

如图 4.2 所示，Multisim 14.0 的菜单栏位于主窗口的最上方，包括文件(File)、编辑(Edit)、视图(View)、放置(Place)、微控制器(MCU)、仿真(Simulate)、转换(Transfer)、工具(Tools)、报表(Reports)、选项(Options)、窗口(Window)和帮助(Help)共 12 个主菜单。通过菜单，可以对 Multisim 14.0 的所有功能进行操作。每个主菜单下都包含若干个子菜单。

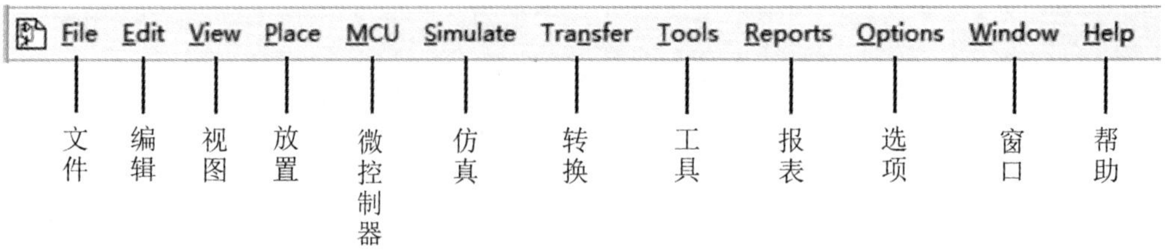

图 4.2　Multisim 14.0 的菜单栏

2. Multisim 14.0 的工具栏

为了使用户更加方便快捷地操作软件和设计电路，Multisim 14.0 的工具栏中提供了大量的常用工具按钮。主要包括：标准工具栏、主工具栏、视图工具栏、元器件工具栏、仿真工具栏、探针工具栏、仪器工具栏等。

(1) 标准工具栏包括新建、打开、打印、剪切、粘贴、撤销等常见的功能按钮。图 4.3 对标准工具栏进行了简单的标注。

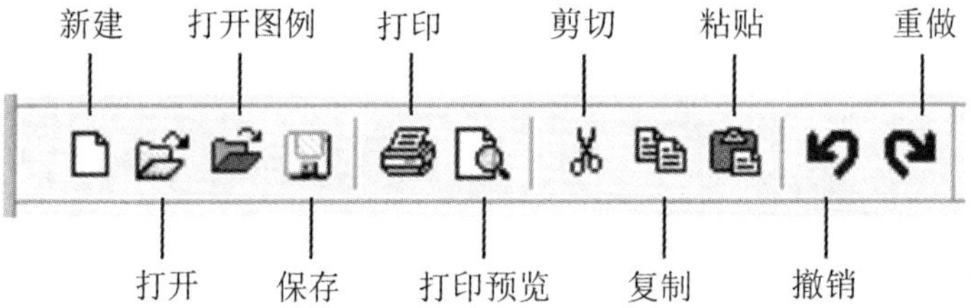

图 4.3　Multisim 14.0 的标准工具栏

(2) 主工具栏包含 Multisim 14.0 的一般功能按钮，如界面中各窗口的显示\隐藏、后处理、元器件向导、元器件库管理等，如图 4.4 所示。其中，元器件列表(In-Use List)列出了当前电路使用的全部元器件，以供用户检查或重复调用。

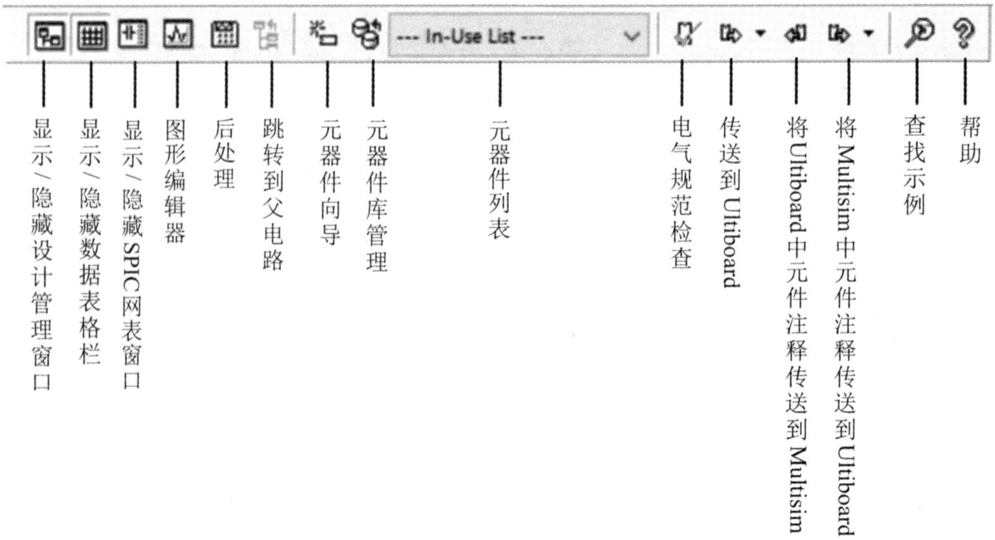

图 4.4　Multisim 14.0 的主工具栏

(3) 视图工具栏包含放大、缩小等调整电路显示窗口的按钮,如图 4.5 所示。

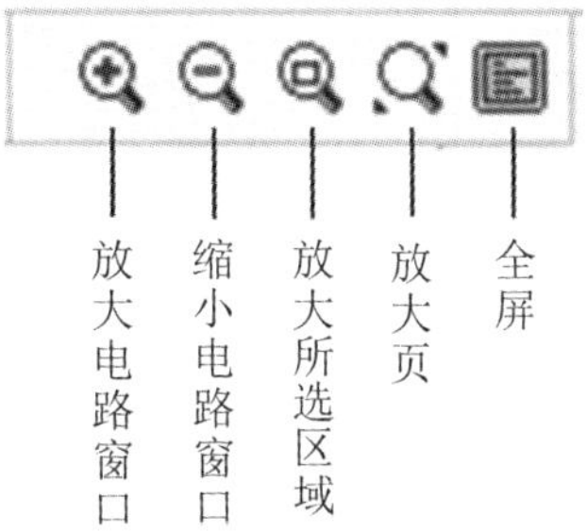

图 4.5　Multisim 14.0 的视图工具栏

(4) 元器件工具栏是用户在电路仿真时可以使用的所有元器件符号库,共 18 个分类库。如图 4.6 所示,每一个按钮对应一个相应的分类库。

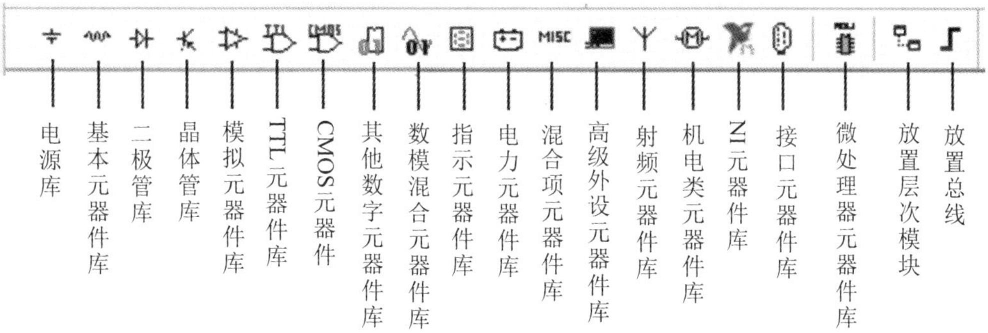

图 4.6　Multisim 14.0 的元器件工具栏

单击每个元器件分类库,都会显示一个选择元器件的窗口。各元器件分类库选择元器件窗口信息基本相似,这里以电源库元器件分类库为例,说明选择元器件窗口的内容,如图 4.7 所示。

在选择元器件窗口中,主数据库(Master Database)是默认数据库,如果希望从 Corporate Database 或者 User Database 中选择一个元器件,需要单击数据库下拉菜单里的对应项,再选择元器件。

选择和放置元器件时,单击选择"Family"中相应元器件系列,再在"Component"下拉列表框中选择对应元器件,单击对话框的"OK"按钮即可。如果需要取消放置元器件,单击"Close"按钮。

如果要放置的元器件是由多个相同电路组成的复合元器件(如集成电路 7400N),就会显示一个对话框,用户从中选择具体放置的元器件部分即可(如放置 7400N 的第 A 个与非门)。对话框如图 4.8 所示。

选择元器件界面关闭后,鼠标移至电路工作区后鼠标箭头上方出现需要放置的元器件图标,表明此时元器件准备被放置。这时,单击鼠标,则可将元器件放置于电路工作区内。

下面对元器件工具栏的分类库进行一些简单介绍。

① 电源库(Sources)包含各种形式的电源、信号源。用户需要注意的是,一个待仿真电

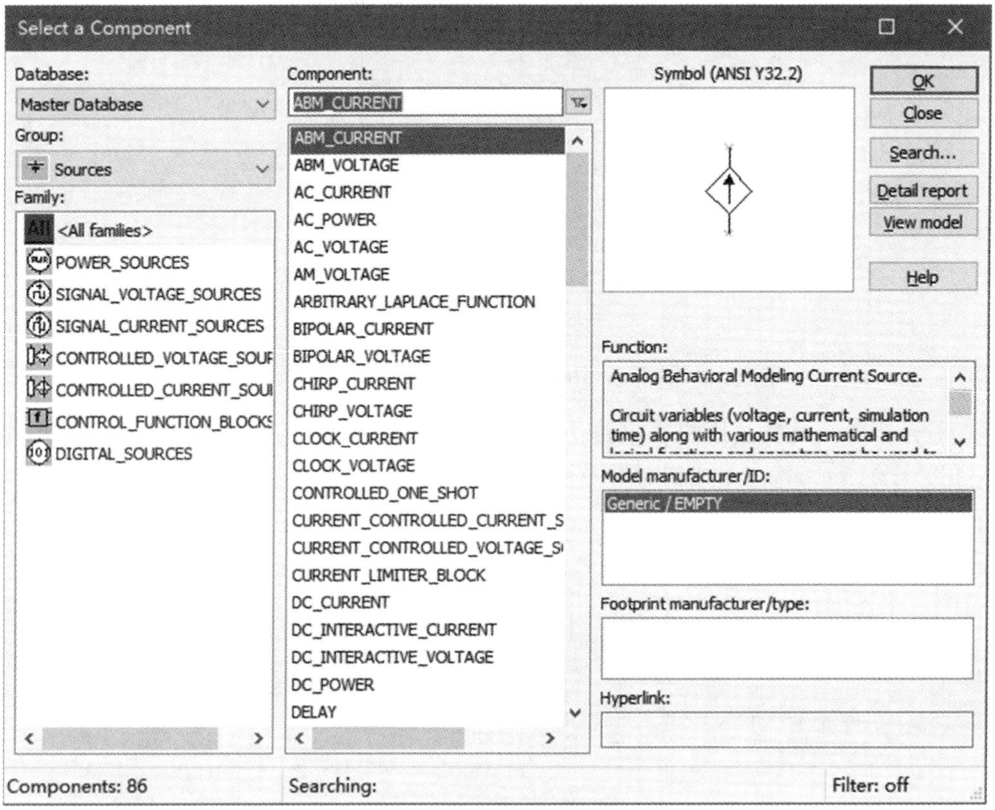

图 4.7　选择元器件窗口

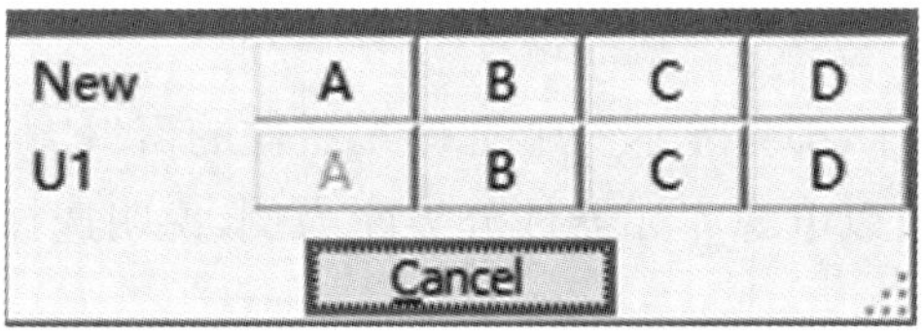

图 4.8　对话框

路必须含有接地端，否则仿真时会报错。电源库选择元器件窗口如图 4.9 所示，其中电源库的电源类型见图中标注。

② 基本元器件库(Basic)包含 2 个虚拟元器件系列(绿色衬底)、16 个实际元器件系列，如图 4.10 所示。虚拟元器件系列中的元器件直接调用，再通过其属性对话框设置参数值。在选择元器件时，应尽量在实际元器件系列中选择实际元器件，这样不仅仿真时更接近实际情况，而且由于实际元器件具有封装标准，因此能够将仿真后的电路直接转换成 PCB 文件。

③ 二极管库(Diodes)包含 1 个虚拟元器件系列(绿色衬底)、14 个实际元器件系列，如图 4.11 所示。

④ 晶体管库(Transistors)包含 1 个虚拟元器件系列(绿色衬底)、20 个实际元器件系列，如图 4.12 所示。其中，虚拟晶体管相当于理想晶体管，调用虚拟晶体管时其参数为默认值，可以打开其属性对参数进行修改。20 个实际元器件系列中的元器件模型对应全世界主要厂家生产的众多晶体管元器件。

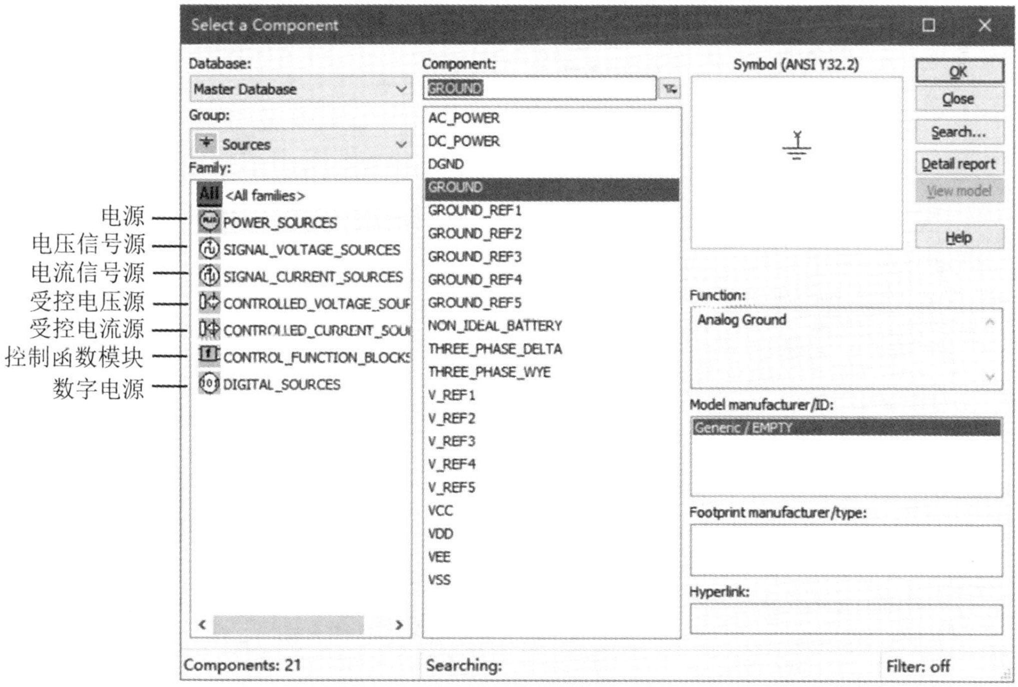

图 4.9　电源库

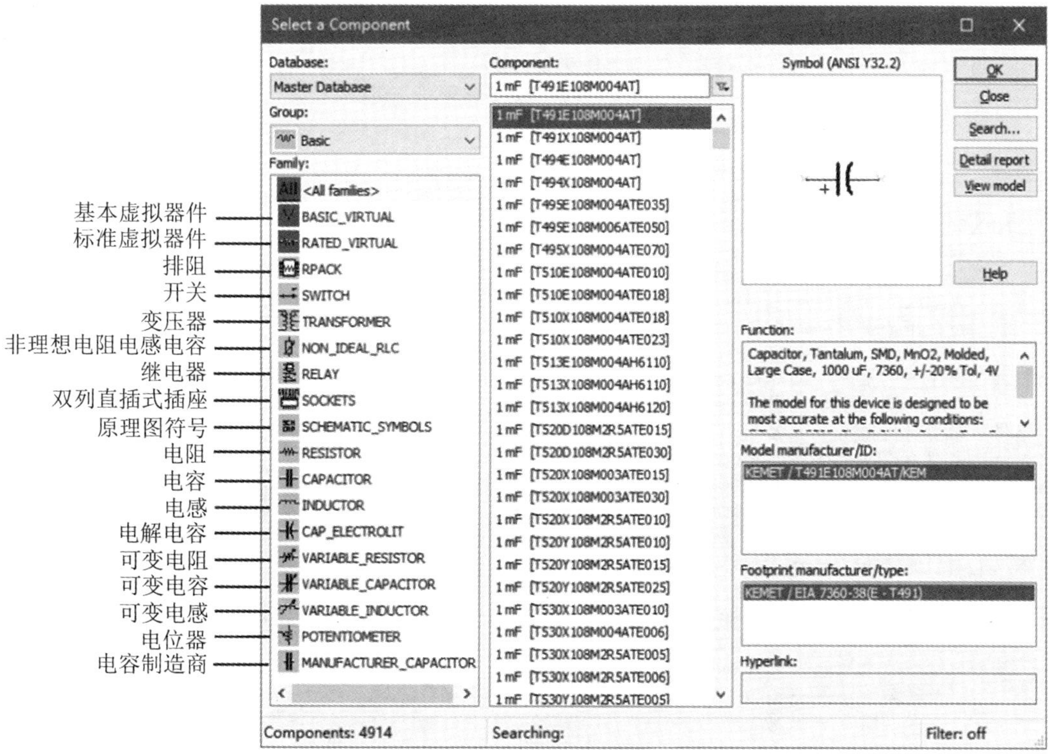

图 4.10　基本元器件库

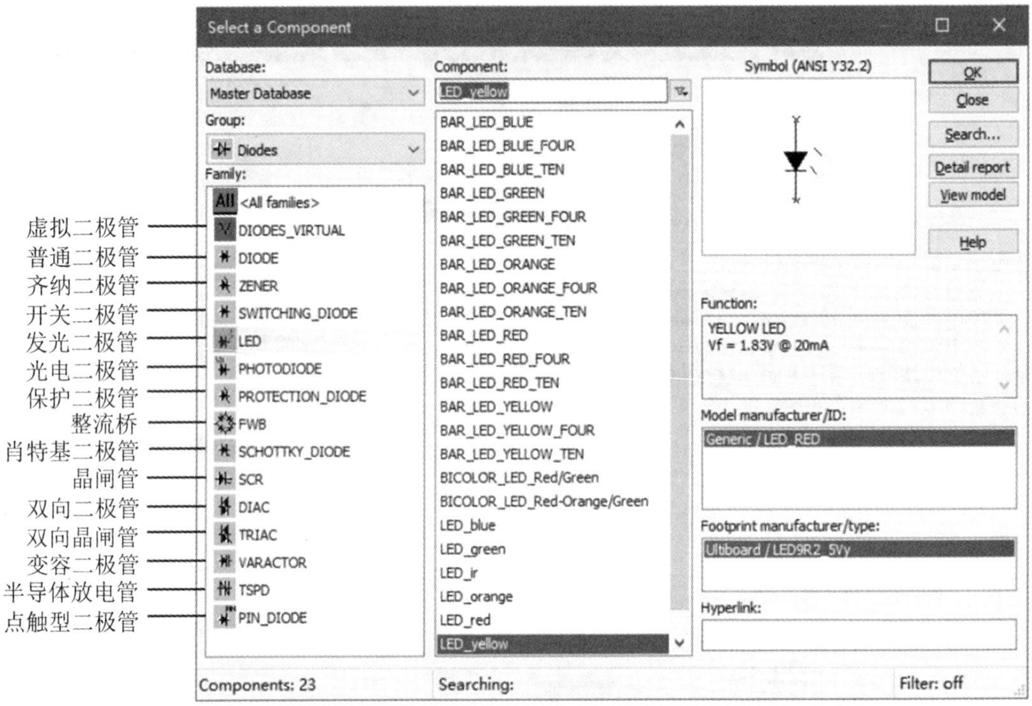

图 4.11 二极管库

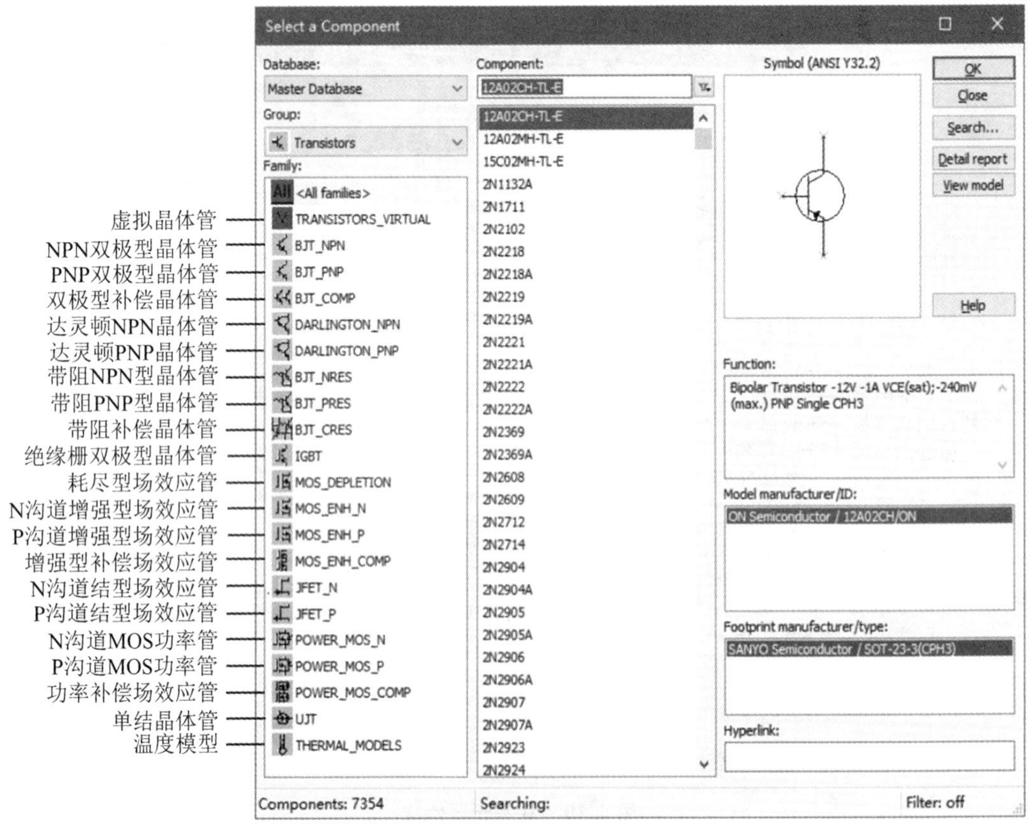

图 4.12 晶体管库

⑤ 模拟元器件库(Analog)包括 1 个虚拟元器件系列(绿色衬底)、9 个实际元器件系列，如图 4.13 所示。

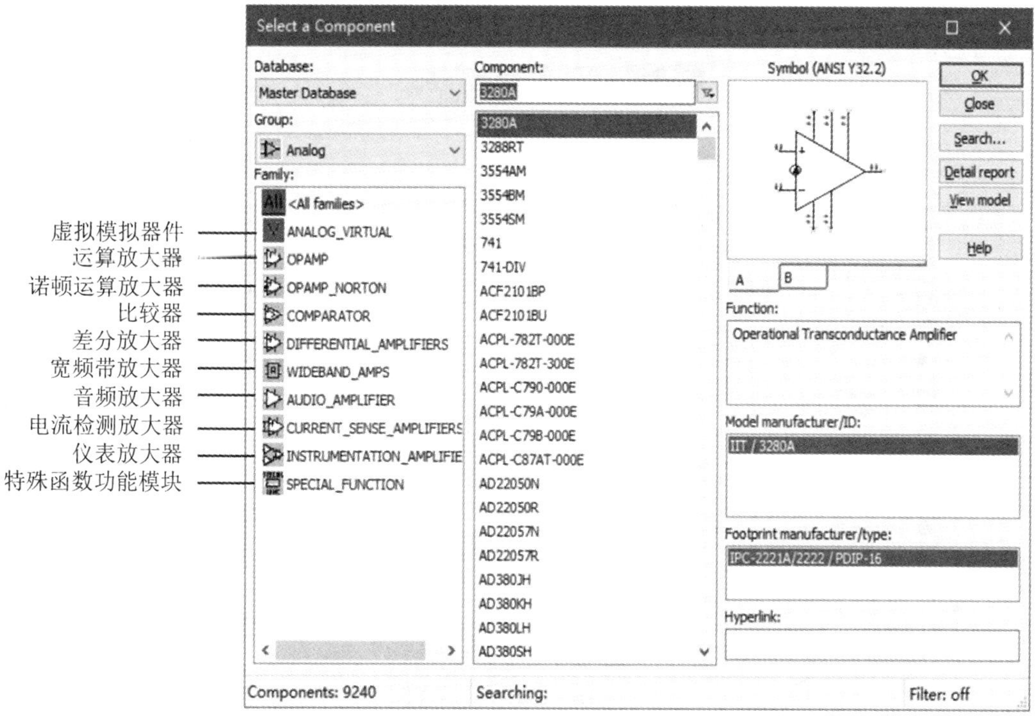

图 4.13　模拟元器件库

⑥ TTL 元器件库(TTL)按系列分类，如图 4.14 所示。

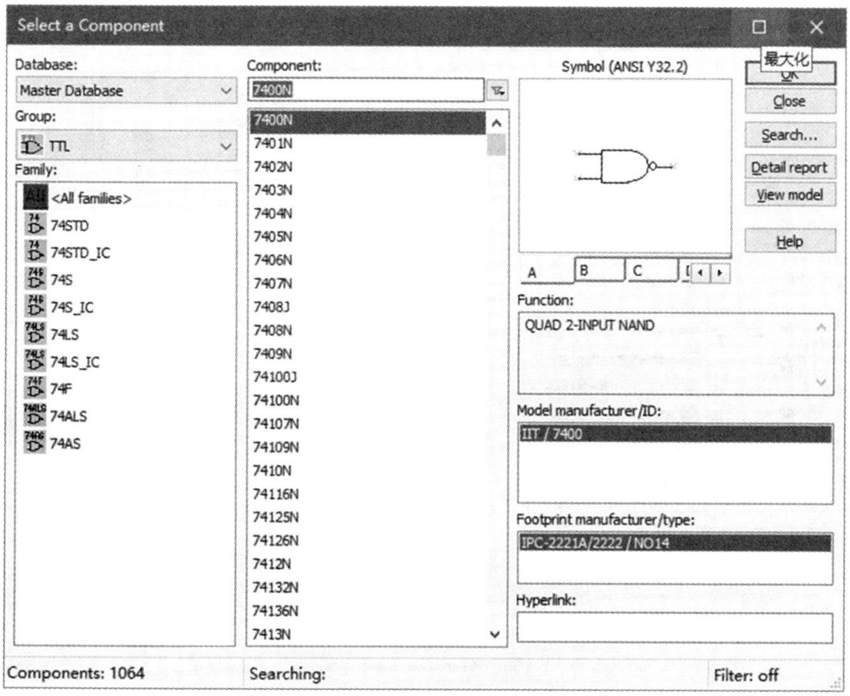

图 4.14　TTL 元器件库

⑦ CMOS 元器件库(CMOS)按系列分类,如图 4.15 所示。

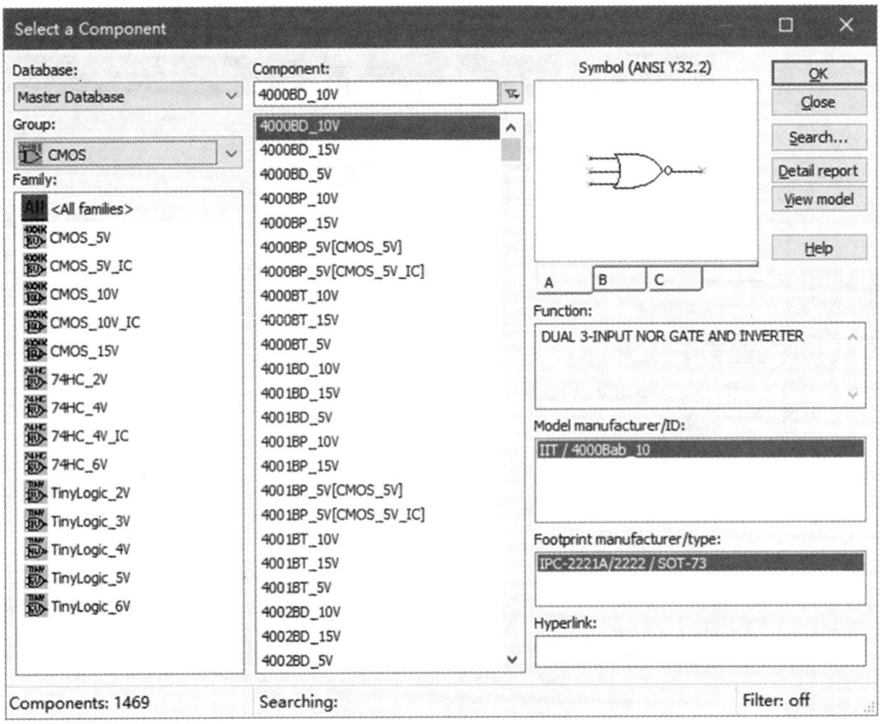

图 4.15　CMOS 元器件库

⑧ 其他数字元器件库(Misc Digital)的界面如图 4.16 所示。其中,“TIL”分类库包括各类数字逻辑器件,如与门、非门、三态门等,该分类库中的元器件没有封装类型。

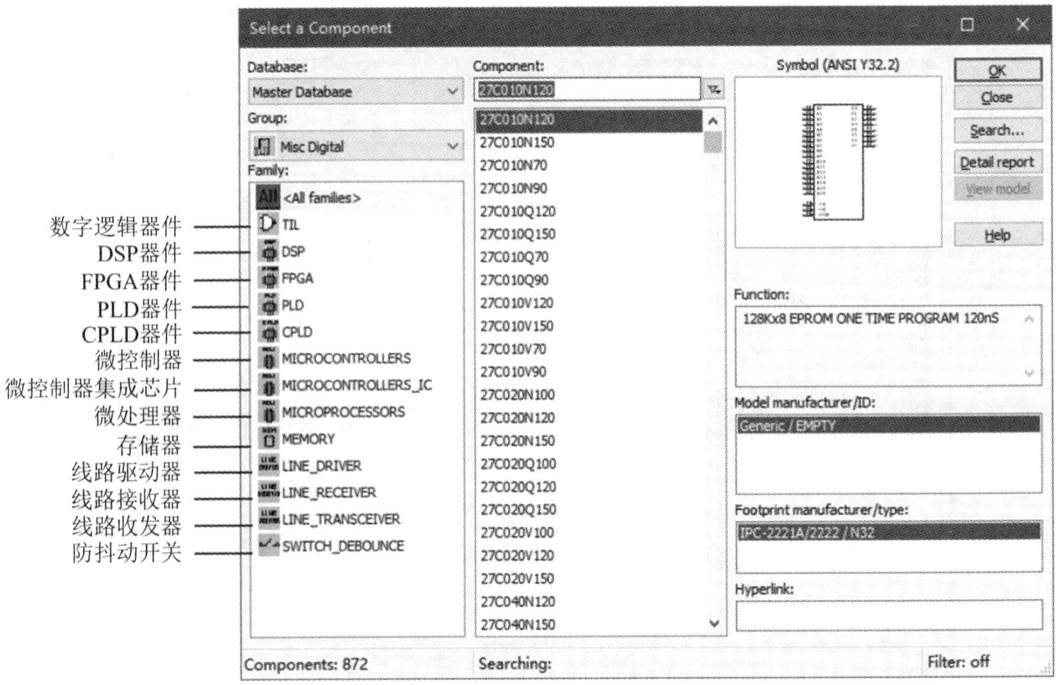

图 4.16　其他数字元器件库

⑨ 数模混合元器件库(Mixed)的界面如图 4.17 所示。

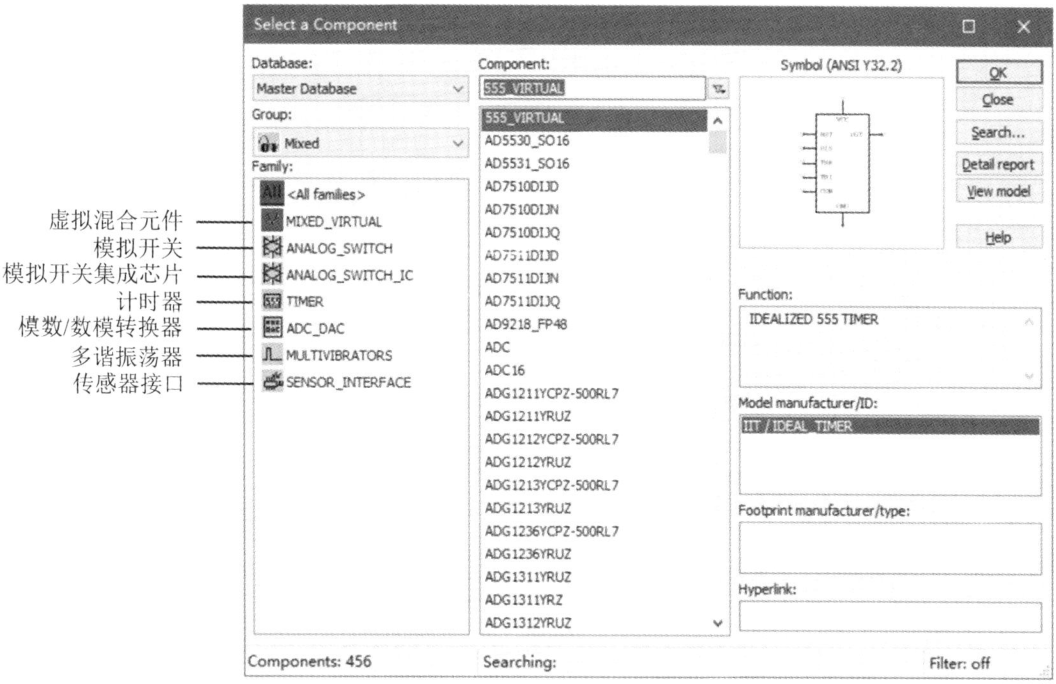

图 4.17　数模混合元器件库

⑩ 指示元器件库(Indicators)的界面如图 4.18 所示。

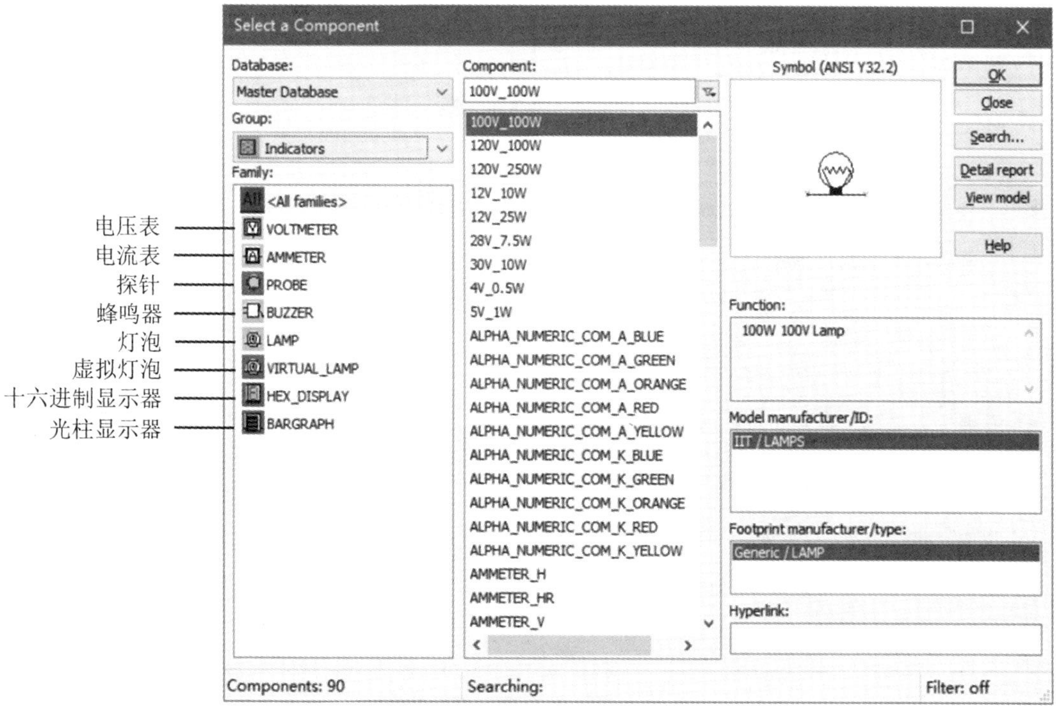

图 4.18　指示元器件库

⑪ 电力元器件库(Power)的界面如图 4.19 所示。

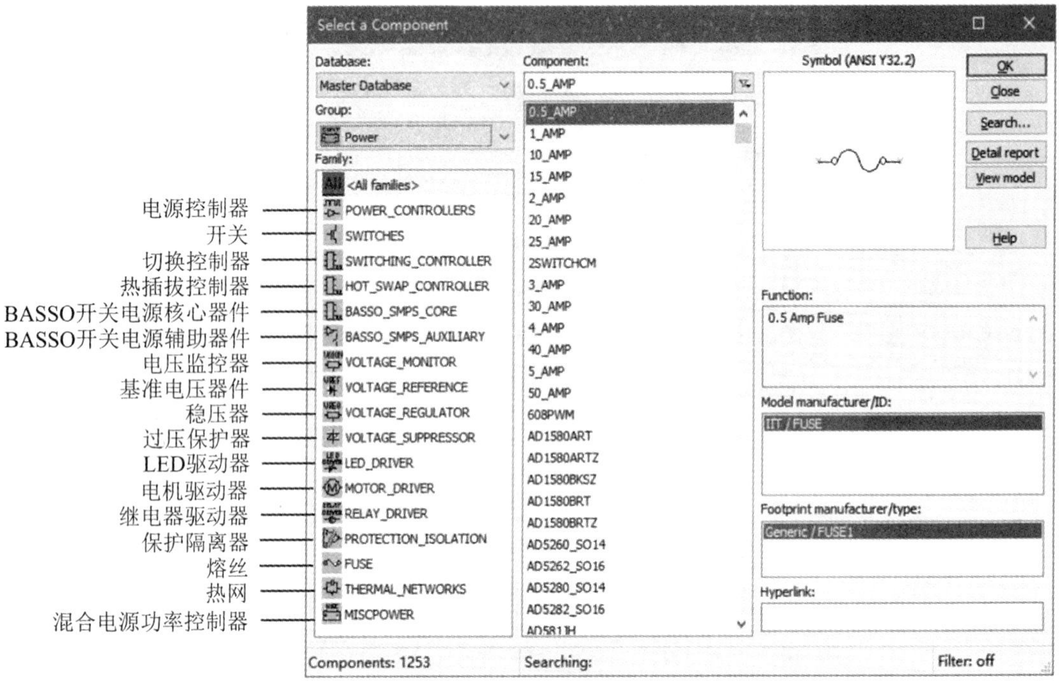

图 4.19 电力元器件库

⑫ 混合项元器件库(Misc)的界面如图 4.20 所示。

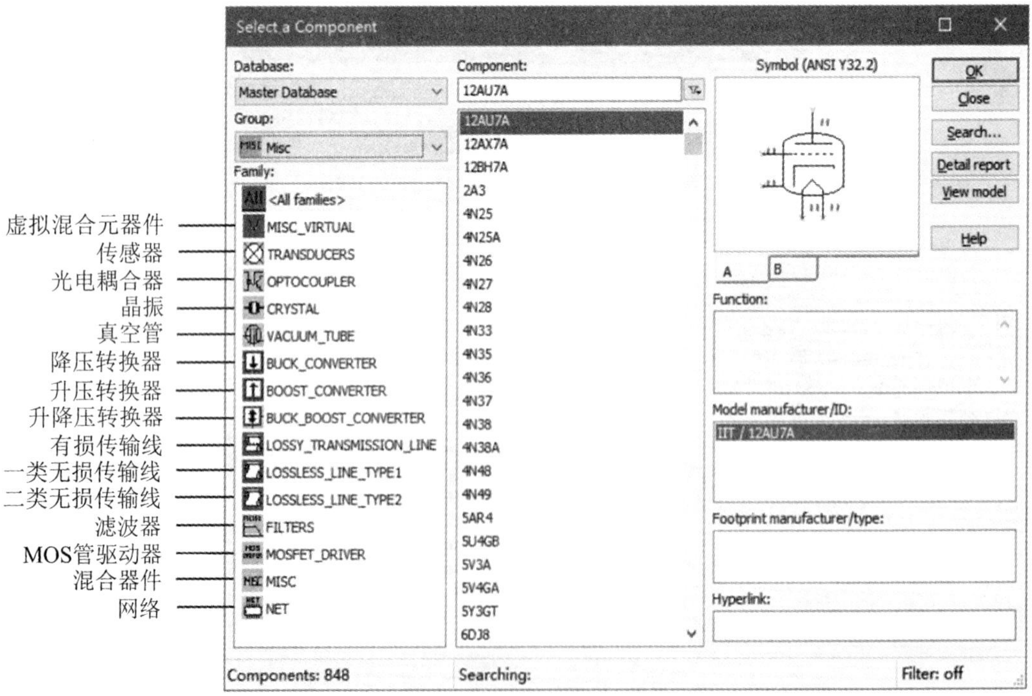

图 4.20 混合项元器件库

⑬ 高级外设元器件库(Advanced_Peripherals)的界面如图 4.21 所示。

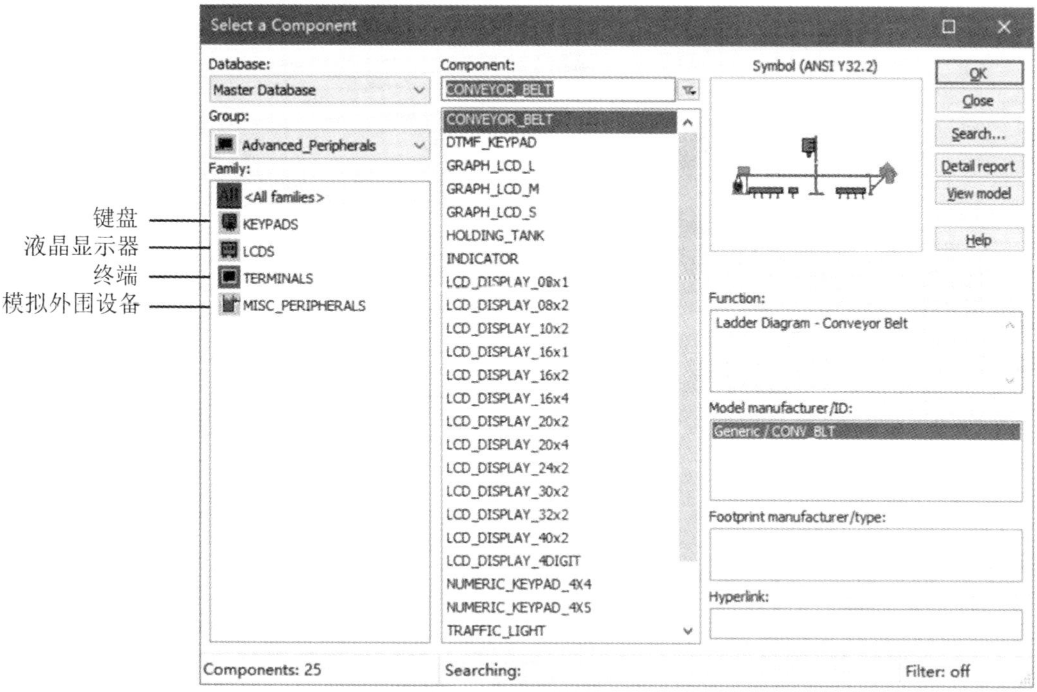

图 4.21　高级外设元器件库

⑭ 射频元器件库(RF)的界面如图 4.22 所示。

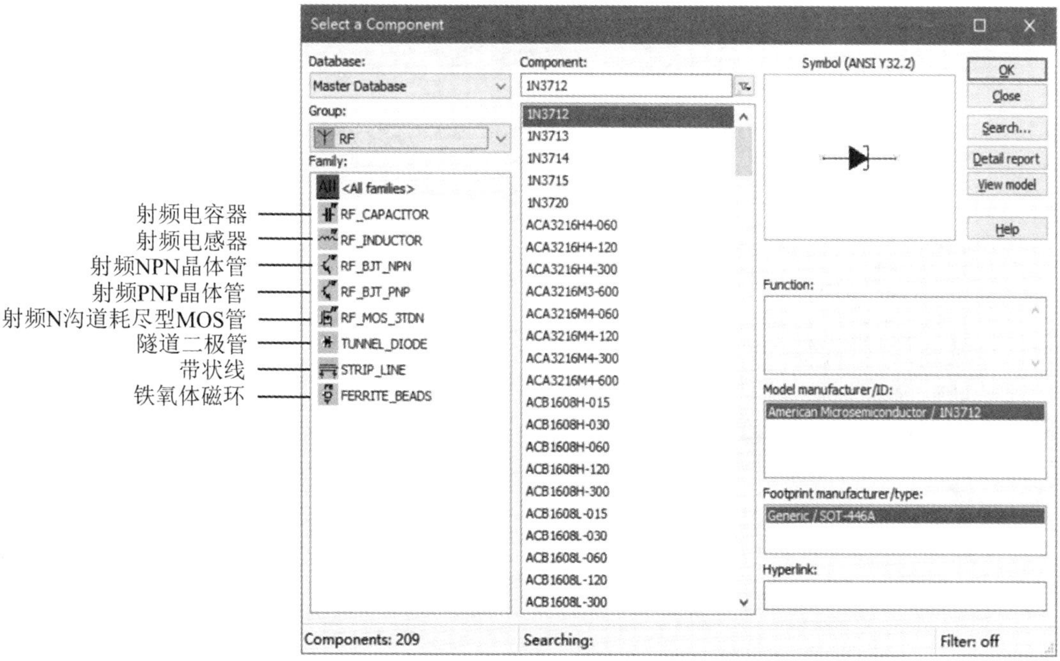

图 4.22　射频元器件库

⑮ 机电类元器件库(Electro_Mechanical)的界面如图 4.23 所示。

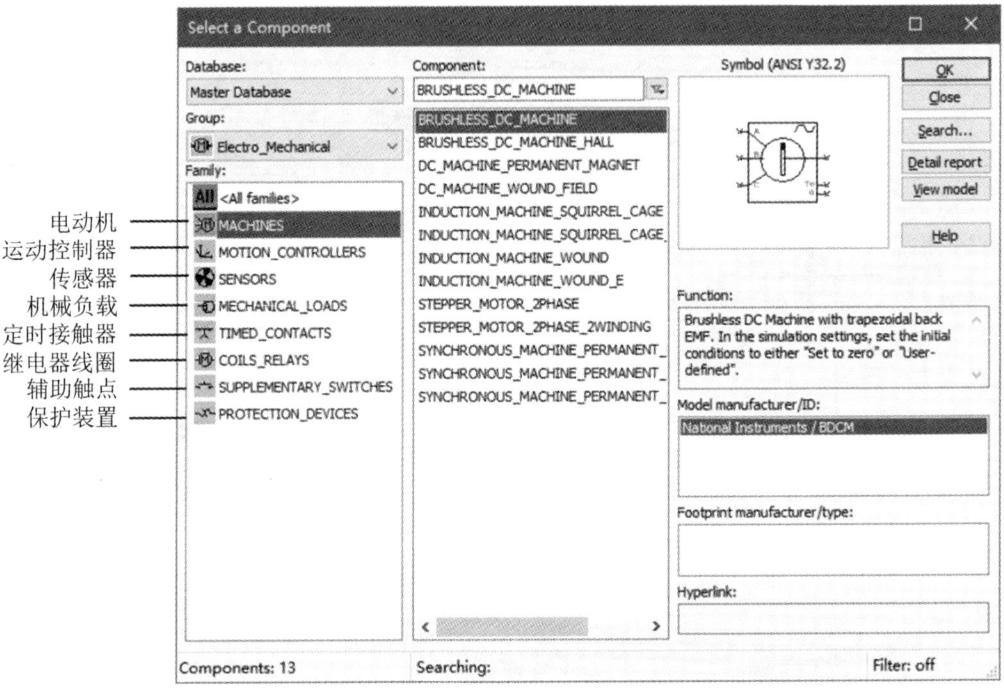

图 4.23　机电类元器件库

⑯ NI 元器件库(NI_Components)存放了 NI 公司自己开发的元器件,既有虚拟器件,也有对应的实际器件,如图 4.24 所示。

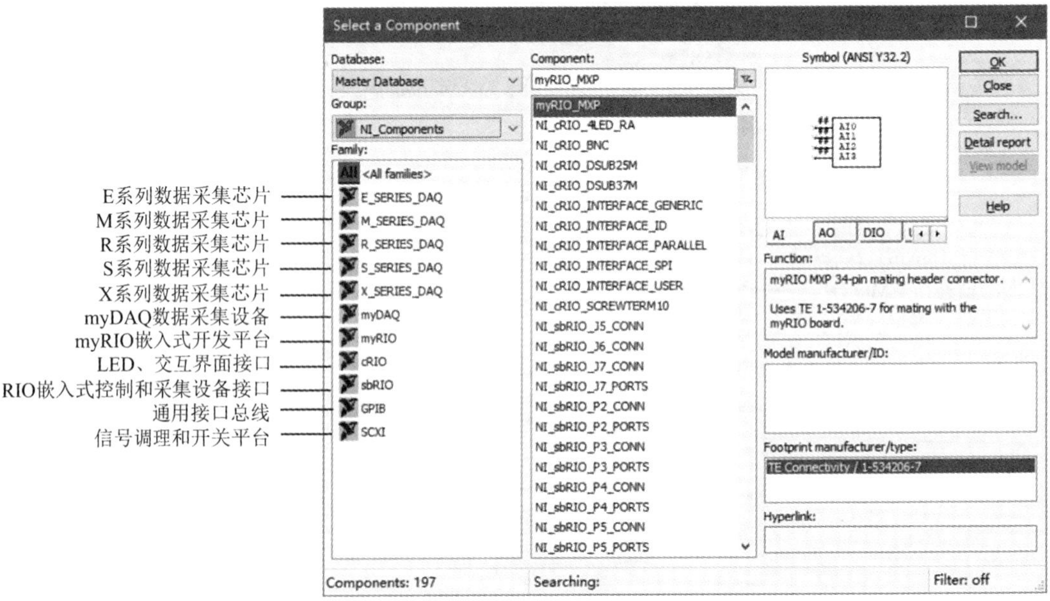

图 4.24　NI 元器件库

⑰ 接口元器件库(Connectors)的界面如图 4.25 所示。

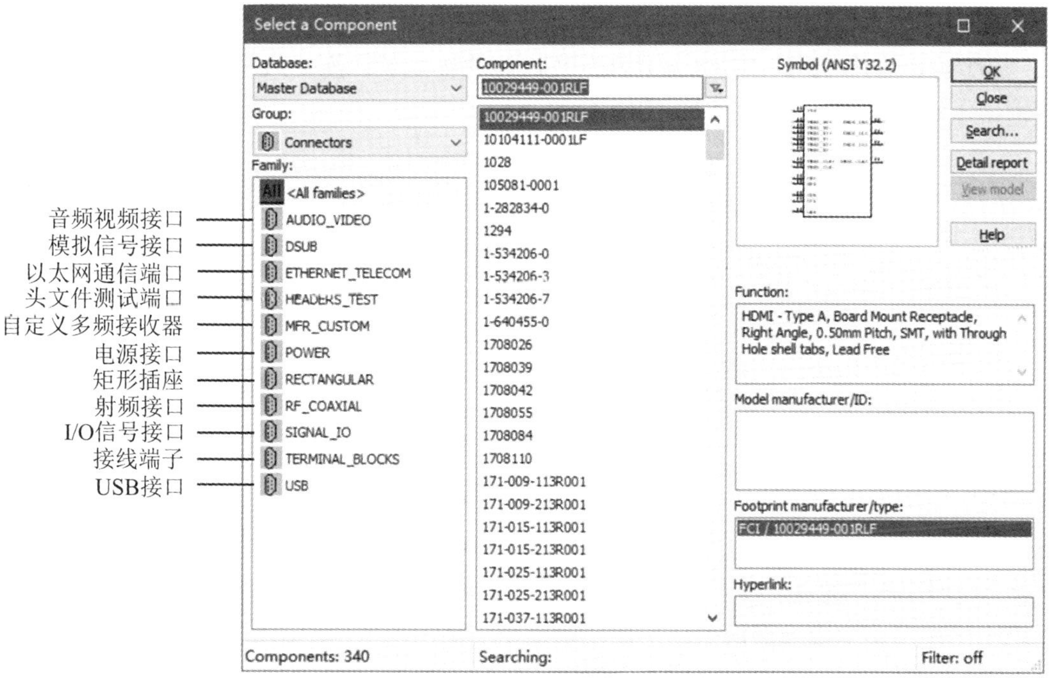

图 4.25　接口元器件库

⑱ 微处理器库(MCU)按系列分类，如图 4.26 所示。

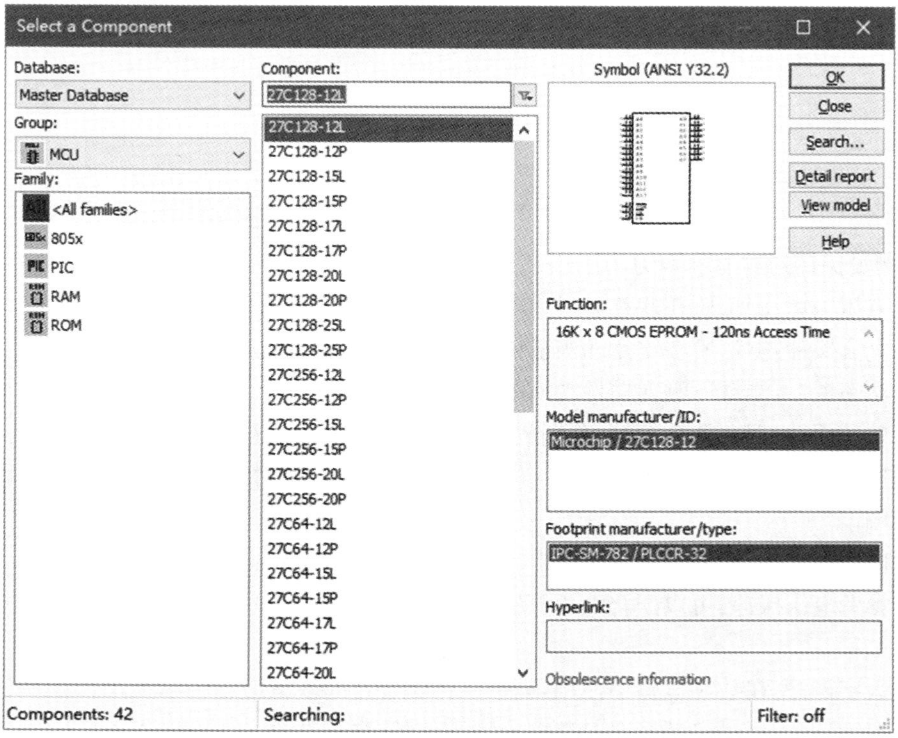

图 4.26　微处理器库

⑲ 放置层次模块、放置总线（）。点击放置层次模块按钮可以选择并设置层次模块子电路。点击放置总线按钮可以放置总线。

（5）仿真工具栏提供了控制仿真和分析电路的快捷工具按钮，如图 4.27 所示，从左到右依次为运行、暂停、停止和交互式仿真分析。

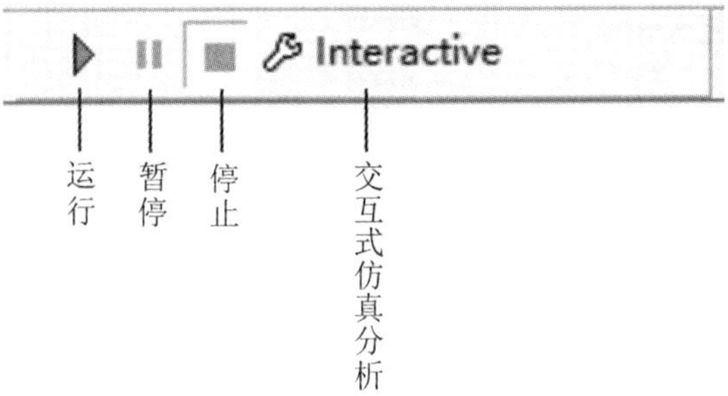

图 4.27　仿真工具栏

（6）探针工具栏为用户提供了 7 种测量探针，如图 4.28 所示。测量探针可以方便快捷地测量电路中各点的电压、电流、功率和频率。其中，电压、电流和数字探针要放置在导线上，功率探针要放置在元器件上。

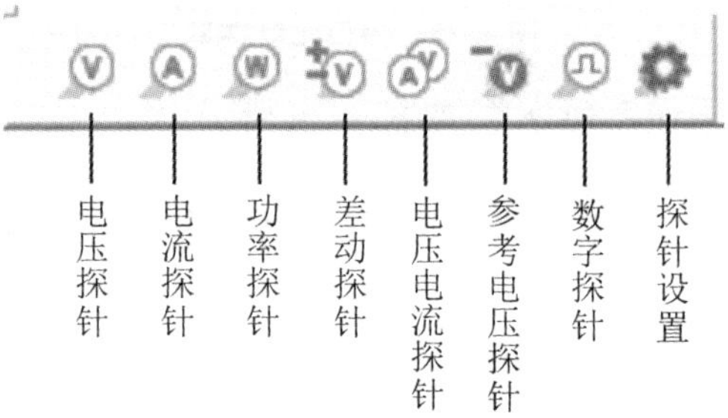

图 4.28　探针工具栏

各测量探针的功能分别为：

① 电压探针：测量所在测量点对地电压的当前值、峰峰值、有效值、直流分量和频率。

② 电流探针：测量所在支路的当前值、峰峰值、有效值、直流分量和频率。

③ 功率探针：测量所测元器件功率的当前值、平均值。

④ 差动探针：拥有两个探针，分别放置在某个元器件或电路的两端，测量所在元器件或电路电压的当前值、峰峰值、有效值、直流分量和频率。但两个探针必须同时接到电路上，否则无法工作。

⑤ 电压电流探针：同时实现单个电压探针、单个电流探针的功能。

⑥ 参考电压探针：可以配合电压探针使用，实现差动探针功能，但比差动探针使用起来更灵活。

⑦ 数字探针：在数字电路中使用，测量所在测量点的逻辑值和频率。

⑧ 探针设置：可以打开设置对话框，对所有探针进行设置。

（7）仪器工具栏。Multisim 14.0 仪器工具栏提供了 21 种对电路工作状态进行测试的仪器、仪表和探针。在仪器库中，除了为用户提供实验室常用仪器仪表外，还提供有一类比较特殊的虚拟仪器——NI ELVISmx 仪器，该仪器包含 8 种实验室常用仪器，与 NI 公司的硬件——myDAQ 结合使用，可以通过 myDAQ 实现用 NI ELVISmx 仪器测量实际的硬件电路。

这里，仅介绍本课程模电实验使用到的万用表、函数信号发生器双通道示波器、波特图仪等仪器，如图 4.29 所示。

图 4.29　仪器工具栏

① 万用表(Multimeter)：Multisim 14.0 在指示器件库中提供了电压表(Voltmeter)和电流表(Ammeter)，可以测量交直流电压和电流，其中电压表并联、电流表串联。Multisim 14.0 在仪器工具栏中也提供了万用表，其操作与实际万用表接近，可以测量直流和交流的电流(A)、电压(V)、电阻(Ω)和分贝值(dB)。

万用表的选用和使用步骤如下：

步骤 1　调用万用表。

单击仪器工具栏中的数字万用表图标，选中万用表，将鼠标移至电路工作区的相应位置，单击鼠标放置万用表。此时在电路工作区对应位置可以看到图 4.30(a)所示的万用表图标。双击万用表图标，弹出如图 4.30(b)所示的操作面板。在万用表面板上进行设置，并读取测量数据。

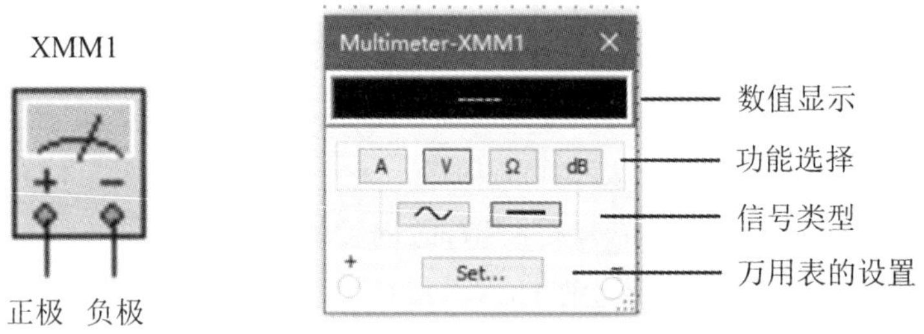

(a) 图标　　(b) 操作面板

图 4.30　万用表的图标和操作面板

步骤 2　选择功能。

万用表面板上有 4 个功能选择键，具体功能如下：

A(电流挡)测量电路某支路电流。测量时，万用表串联在待测支路中。万用表选择电流挡时内阻很小(1 nΩ)。

V(电压挡)测量电路两节点间的电压。测量时，万用表与两节点并联。万用表选择电压挡时内阻很大(1 GΩ)。

Ω(欧姆挡)测量电路两节点间的电阻。

dB(电压耗损分贝挡)测量电路中两个节点间压降比值的分贝值。在这里，$U_o < U_i$，表现为电压损耗。测量时，万用表与两节点并联。电压耗损分贝值的计算公式为

$$dB = 20\lg\left|\frac{U_o}{U_i}\right|$$

式中，dB 是以 dB 为单位的比值大小，U_o 和 U_i 分别为输出电压和输入电压。默认计算分贝值的标准电压是 1 V，可以在设置面板中修改。

步骤 3　选择信号类型。

单击  按钮，测量交流电压或电流的有效值。

单击  按钮，测量直流电压或电流的大小。

步骤 4　万用表设置。

在 Multisim 14.0 软件中，可以通过设置虚拟万用表的内阻等项目来模拟实际万用表。

点击万用表面板上的“Set”按钮，弹出万用表设置对话框，如图 4.31 所示，设置相应参数。设置完成后，单击“OK”按钮保存本次设置，单击“Cancel”按钮取消本次设置。

② 函数发生器(Function Generator)：Multisim 14.0 提供的函数发生器可以产生正弦波、三角波、矩形波，信号频率调节范围为 1 Hz～999 MHz。信号幅值、占空比等参数也可进行调节。

函数发生器的图标和操作面板如图 4.32 所示。函数发生器有 3 个接线端：正极、公共端、负极。

函数发生器的选用和使用步骤如下：

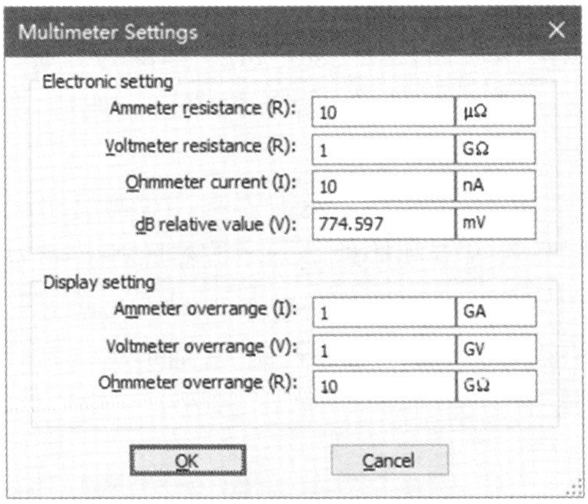

图 4.31 万用表参数设置对话框

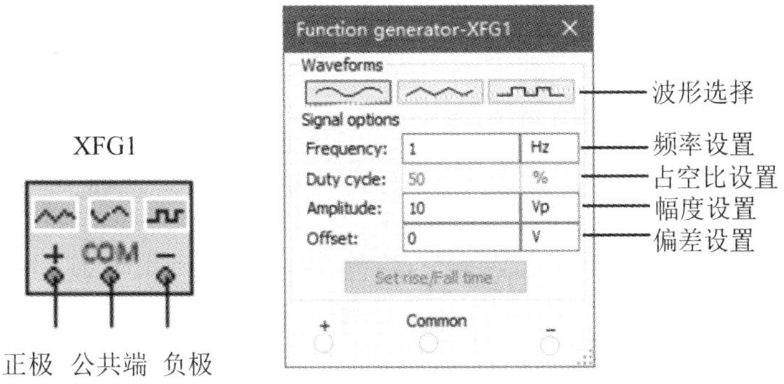

(a) 图标　　(b) 操作面板

图 4.32 函数发生器的图标和操作面板

步骤 1 调用函数发生器。

单击仪器工具栏中的函数发生器图标，选中函数发生器，将鼠标移至电路工作区的相应位置，单击鼠标放置函数发生器。此时在电路工作区对应位置可以看到如图 4.32(a)所示的函数发生器图标。双击函数发生器图标，弹出如图 4.32(b)所示的函数发生器面板。在函数发生器面板上，进行信号波形设置。

步骤 2 选择波形。

单击如图 4.32(b)所示的函数发生器面板上的  波形按钮，输出波形依次为正弦波、三角波、矩形波。

步骤 3 选择信号参数。

频率(Frequency)：设置输出信号的频率，设置范围 1 Hz～999 MHz。

占空比(Duty Cycle)：设置输出信号的占空比，设置范围 1%～99%。该设置仅对三角波和矩形波有效，对正弦波无效。

振幅(Amplitude)：设置输出信号的幅度，设置范围 0.001 pV～1000 TV。

偏差(Offset)：设置输出信号中直流成分的大小，设置范围－999～999 kV。默认设置为 0，即输出电压不叠加直流成分。

此外，选择矩形波时可以设置上升/下降时间。点击图 4.32(b)中的“Set rise/Fall

time”按钮，弹出“Set rise/Fall time”对话框，设置上升/下降时间。

③ 双通道示波器(Oscilloscope)：Multisim 14.0 提供的双通道示波器与实验室实际示波器外观和操作接近，该示波器可以观察一路或两路信号波形，测量并分析被测信号的频率、峰峰值等参数。

示波器的图标和面板如图 4.33 所示。示波器有 3 对接线端：A 通道输入端和接地端、B 通道输入端和接地端、外触发输入端和接地端。示波器面板上部为示波器屏幕；下部为示波器设置区，分为时间基准(Time Base)、通道 A(Channel A)、通道 B(Channel B)、触发(Trigger)4 个区域，分别对应示波器水平方向参数控制、A 通道垂直方向参数控制、B 通道垂直方向参数控制和触发方式控制。

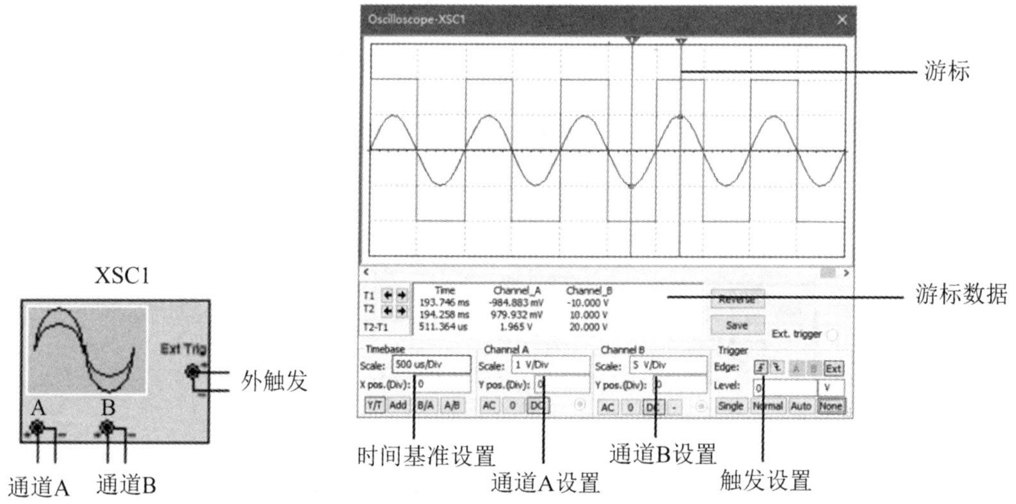

(a) 图标　　(b) 操作面板

图 4.33　双通道示波器的图标和操作面板

双通道示波器的选用和使用步骤如下：

步骤 1　调用示波器。

单击仪器工具栏双通道示波器图标，选中双通道示波器，将鼠标移至电路工作区的相应位置，单击鼠标放置双通道示波器。

步骤 2　设置时间基准(Time Base)。

量程(Scale)：设置显示波形时的 X 轴时间基准，对应示波器屏幕上水平方向每一格对应的时间量，改变其参数可将波形水平方向展宽或压缩。X 轴时间基准范围为 1 ps/DIV～100 Ts/DIV。

X 轴位置(X Position)：设置 X 轴的起始位置。

显示方式：共 4 种。Y/T 方式是 X 轴对应被测信号的时间值，Y 轴对应被测信号的电压值；Add 方式是 X 轴对应时间值，Y 轴显示 A 通道信号和 B 通道信号的电压之和；在 A/B 或 B/A 方式下，X 轴和 Y 轴都显示电压值，常用于测量电路传输特性和李沙育图形。

步骤 3　设置通道 A(Channel A)。

量程(Scale)：设置通道 A 的 Y 轴电压刻度，对应通道 A 信号在示波器屏幕上垂直方向每格对应的电压值。Y 轴电压刻度设置范围为 10 pV/DIV～1000 TV/DIV。

Y 轴位置(Y Position)：设置 Y 轴的时基线位置。Y 轴位置为 0 表示 Y 轴时基线位于示波器屏幕的中线位置，Y 轴位置为正值表示 Y 轴时基线位置向上移，反之向下移。

输入耦合方式：共 3 种。AC(交流耦合)仅显示信号的交流分量；0(接地耦合)在 Y 轴设置原点处显示一条直线；DC(直流耦合)显示信号的交流分量和直流分量之和。

步骤 4　设置通道 B(Channel B)。

通道 B 的设置同通道 A。

步骤 5　设置触发(Trigger)。

边沿(Edge)：设置触发源信号为信道 A 或信号 B 或外触发；触发方式为上升沿触发或下降沿触发。

电平(Level)：设置触发电平。

触发类型：Single 为单脉冲触发；Normal 为一般脉冲触发；Auto 为自动触发；None 表示取消触发设置。

以上为示波器的设置，在设置示波器后，点击仿真工具栏的运行按钮对电路仿真，最后在示波器屏幕上可以看到信号波形。

步骤 6　波形颜色。

示波器两个通道的波形颜色默认为红色，可以通过修改连接到对应通道正输入端的导线颜色来修改示波器屏幕上信号波形的颜色。具体操作为：双击连接到示波器正输入端的导线，弹出“net properties”对话框，点击“net color”，为该导线(信号)选择颜色。具体操作在 4.4 节中有详细的说明。

步骤 7　数据测量。

当示波器显示波形后，可使用示波器屏幕左侧的游标 1 和游标 2 对波形进行测量。手动拖动游标至合适位置，屏幕下方游标数据区显示游标数据。其数据分为 3 行 3 列，其中 3 列分别对应时间值、通道 A 电压值和通道 B 电压值；3 行的 T1 为游标 1 所对应的数值，T2 为游标 2 所对应的数值，T2－T1 为游标 2 和游标 1 对应数值之差。通过 T1 和 T2 右侧的箭头可以对游标位置进行微调。

④ 波特图仪(Bode Plotter)：也称为扫频仪，可以方便地显示、测量、分析电路的频率特性。波特图仪的图标和操作面板如图 4.34 所示。

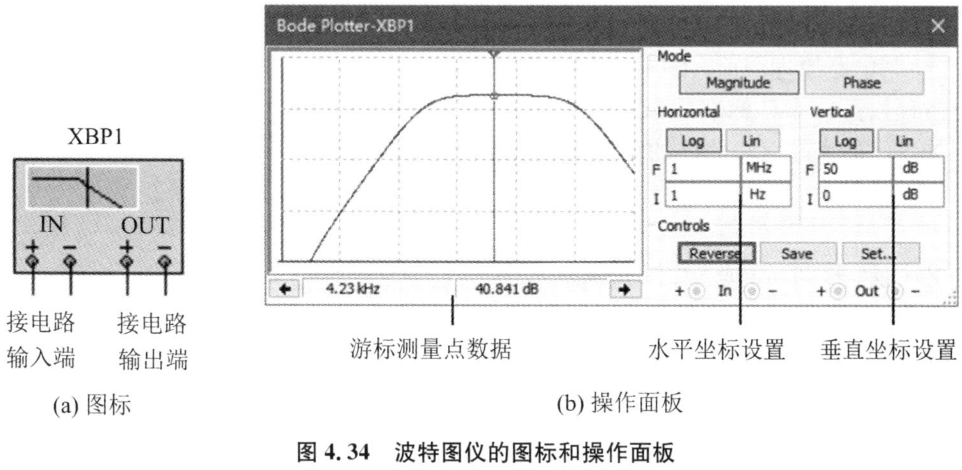

图 4.34　波特图仪的图标和操作面板

波特图仪的图标有“IN”和“OUT”两对接线端口，其中“IN”端口的“＋”和“－”分别接电路输入端的正端和负端；“OUT”端口的“＋”和“－”分别接电路输出端的正端和负端。使用波特图仪测量时，电路的输入信号必须接交流信号。

波特图仪的选用和使用步骤如下：

步骤 1 调用波特图仪。

波特图仪的调用同前，单击仪器工具栏中的波特图仪图标，选中波特图仪，将鼠标移至电路工作区的相应位置，单击鼠标放置波特图仪。

步骤 2 设置模式。

波特图仪面板上有幅值（Magnitude）和相位（Phase）两个模式选择按钮。单击“Magnitude”按钮，波特图仪将显示电路幅频特性；单击“Phase”按钮，波特图仪将显示电路相频特性。

步骤 3 设置坐标。

在水平坐标和垂直坐标设置区域，点击“Log”按钮，坐标以对数形式显示；点击“Lin”按钮，坐标以线性形式显示。在显示相频特性时，纵坐标只能选择线性坐标。F 栏可设置坐标终止值，I 栏可设置坐标起始值。

步骤 4 数据测量。

当波特图仪显示频率特性后，可使用示波器屏幕左侧的游标测量数据。手动拖动游标至合适位置，屏幕下方区域显示游标对应测量点的坐标数据。

4.3 Multisim 14.0 的基本操作方法

4.3.1 建立新电路图

启动 Multisim 14.0 后程序将自动建立一个名为 Design1 的空白电路文件，如图 4.35 所示。用户也可以选择菜单“File”下的“New”选项，弹出对话框后选择“Blank”新建一个空白电路文件，还可以直接单击标准工具栏中的“New”按钮新建一个空白电路文件。

在绘制电路原理图前，用户可打开“Options”菜单下的“Global Preferences”窗口，修改元器件符号标准，默认标准为 ANSI；也可以打开“Options”菜单下的“Sheet Properties”窗口，根据自己的喜好设置软件的基本界面，如图纸尺寸、颜色等。本书未做修改，均使用默认值。

4.3.2 元器件的操作与调整

1. 元器件的选取

元器件可以在元件工具栏中选取，也可选择“Place”菜单下的“Component”命令打开元器件选择对话框，如图 4.36 所示。

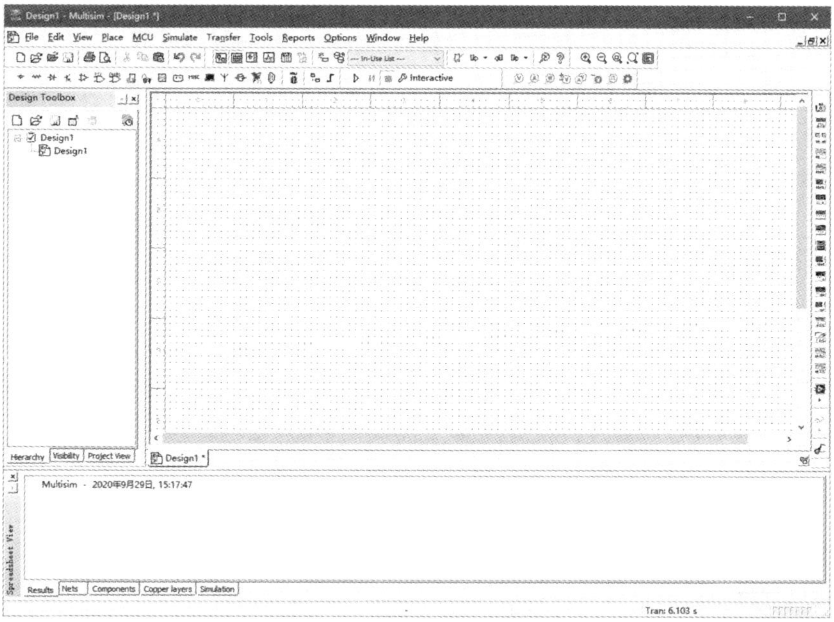

图 **4.35**　创建电路文件

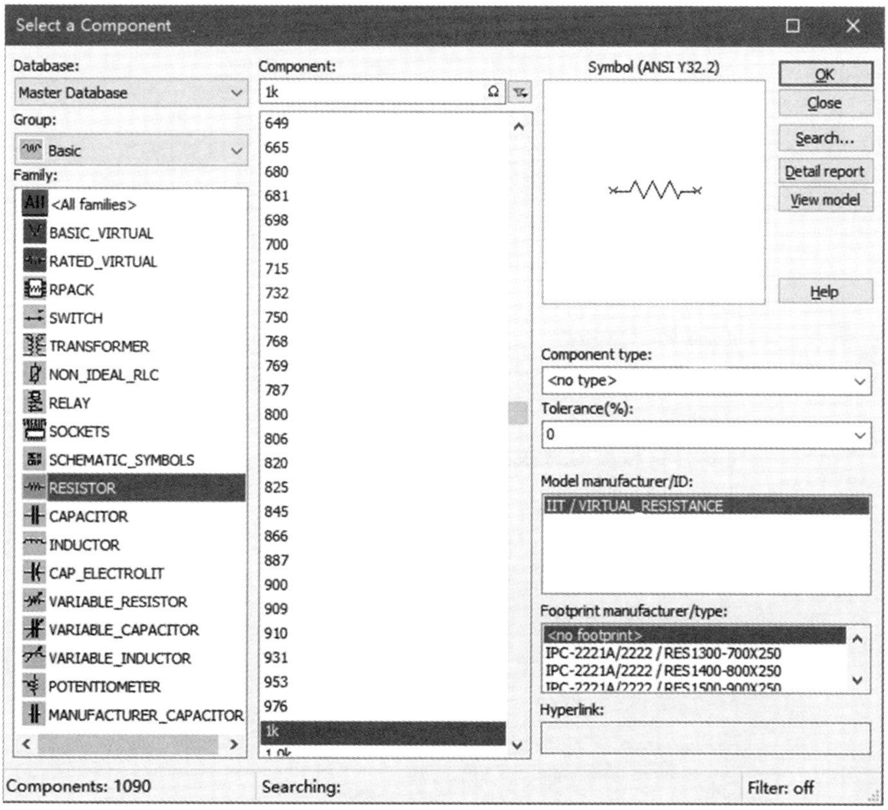

图 **4.36**　元器件选择对话框

元器件分为 18 个分类库(Group)，各分类库下又分系列(Family)，各系列的元器件在元件栏(Component)内显示。选中相应的元件，元件符号将在右边的符号(Symbol)窗内显示。

单击右侧“Detail Report”按钮，显示元器件的详细信息；单击“View Model”按钮，显示元器件的模型数据；单击“OK”按钮，选择当前元器件；单击“Close”按钮，取消放置元器件；单击“Search”按钮，弹出查找元器件对话框，如果仅知道元器件部分名称不知道全名（用 * 代替未知部分）或不知道其分类，可以使用此方法查找元器件。

选择和放置元器件时，选择元器件，点击选择元器件界面“OK”按钮；选择元器件界面关闭后，鼠标移至电路工作区后鼠标箭头上方出现需要放置的元器件图标，表明此时元器件准备被放置。这时，单击鼠标，则可将元器件放置于电路工作区内。

2. 元器件的移动

如果要移动某一元器件至电路工作区的指定位置，只需选中元器件（单击元器件）按住鼠标左键拖动该器件至指定位置。如果只是微移某一元器件，可选中元器件后使用键盘的箭头键进行位置调整。

如果要移动多个元器件，首先选中多个元器件（在工作区拖曳鼠标画一个矩形框，矩形框范围内元器件将都被选中），然后按住鼠标左键拖动其中任一元器件，则所有选中元器件将会一起移动。

3. 元器件的旋转

有时为了电路布局的合理，需调整元器件的放置角度。此时，对准元器件单击鼠标右键，弹出菜单，菜单中有相应的选项，如图 4.37 所示。其中有水平翻转（Flip horizontal）、垂直翻转（Flip vertically）、顺时针旋转 90°（Rotate 90° clockwise）、逆时针旋转 90°（Rotate 90° counter clockwise）等选项。

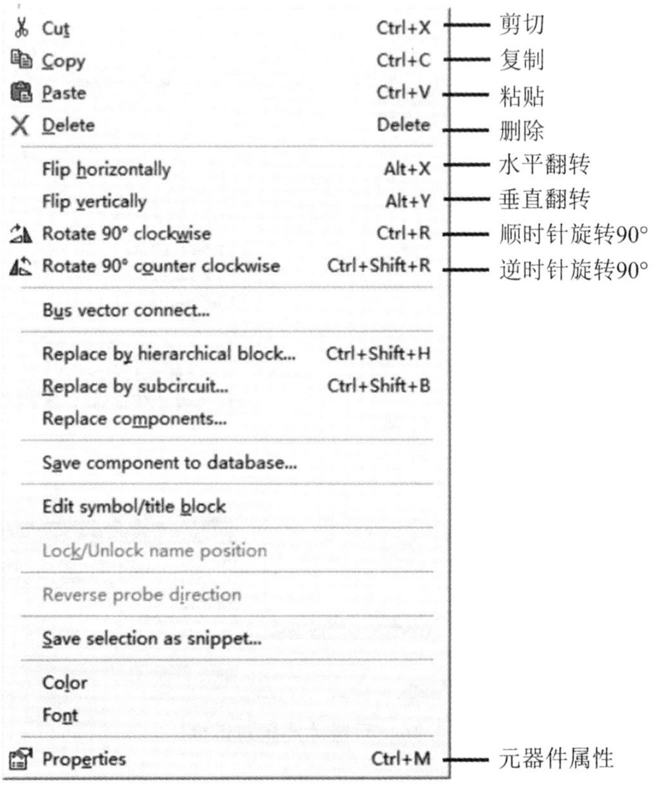

图 4.37 元器件鼠标右键菜单

4. 元器件的复制和粘贴

元器件的复制/粘贴有 4 种方法，具体如下：

(1) 选中待复制元器件后，先在 Edit 菜单下点击“Copy”选项，然后在 Edit 菜单下点击“Paste”。

(2) 选中待复制元器件后，在标准工具栏下点击“复制”按钮，然后在标准工具栏下点击“粘贴”按钮。

(3) 右键单击待复制元器件，在弹出菜单中选择复制和粘贴命令，如图 4.37 所示。

(4) 选中待复制元器件后，在键盘上同时按下“Ctrl＋C”键复制元器件，然后同时按下“Ctrl＋V”按键粘贴元器件。

5. 元器件的删除

元器件的删除有 3 种方法，具体如下：

(1) 选中待删除元器件后，在 Edit 菜单下点击“Delete”按键删除元器件。

(2) 右键单击待删除元器件，在弹出菜单中选择“Delete”按键命令，如图 4.37 所示。

(3) 选中待删除元器件后，在键盘上按下“Delete”键，删除元器件。

6. 元器件的参数设置

(1) 调出元器件属性对话框。如果要修改元器件参数，需调出元器件属性对话框。调出元器件属性对话框有 3 种方法，具体如下：

① 双击元器件，调出元器件属性对话框。

② 选中元器件后，在 Edit 菜单下点击“Properties”按钮，调出元器件属性对话框。

③ 右键单击元器件，在弹出菜单中选择“Properties”按钮，调出元器件属性对话框。

(2) 元器件的设置：元器件属性对话框共有多页选项卡。这里我们以电阻为例介绍一下“Label”页、“Display”页、“Value”页和“Fault”页。

电阻元器件属性“Label”页如图 4.38 所示，在“Label”页可以修改元器件编号(RefDes)和标识(Label)。标识是用户赋予元器件识别的标记，如 R_c、R_1 等；编号是由软件自动给出的，用户也可以根据需求修改。

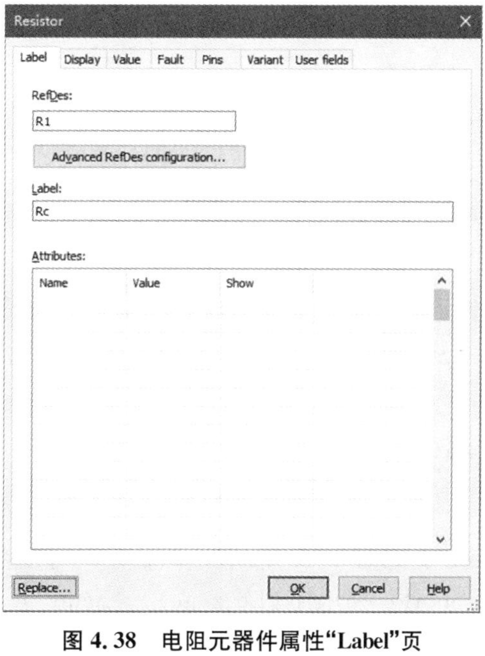

图 4.38　电阻元器件属性“Label”页

电阻元器件属性“Display”页如图 4.39 所示，在“Display”页可以设定元器件显示参数。有时，为了避免编号和标识同时显示而相互冲突，可以定义只显示标识(Show Labels)，而不显示编号(Show RefDes)。

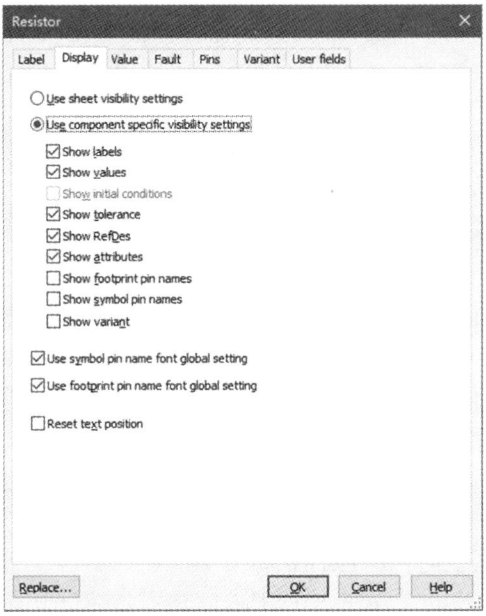

图 4.39　电阻元器件属性“Display”页

电阻元器件属性“Value”页如图 4.40 所示，在“Value”页可以修改元器件标称值等信息。

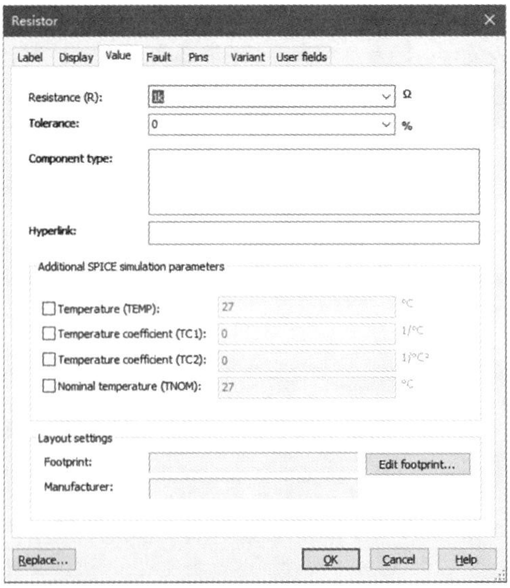

图 4.40　电阻元器件属性“Value”页

电阻元器件属性“Fault”页如图 4.41 所示，电路仿真时可以在元器件上人为设置故障点，如开路(Open)、短路(Short)、漏电阻(Leakage)。“Fault”页的默认设置为没有故障(None)。

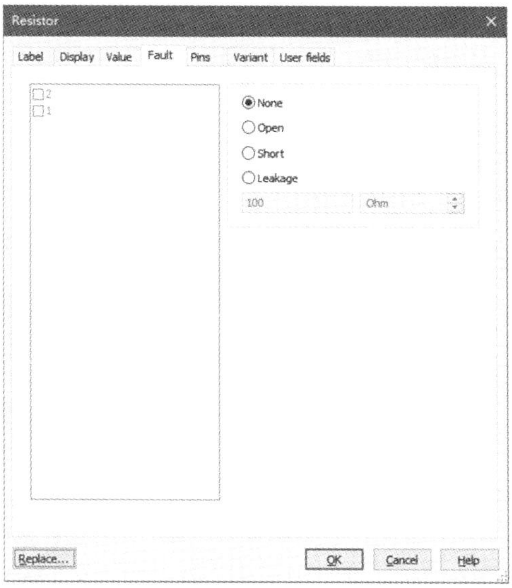

图 4.41　电阻元器件属性“Fault”页

电阻元器件属性还包含“Pins”页、“Variant”页和“User Fields”页，这些设置页主要设置引脚相关信息、元器件变量状态和用户增加内容。这些设置页不常用，这里不再详细介绍。

电阻元器件属性左下角有“Replace”按钮，其功能是弹出元器件选择窗口，并在其中找出其他元器件替换当前元器件。

4.3.3　元器件的连接

1. 导线的连接

将鼠标指向要连接的元器件端点时，鼠标变为中间为一圆点的十字光标；此时单击鼠标左键，可引出导线；将鼠标指向目的元器件端点时，该端点变为红色圆点，再次单击鼠标左键，即完成元器件的连接。

2. 导线的删除

导线的删除有 3 种方法，具体如下：

(1) 选中待删除导线后，在 Edit 菜单下点击“Delete”按钮删除导线。

(2) 右键单击待删除导线，在弹出菜单中选择“Delete”按钮命令。

(3) 选中待删除导线后，在键盘上按下“Delete”按键，删除导线。

3. 修改导线的颜色

Multisim 14.0 中导线的颜色默认设置为红色，其颜色是可以修改的。

如果要修改所有导线的颜色，可以右键单击空白工作区，选择属性(Properties)打开页面属性设置对话框(Sheet Properties)；也可以在“Options”菜单下，单击“Sheet Properties”选项，打开页面属性设置对话框，如图 4.42(a)所示。在对话框的颜色(Colors)页中，单击导线(Wire)对应的颜色，可以修改所有导线的颜色，如图 4.42(b)所示。

在某些时刻，比如示波器输入端的导线颜色影响示波器屏幕波形颜色，此时仅需修改单一

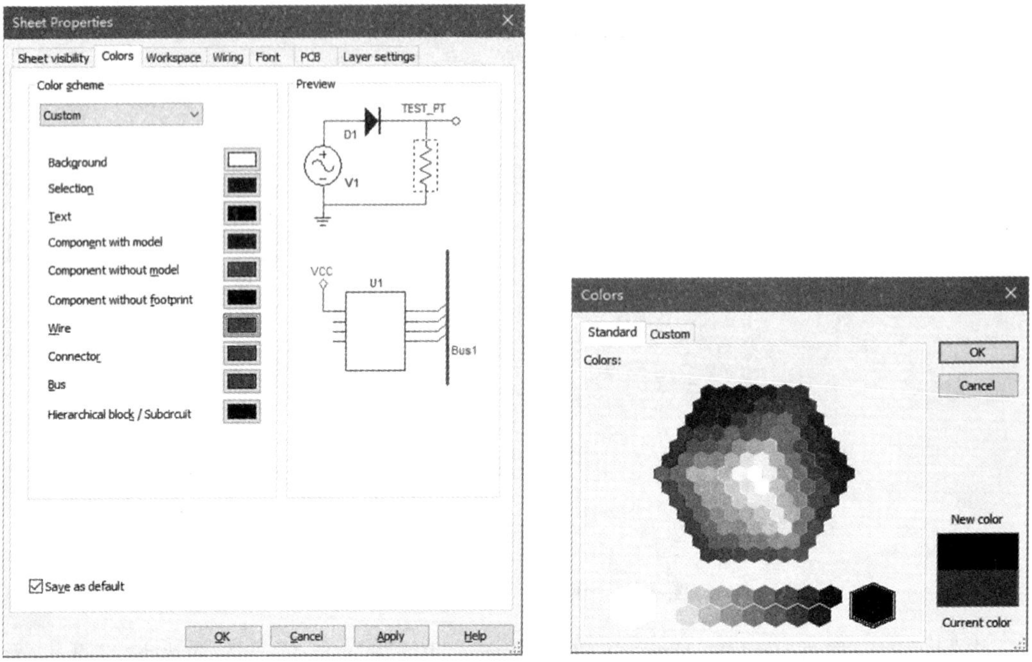

(a) 页面属性设置对话框　　　　(b) 颜色设置对话框

图 4.42　所有导线颜色设置

导线的颜色，可以打开网络节点设置属性对话框(Net Properties)，修改颜色设置，如图 4.43 所示。建议在“Preferred net name”文本框中加入网点名称，“Show net name”前打“√”。

图 4.43　单一导线颜色设置

打开网络节点设置属性对话框的方法有以下几种：

(1) 双击导线，调出网络节点设置属性对话框。

(2) 选中导线后，在 Edit 菜单下点击"Properties"按钮，调出网络节点设置属性对话框。

(3) 右键单击导线，在弹出菜单中选择"Properties"按钮，调出网络节点设置属性对话框。

4. 在导线上插入元器件

若要在两个元器件中间的导线上插入元器件，只需将元器件直接拖曳到待插入的位置，然后释放，即可插入元器件。

4.3.4 添加连接点

连接点是一个实心小圆点，一个连接点最多可以连接来自四个方向的导线。常见的使用有：输入、输出端的引出，使相互交叉的导线连通等。如图 4.44 所示。

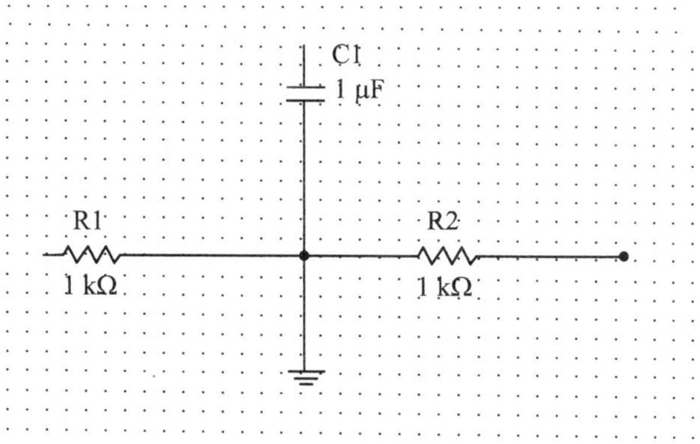

图 4.44　连接点的使用

连接点的放置有 3 种方法：第一种方法在放置(Place)菜单下选择连接点(Junction)，即可将连接点放置到电路工作区中待放置位置；第二种方法在工作区空白处单击鼠标右键，在弹出的菜单中选择"place on schematic"下的"Junction"；第三种方法在工作区空白处双击鼠标左键，即可放置连接点。

4.3.5 仪表的使用

Multisim 14.0 的工具栏提供了 21 种对电路工作状态进行测试的仪器、仪表和探针。在 4.2 节中，已对本课程模电实验使用到的万用表、函数信号发生器、示波器、波特图仪做了详细的介绍。

1. 仪表的调用

测试仪表的调用方法是单击仪表工具栏内选择所需调用仪表，再将鼠标移至电路工作区相应位置，单击图标放置所需调用仪表。将仪表的信号端和接地端分别与电路中的测试端和接地端连接。

2. 仪表的参数设置与数据读取

双击电路工作区内的仪表图标，将弹出仪表面板，在仪表面板调整参数即可。

示波器、万用表等仪表数据的读取，需按下电路仿真按钮后，在仪表面板上观测波形或数据。对于探针类仪表，将其直接放置在适当的导线处，对电路进行仿真，即可观察到测量数据。

4.3.6 文本描述

电路工作区内文本描述有三个部分：标题栏、文本和注释。

标题栏中包括电路的主要信息，如电路图的名称、描述、设计者、设计日期等；文本主要对电路原理或关键信息进行描述；注释是对电路的特别标注。

1. 添加标题栏

在“Place”菜单下，选择“Title Block”选项，出现打开模板对应文件的窗口，此时可以看到 Multisim 14.0 自带 10 个标题栏模板供用户选择。每个标题栏模板格式不同，所显示的内容也有所不同。图 4.45 为打开标题栏模板文件“DefaultV6”后添加的标题栏。

Title：单管共射放大电路		
Designed by：	Document N：	Revision：
Checked by：	Date：　2020/10/2	Size：A
Approved by：	Sheet　1　of　1	

图 4.45　标题栏

若要修改标题栏模板格式，可以通过右键选择“Edit symbol”选项，弹出“Title block Editor”窗口，在此修改模板格式。若要修改标题栏内容，双击标题栏，弹出“Title block”对话框，如图 4.46 所示，在对应项修改内容即可。

标题栏在电路工作区的位置可以任意拖曳。

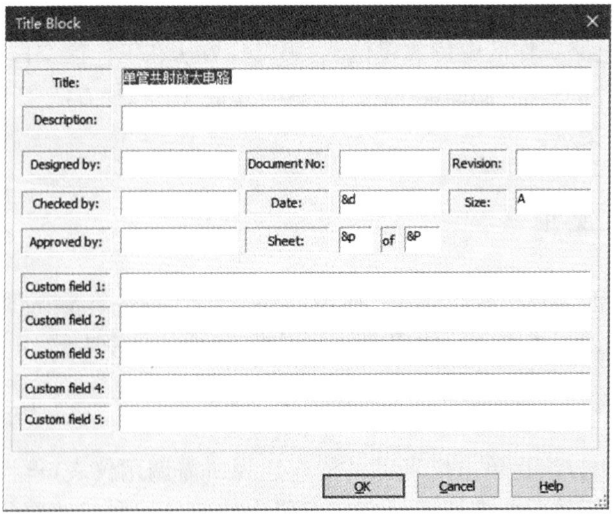

图 4.46　标题栏“Title block”对话框

2. 添加文本

Multisim 14.0 在电路工作区添加文本的方法有 2 种：第一种方法是在“Place”菜单下，

选择“Text”选项,点击电路工作区需添加文本处,输入文本即可;第二种方法是用鼠标右键点击电路工作区的空白处,弹出菜单,选择“Place Graphic”选项,并在其子菜单中选择“Text”选项,点击电路工作区需添加文本处,输入文本。

3. 添加注释

Multisim 14.0 在电路工作区添加注释的方法有 2 种:第一种方法是在“Place”菜单下,选择“Comment”选项,鼠标变为图钉状,单击将其放置适当位置;第二种方法是用鼠标右键点击电路工作区的空白处,弹出菜单,选择“Place Comment”选项,也可添加注释。

编辑完成注释后,注释将自动隐藏。如果将鼠标移动至注释图标,则注释显示。

4.3.7　电路仿真

电路绘制完成并保存后,点击仿真工具栏(图 4.27)中的“运行”按钮对电路进行仿真,点击“停止”按钮停止仿真。如果想使仿真过程暂停,可以点击“暂停”按钮暂停仿真。

4.4　模拟电路仿真实验范例

本节通过举例说明模拟电路仿真实验的一般步骤。

4.4.1　单管共射放大电路仿真实验

本例是阻容耦合单管共射放大电路的仿真实验,要求完成如图 4.47 所示的阻容耦合单管共射放大电路的电路绘制与测量,并调整其静态工作点使得 $I_{CQ}=2$ mA,从而测量该电路空载电压放大倍数。文件名称为 19064000。

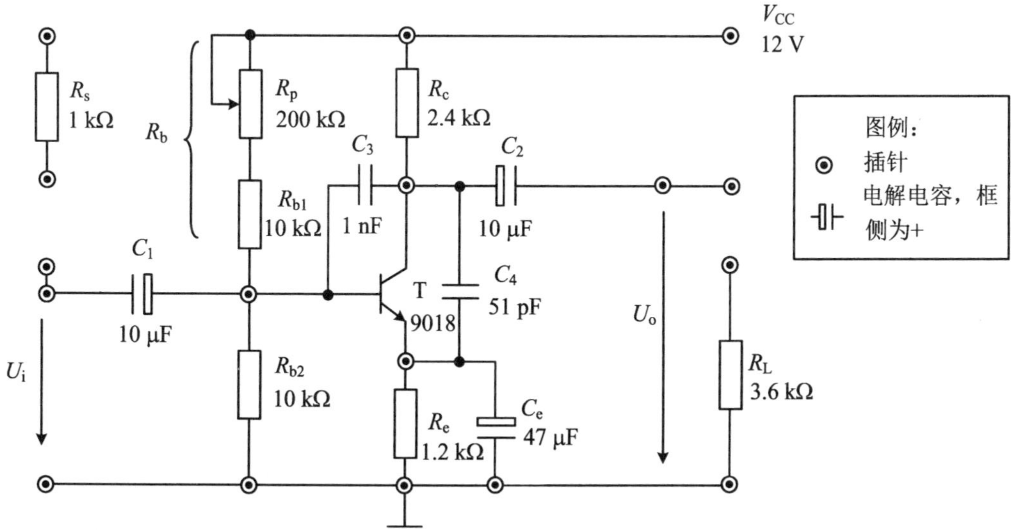

图 4.47　阻容耦合单管共射放大电路

1. 创建新原理图

(1) 打开 Multisim 14.0。

① 单击"开始"→National Instruments 下的 NI Multisim 14.0。

② 双击桌面上的 NI Multisim 14.0 应用程序的快捷方式图标。

(2) 更改电路名称。

启动 Multisim 14.0 后,程序将自动建立一个名为 Design1 的空白电路文件,用户可以重新命名。点击"File"菜单下的"Save as"选项,如图 4.48 所示,打开"Save as"对话框,这里我们命名电路图文件名为 19064000,如图 4.49 所示。

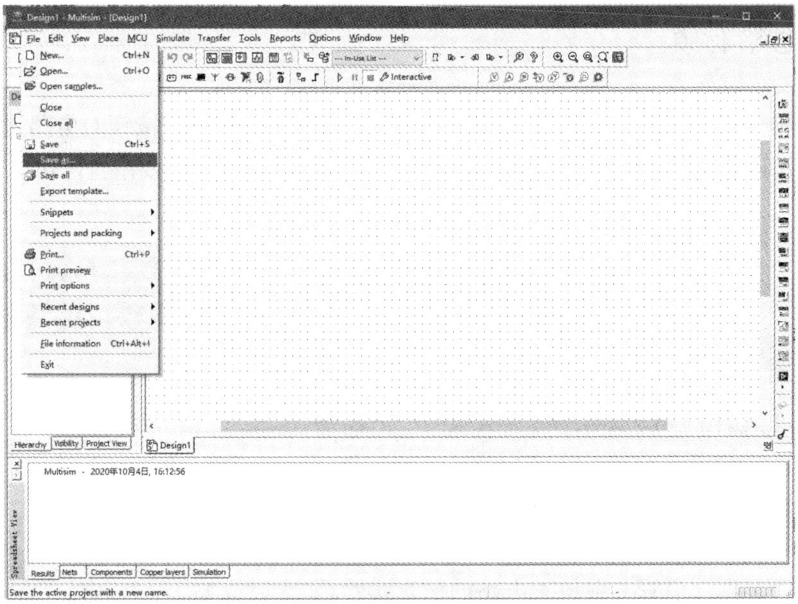

图 4.48 "File"菜单下的"Save as"选项

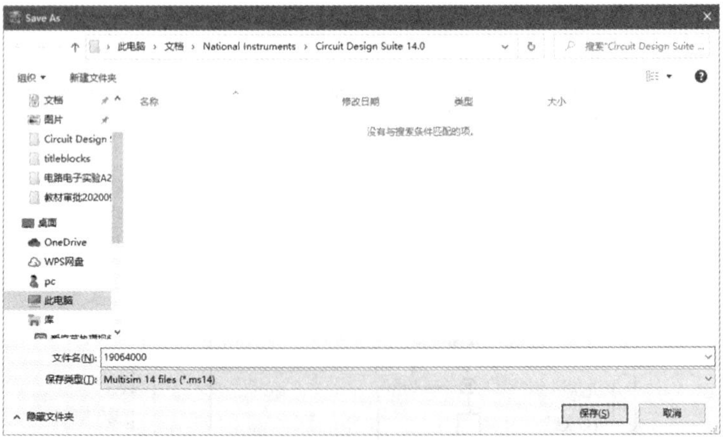

图 4.49 "Save as"对话框

2. 元器件的选取及设置

元器件可以在元件工具栏中选取,也可选择"Place"菜单下的"Component"选项打开元器件选择对话框。这里直接在元件工具栏中选取。

(1) 虚拟晶体管的选取及设置。

本实验实际使用的晶体管是 S9018H,但在 Multisim 14.0 的晶体管库内没有 S9018H,这里我们使用虚拟晶体管进行仿真实验。

点击元件工具栏的晶体管库图标,打开选择元器件窗口。在选择元器件窗口中(此时 Group 为 Transistors)选择虚拟晶体管系列下(Family 选择 TRANSISTORS_VIRTUAL)的 BJT_NPN 型晶体管(Component 选择 BJT_NPN),如图 4.50 所示。

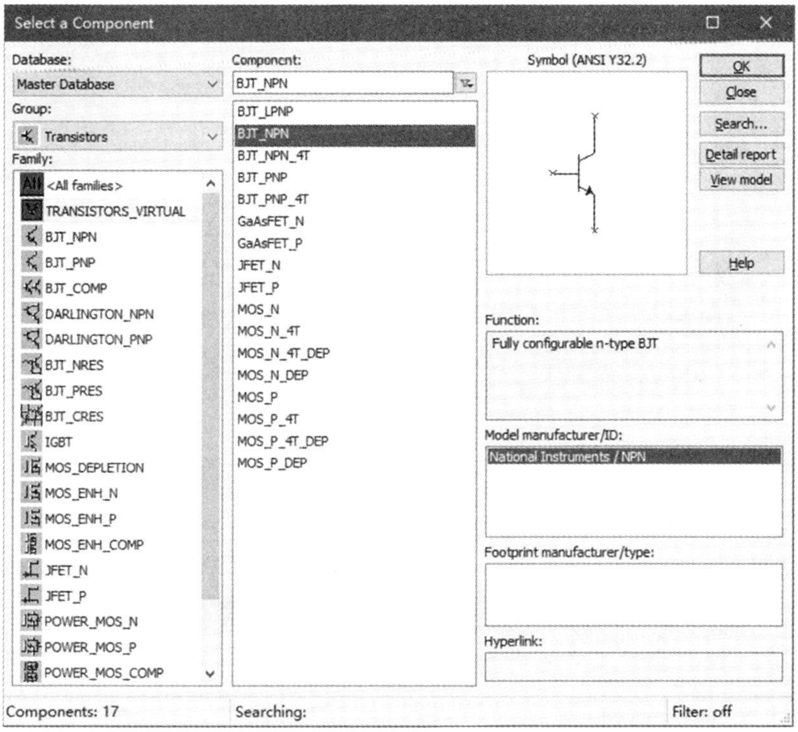

图 4.50　选择虚拟晶体管系列的 BJT_NPN 型晶体管

点击选择元器件界面的"OK"按钮,确定放置虚拟晶体管。选择元器件界面关闭后,鼠标移至电路工作区后鼠标箭头上方出现晶体管图标,这时单击鼠标,则可将虚拟晶体管放置于电路工作区内,如图 4.51 所示。

接下来对晶体管的参数进行设置。本实验实际使用的晶体管 S9018H 对应的电流放大系数 β 为 97～146,这里将虚拟晶体管的电流放大系数修改为 120。

修改元器件参数需要调出元器件属性对话框。调出元器件属性对话框的方法有 3 种,这里采用双击元器件的方式。双击晶体管图标,如图 4.52 所示,出现 BJT_NPN 元器件属性对话框。

在 BJT_NPN 元器件属性对话框的"Value"页上点击"Edit model"按钮(在图 4.52 的右下方),将出现 Edit model 对话框,如图 4.53 所示,可以进行模型编辑。找到 BF(Ideal maximun forward beta)参数,可对 β 值进行修改。先去掉最右侧使用默认值(Use default)的对钩"√",再单击 BF 参数后的 Value 数值,就可修改 β 值的大小。最后点击左下角的"Change component"按钮,返回上一级 BJT_NPN 元器件属性对话框,点击"OK"按钮,完成设置。

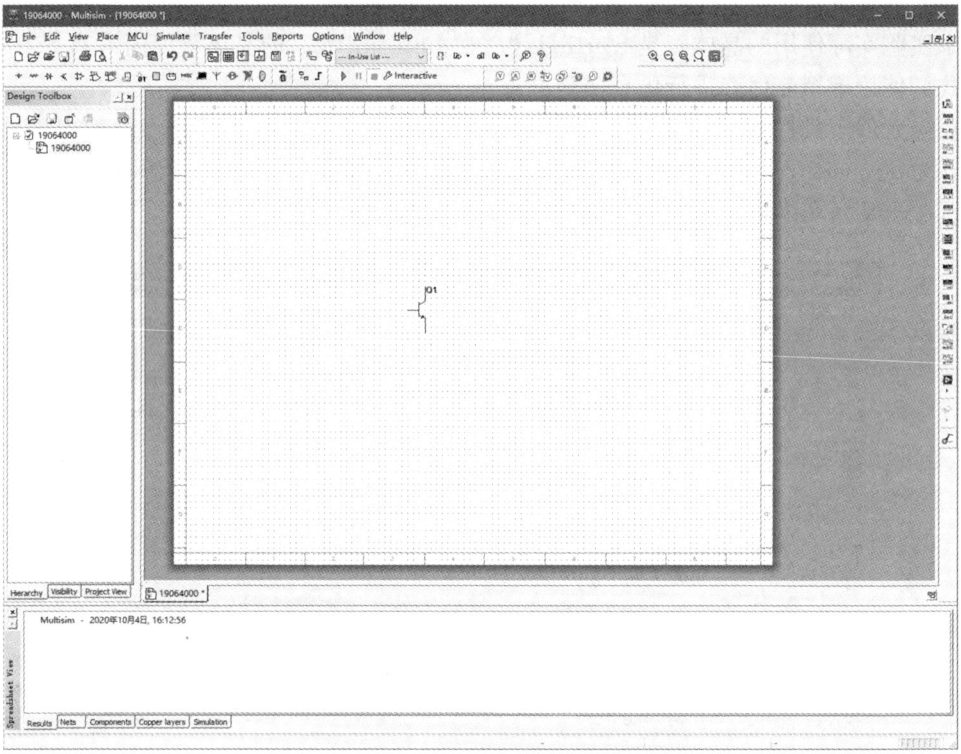

图 4.51　在电路工作区放置晶体管

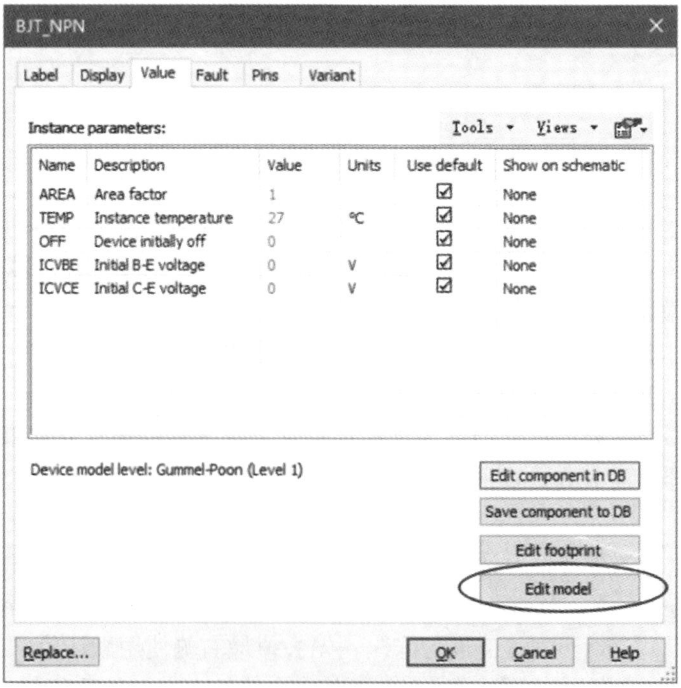

图 4.52　虚拟晶体管元器件属性对话框

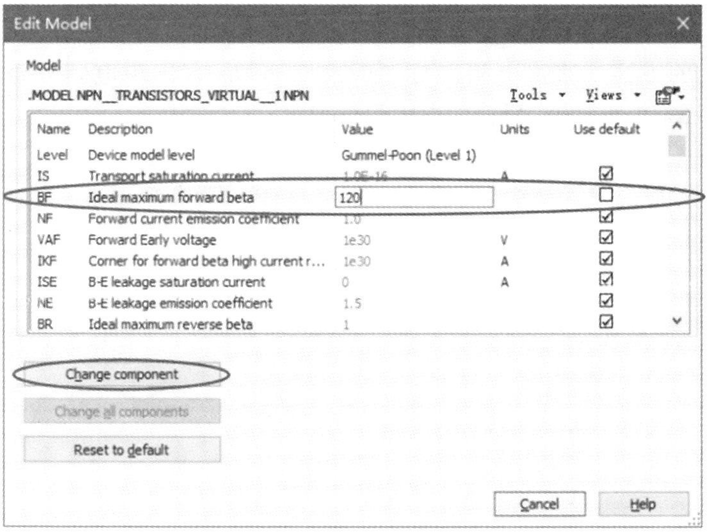

图 4.53　Database Manager 对话框"Family"页

(2) 电阻、电容的选取及设置。

电阻的选取:点击元件工具栏的基本元器件库图标,打开选择元器件窗口。在选择元器件窗口中(此时 Group 为 Basic)选择电阻系列下(Family 选择为 RESISTOR)的 10 kΩ 电阻(Component 选择"10 k"),如图 4.54 所示。也可以直接在 Component 下方输入 10 kΩ,将自动搜索到元器件库中的"10 k"电阻。

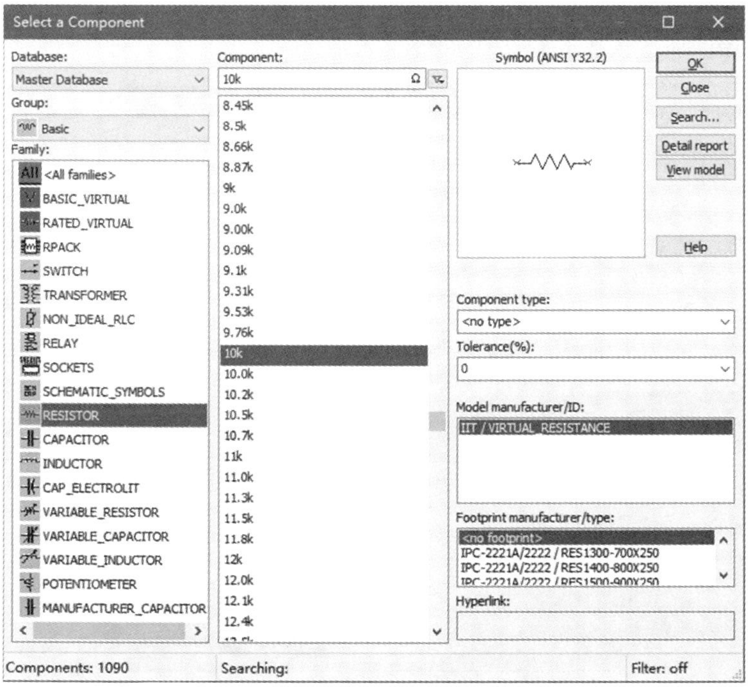

图 4.54　在基本元器件库中选择"10 k"电阻

点击选择元器件界面的"OK"按钮,确定放置电阻。在选择元器件界面关闭后,鼠标移至电路工作区后，单击鼠标，则可将电阻放置于电路工作区内。

有时我们需要调整电路参数，修改电阻阻值，这时要调出元器件属性对话框。这里我们采用双击元器件的方式。双击电阻图标，如图 4.55 所示，出现电阻元器件属性对话框“Value”页，修改 Resistance(R)后面的电阻阻值即可。

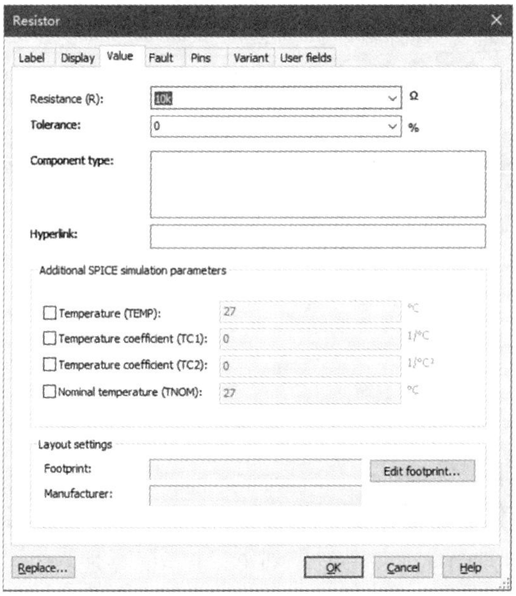

图 4.55　电阻元器件对话框“Value”页

如果要修改电阻标识，可在电阻元器件属性对话框“Label”页中修改“Label”下面的电阻标识名称，如图 4.56 所示，修改电阻标识为“R_c”。

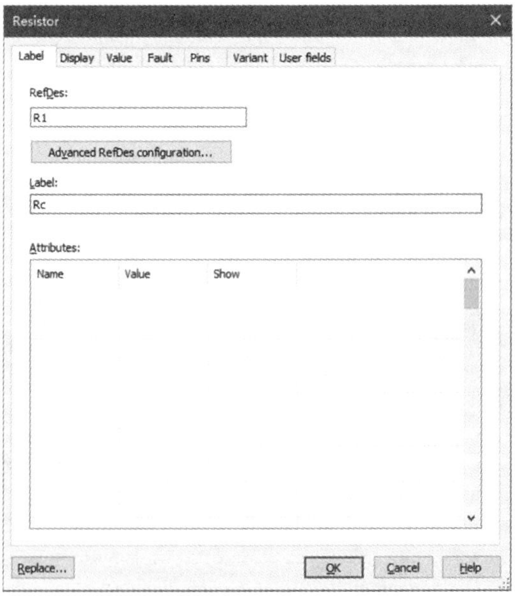

图 4.56　电阻元器件对话框“Label”页

在“Label”页可修改元器件标识和编号。其中，标识是用户赋予元器件识别的标记，如

R_c、R_1 等；编号是由软件自动给出的，用户也可以根据需求修改。一般我们修改标识。

修改电阻标识后，在电路工作区中该电阻既显示编号又显示标识，为了避免混乱，可以定义不显示编号。如图 4.57 所示，打开电阻元器件对话框“Display”页，将“Show RefDes”前的对钩去掉。这样电阻仅显示标识，不再显示编号。

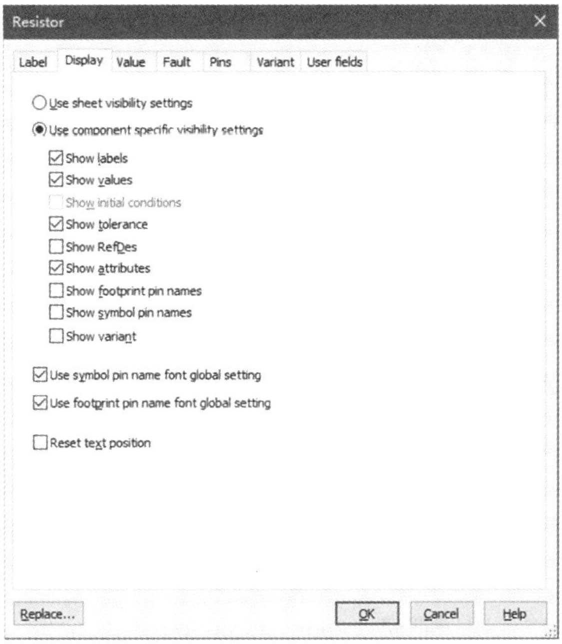

图 4.57　电阻元器件对话框“Display”页

有时为了布线方便需要调整电阻方向，这里我们对准电阻单击鼠标右键，弹出右键菜单，如图 4.58 所示，点击“Rotate 90° clockwise”，电阻顺时针旋转 90°。

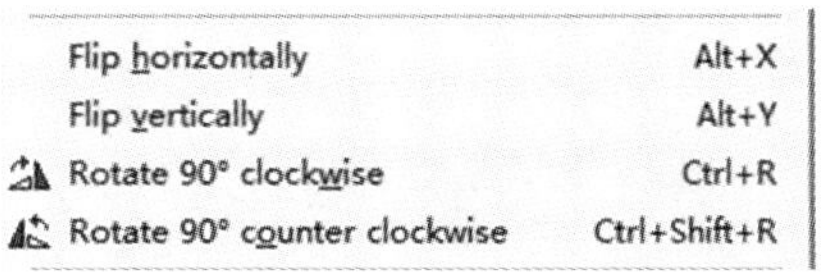

图 4.58　元器件鼠标右键菜单的旋转和翻转

电容 C_1、C_2、C_e 选取电解电容(CAP_ELECTROLIT)，C_3、C_4 选取普通电容，其选取、参数修改、标识修改、旋转等设置与电阻相同。

(3) 电位器的选取及设置。

在三极管放大电路中，还会使用到电位器，其选取与电阻的选取一致。点击元件工具栏的基本元器件库图标，在选择元器件窗口中(此时 Group 为 Basic)选择可变电阻系列下(Family 选择为 VARIABLE_RESISTOR)的 200 kΩ 可变电阻(Component 选择“200 k”)，初始状态 50%，如图 4.59 所示。

在仿真中，需要调整电位器的阻值，因此在仿真前调出元器件属性对话框，对键盘修改可变电阻阻值的方式进行定义。双击可变电阻图标，出现 Variable Resistor 元器件属性对话框“Value”页，如图 4.60 所示。其中，Resistance 后的电阻阻值是可变电阻的最大值，Key 是定义仿真中使用键盘修改可变电阻阻值的按键，Increment 是每次按键按下修改可变电阻阻值的比例。当电路中有多个可变电阻、可变电容时，要注意避免使用同一按键控制多个元器件。

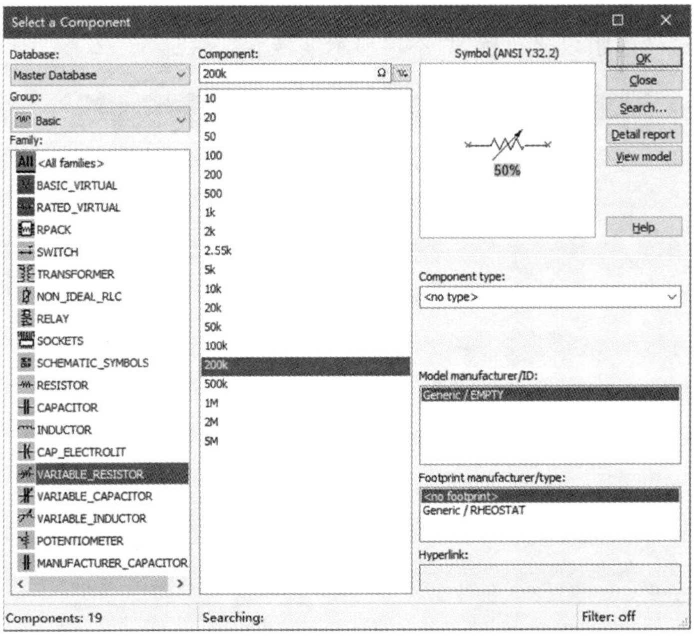

图 4.59　在基本元器件库中选择“200 k”可变电阻

图 4.60 所示的可变电阻阻值最大阻值为 200 kΩ，每次按下“A”键，可变电阻增加 0.1%；每次同时按下“Shift”和“A”键，可变电阻减小 0.1%。根据实际需要，修改步进值。开始可以采用大步进值初调，接近目标后采用小步进值细调。

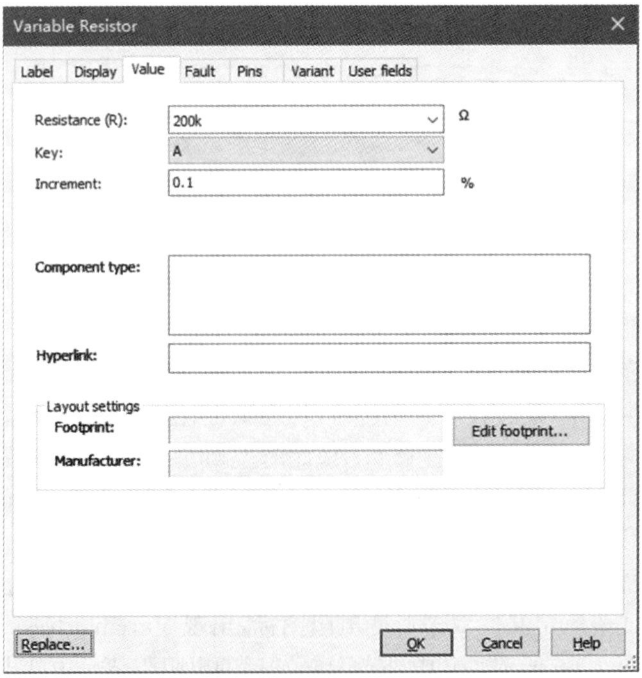

图 4.60　可变电阻元器件对话框“Value”页

在仿真中，也可使用鼠标拖曳的方式修改可变电阻阻值。当鼠标靠近可变电阻时，屏幕上出现可变电阻阻值的滑动块，如图 4.61 所示。鼠标拖曳滑动块可以快速修改可变电阻阻值，但很难精确。所以，一般首先使用鼠标拖曳滑动块快速调节可变电阻阻值，再使用键盘按键微调可变电阻阻值。可变电阻修改标识和显示内容的方法同电阻的相关设置一样，这里不再重复叙述。

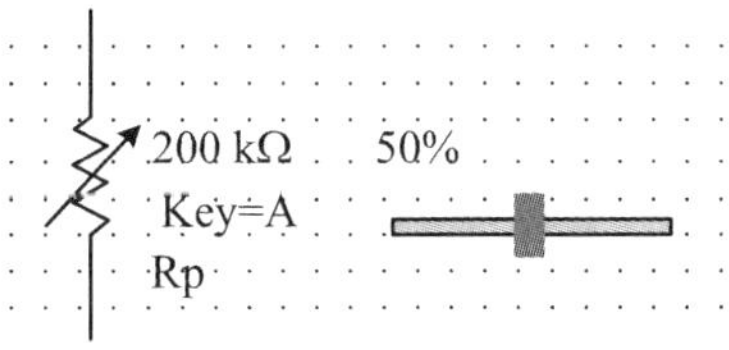

图 4.61　可变电阻调节阻值大小的滑动块

(4) 电源、地的选取及设置。

直流电源的选取为点击元件工具栏的电源库图标，在选择元器件窗口中（此时 Group 为 Sources）选择电源系列下（Family 选择为 POWER_SOURCE）的直流电源（Component 选择 DC_POWER），如图 4.62 所示。

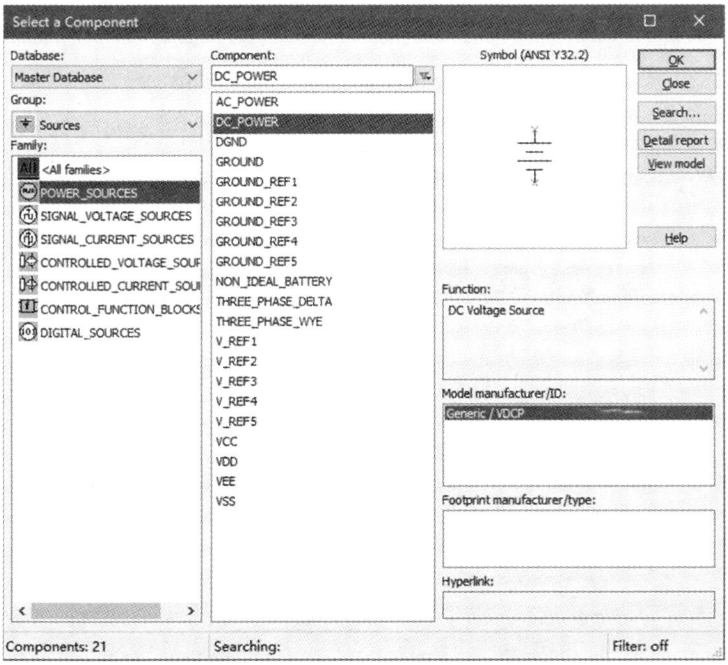

图 4.62　在电源库中选择直流电源

地的选取在同一系列下，点击元件工具栏的电源库图标，在选择元器件窗口中（此时 Group 为 Sources）选择电源系列下（Family 选择为 POWER_SOURCE）的地（Component 选择 GROUND）。

选择电源（或地）后，点击选择元器件界面"OK"按钮，确定放置。在选择元器件界面关闭后，鼠标移至电路工作区后，单击鼠标，可将直流电源放置于电路工作区内，此时便会出现一个干电池（或地）的符号，如图 4.63 所示。

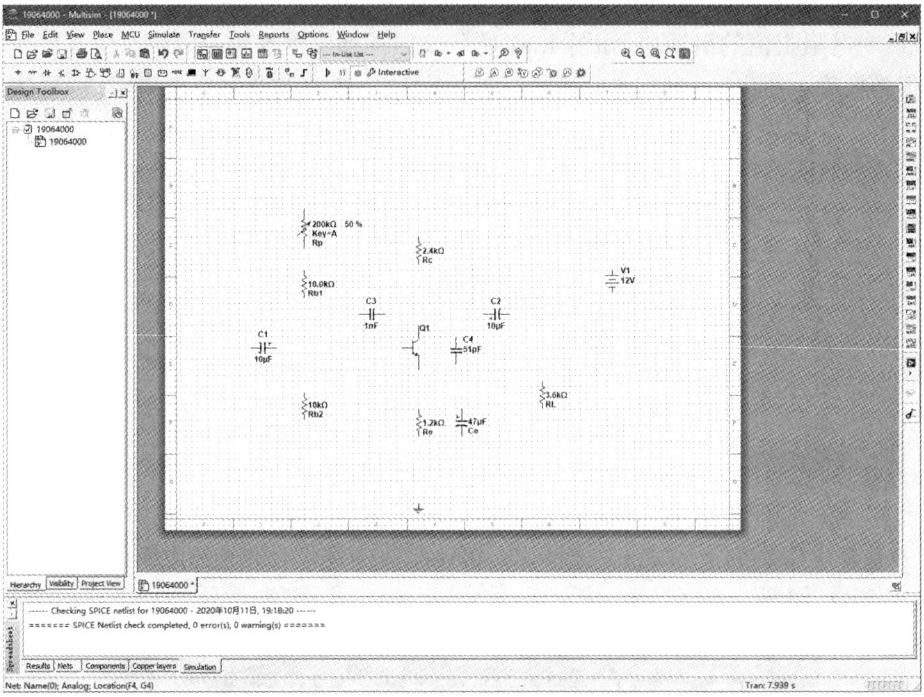

图 4.63　在电路工作区放置直流电源

如果需要修改直流电压源大小，双击直流电压源图标，调出元器件属性对话框。如图 4.64 所示，在 DC_POWER 元器件属性对话框“Value”页，修改 Voltage(V)的数据，就可修改直流电源的电压。

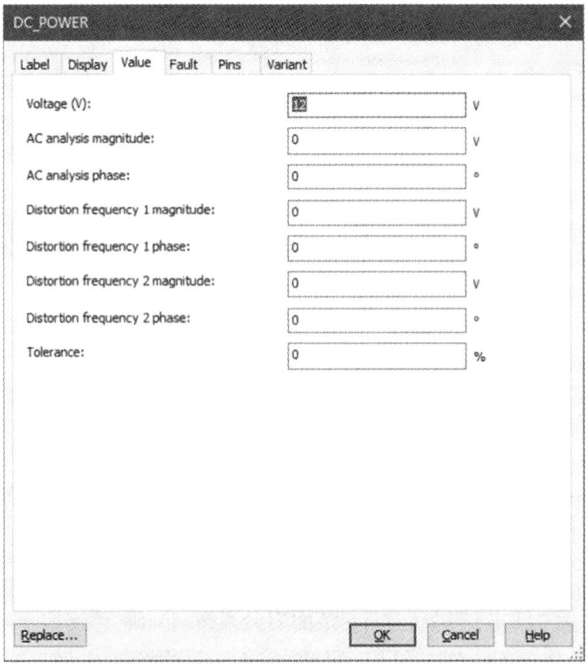

图 4.64　DC_POWER 元器件对话框“Value”页

3. 元器件的连接

将鼠标指向要连接的元器件端点时，鼠标变成中间为一圆点的十字光标，此时单击鼠标左键，可引出导线；将鼠标指向目的元器件端点时，该端点变为红色圆点，再次单击鼠标左键，即完成元器件的连接。图 4.65 为接线完成的阻容耦合单管共射放大电路。

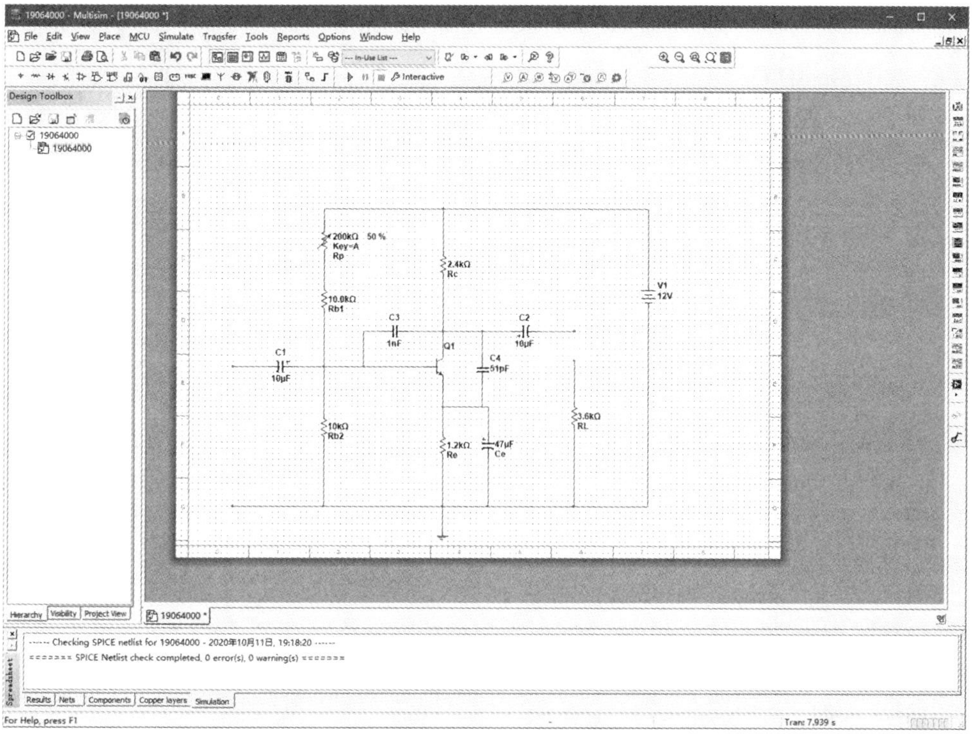

图 4.65　接线完成的阻容耦合单管共射放大电路

4. 调整三极管共射放大电路静态工作点

在完成电路的绘制后，第二步工作是测量并调整其静态工作点使得 $I_{CQ}=2$ mA。我们采用和实物实验相同的测量方法，测量 R_c 两端的电压，计算出对应的 I_{CQ}。已知 R_c 是 2.4 kΩ，当 $I_{CQ}=2$ mA 时，R_c 两端电压为 4.8 V。如图 4.66 所示。

调整三极管共射放大电路静态工作点的具体步骤为：

(1) 将实验板的输入端 U_i 短路。

(2) 调出万用表。

(3) 万用表正、负表笔分别搭接在 R_c 电阻上、下两端。

(4) 双击打开万用表界面，将万用表基本测量功能选为测电压、直流。

(5) 点击运行按钮，开始仿真。

(6) 调节可调电阻 R_p 大小，使万用表的读数为 4.8 V。

(7) 停止仿真，拆下 V_i 短接线，移除万用表。

其中，调节可调电阻 R_p 的大小，可先使用鼠标拖曳滑动块快速调节，再使用键盘按键微调。

5. 使用函数发生器提供输入信号

完成阻容耦合共射放大电路的静态工作点的调整后，下面一步工作就是添加输入信号，输入信号由函数发生器提供。

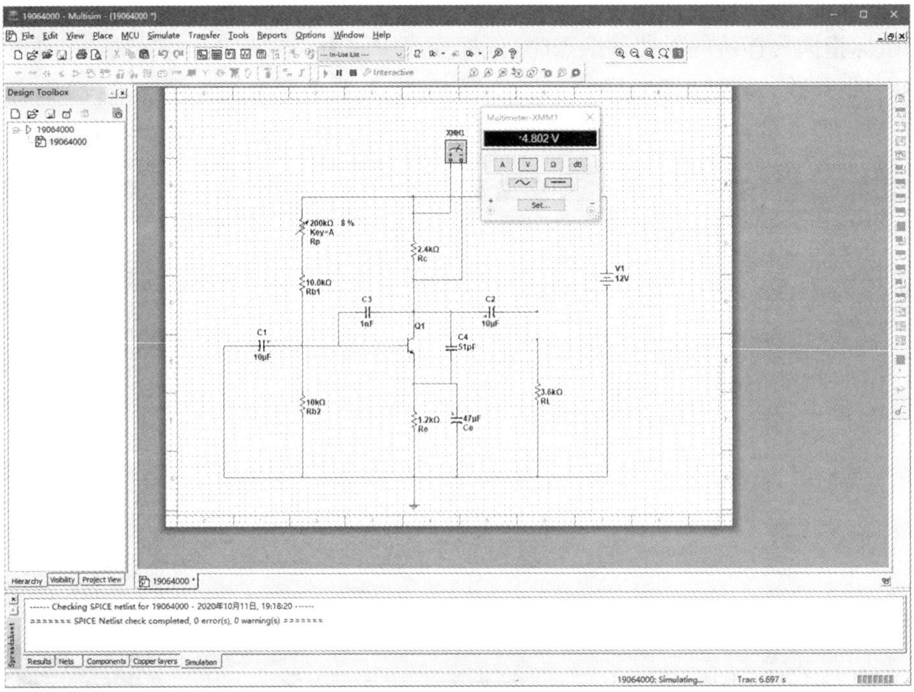

图 4.66　调节静态工作点

调用函数发生器并接线的步骤是:单击仪器工具栏中的函数发生器图标,选中函数发生器,将鼠标移至电路工作区的相应位置,单击鼠标放置函数发生器。此时在电路工作区对应位置可以看到函数发生器图标,将函数发生器的"+"和"COM"接线端分别与电路的输入端和地相连接,如图 4.67 所示。

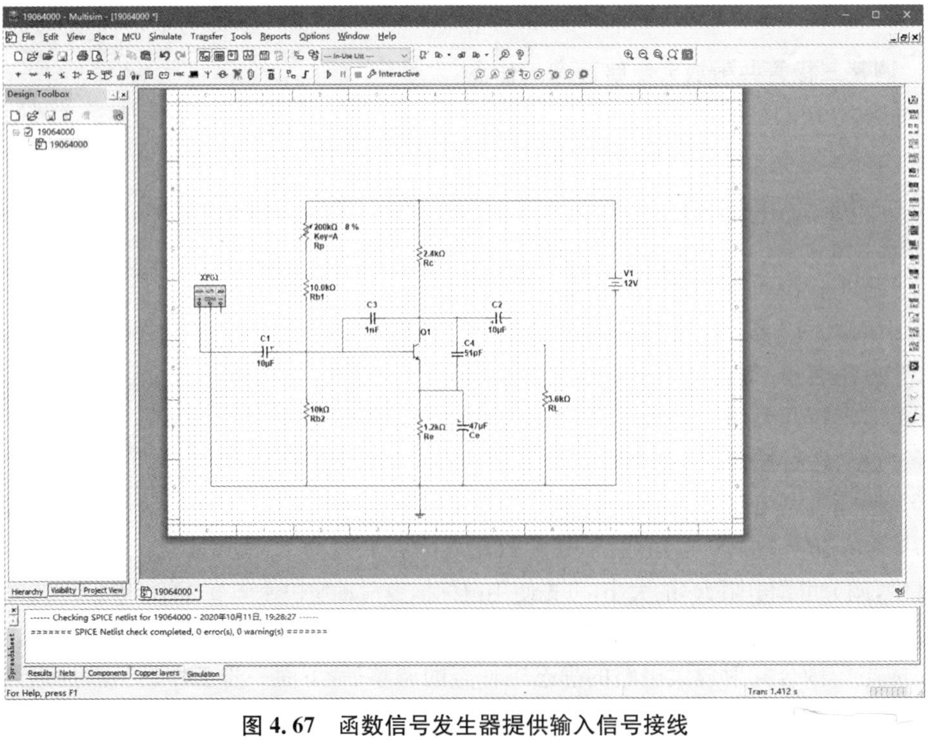

图 4.67　函数信号发生器提供输入信号接线

实验要求输入信号正弦波、频率 1 kHz、电压有效值 15 mV 的信号。双击函数发生器图标，弹出如图 4.68 所示的函数发生器面板。在函数发生器面板上，进行信号波形设置。这里依次设置：① 选择波形正弦波；② 频率 1 kHz，鼠标单击频率单位可以修改频率单位为 kHz；③ 电压有效值 15 mV，对于正弦波幅度为 21 mV，点击 Amplitude 数据修改数值，同样鼠标单击幅度单位修改电压幅度单位为 mVp。

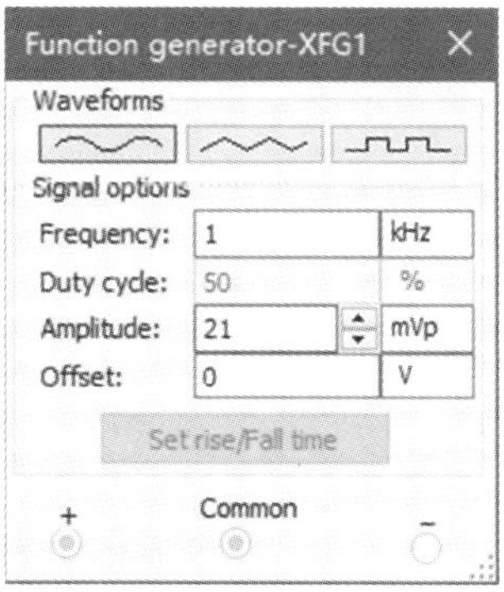

图 4.68　函数信号发生器提供频率 1 kHz、有效值 15 mV 的正弦波信号

6. 测量输入、输出信号

最后一步工作是参数的测量，使用示波器测量输入信号和输出信号的大小，得出该电路的空载电压放大倍数。

调用示波器并接线的步骤是：单击仪器工具栏的双通道示波器图标，选中双通道示波器，将鼠标移至电路工作区的相应位置，单击鼠标放置双通道示波器。示波器有 3 对接线端：A 通道输入端和接地端、B 通道输入端和接地端、外触发输入端和接地端。这里，A 通道接输出信号，B 通道接输入信号，外触发输入不接信号，如图 4.69 所示。

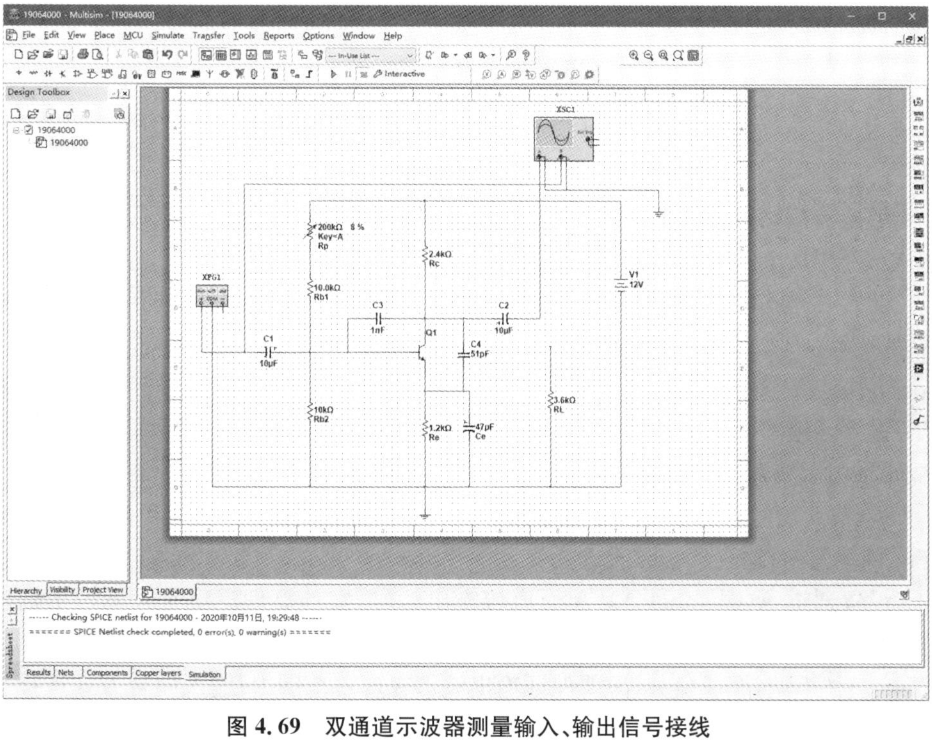

图 4.69　双通道示波器测量输入、输出信号接线

对于示波器，其输入端导线颜色影响示波器屏幕波形的颜色，一般都会修改接入示波器导线的颜色，这样可以方便地区分输入信号和输出信号。其方法是双击导线，调出网络节点设置属性对话框(Net Properties)，如图 4.70(a)所示；点击网络节点设置属性对话框上的颜色设置(Net color)，调出颜色设置对话框，如图 4.70(b)所示；选择颜色后，点击“OK”按钮后，由颜色对话框返回网络节点设置属性对话框，再次点击“OK”按钮即可。

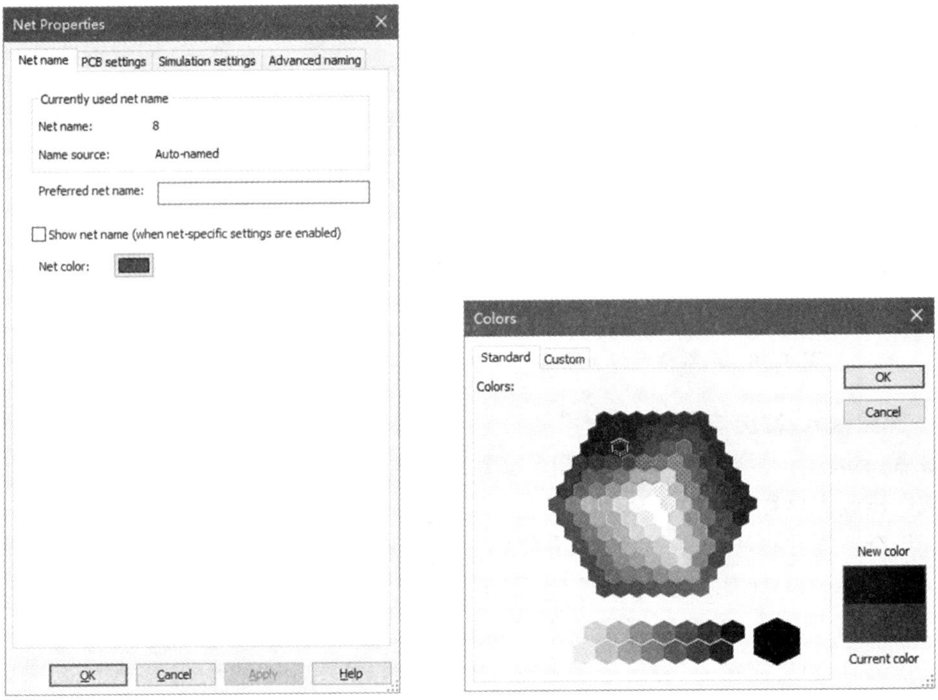

(a) 网络节点设置属性对话框　　　　(b) 颜色设置对话框

图 4.70　导线颜色设置

完成双通道示波器的接线后，进行示波器的参数设置。双击示波器图标，打开示波器面板，如图 4.71 所示。

(1) 示波器初始状态屏幕背景颜色为黑色，如果修改为白色背景，点击“Reverse”按钮；如果再次按下“Reverse”按钮，示波器屏幕背景调整为黑色。

(2) 设置时间基准(Timebase)：放大电路输入信号频率 1 kHz，即周期 1 ms，如果用示波器屏幕两格显示一周期信号，则需将示波器 Timebase 的 Scale 参数设为 500 μS/Div；起始位置(X pos)不变；Y/T 模式不变。

(3) 设置通道 B(Channel B)：B 通道接输入信号，输入电压有效值为 15 mV，峰峰值为 42 mV，如果用示波器屏幕两格左右显示输入信号，将示波器 Channel B 的 Scale 参数设为 20 mV/Div；输入信号放在屏幕上半部分，起始位置(Y pos)往上调，调成正数，但要保证输出波形在屏幕范围内；输入耦合方式选择交流耦合方式。

(4) 设置通道 A(Channel A)：A 通道接输出信号，在计算理论值时大概得出输出电压有效值，将示波器 Channel A 的 Scale 参数设为 2 V/Div；输出信号放在屏幕下半部分，起始位置(Y pos)往下调，调成负数，但要保证输出波形在屏幕范围内；输入耦合方式选择交流耦合方式。

(5) 设置触发(Trigger):触发源信号是信道 A;触发方式是上升沿触发;触发电平与通道 A 信号相交;触发类型为 Single。

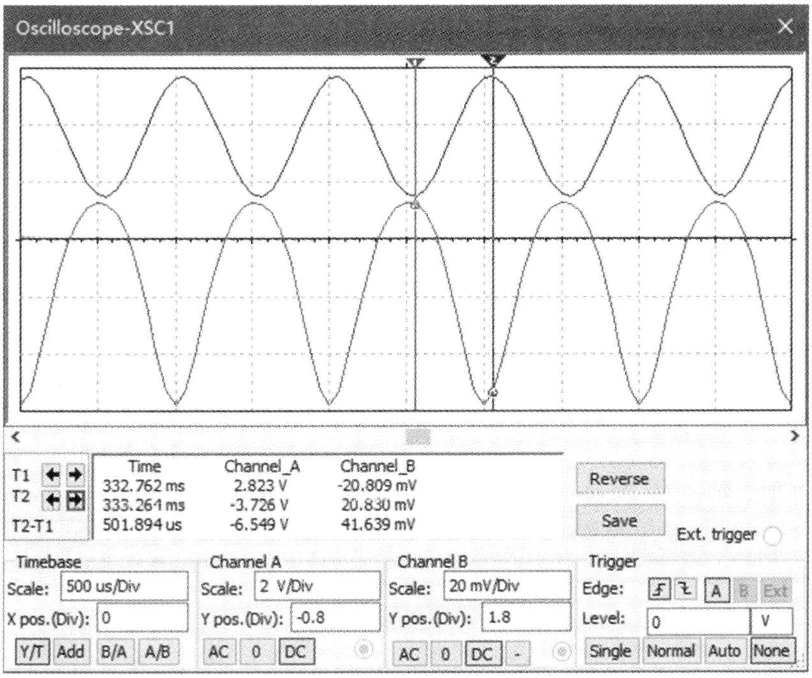

图 4.71　示波器面板测量输入信号峰峰值

在设置示波器后,点击仿真工具栏的运行按钮对电路仿真并进行数据测量。当示波器显示波形后,可使用示波器屏幕左侧的游标 1 和游标 2 对波形进行测量。

测量输入信号的峰峰值:输入信号接 Channel B,已调至屏幕上半部分。图 4.71 中手动拖动游标 2 至输入信号波峰位置,手动拖动游标 1 至输入信号波谷位置。测量输入信号的峰峰值,就是此刻游标 2 在 Channel B 上测得的电压值减去游标 1 在 Channel B 上测得的电压值,即读取游标数据区 Channel B 波形上 T2－T1 的值(第 3 列第 3 排数据),即 41.64 mV。

测量输出信号的峰峰值:输出信号接 Channel A,已调至屏幕下半部分。图 4.72 中手动拖动游标 2 至输出信号波峰位置,手动拖动游标 1 至输出信号波谷位置。测量输出信号的峰峰值,就是此时游标 2 在 Channel A 上测得的电压值减去游标 1 在 Channel A 上测得的电压值,即读取游标数据区 Channel A 波形上 T2－T1 的值(第 2 列第 3 排数据),即 7.04 V。

由图 4.71 测得输入信号 $U_{ipp}=41.64\ \text{mV}$,$U_i=\frac{\sqrt{2}}{4}\times 41.64\ \text{mV}$;由图 4.72 测得输出信号 $U_{opp}=7.04\ \text{V}$,$U_o=\frac{\sqrt{2}}{4}\times 7.04\ \text{V}$。观察波形,输入、输出波形呈近似倒相关系,故可得

$$A_V=-\frac{U_o}{U_i}=-\frac{\frac{\sqrt{2}}{4}\times 7.04\ \text{V}}{\frac{\sqrt{2}}{4}\times 41.64\ \text{mV}}=-169.1 \tag{4.1}$$

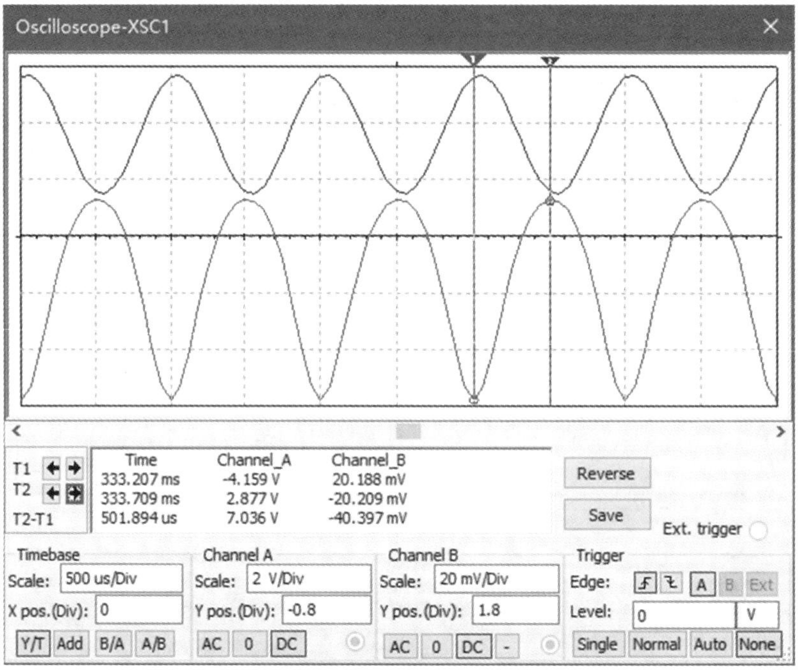

图 4.72　示波器面板测量输出信号峰峰值

也可使用探针直接测量输入、输出信号，如图 4.73 所示。但是，依然需要打开示波器观察波形是否失真，以及输入、输出波形的相位关系。

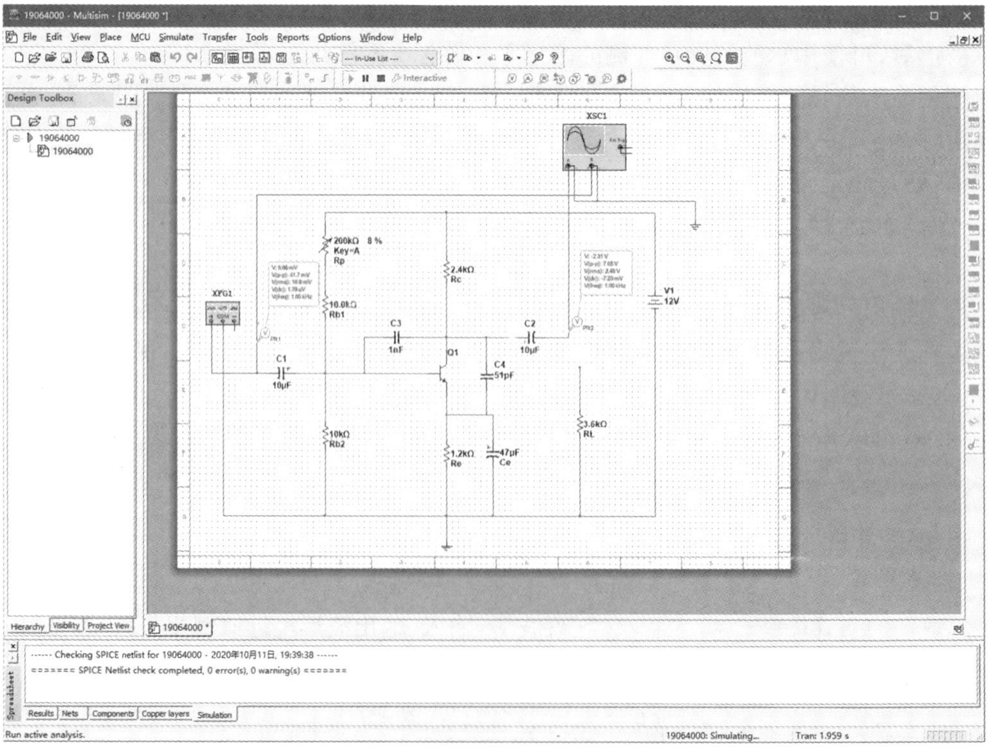

图 4.73　使用电压探针测量输入、输出信号

使用探针的方法是单击探针工具栏中的电压探针图标，选中电压探针，将鼠标移至输入、输出信号位置，单击鼠标放置探针，存盘，运行，即可读取相关数据。

如图 4.73 所示，测得输入信号 $U_i=14.8\ \text{mV}$，输出信号 $U_o=2.48\ \text{V}$，故可得

$$A_V=-\frac{U_o}{U_i}=-\frac{2.48\ \text{V}}{14.8\ \text{mV}}=-167.6 \tag{4.2}$$

两种测量方法略有偏差，但结果基本一致。

在使用探针时，默认探针显示内容较多，可以双击探针显示界面，调出电压探针属性对话框(Voltage Probe Properties)，在其参数(Parameters)页可以设置探针测量显示的内容。如图 4.74 所示，先选择“Custom”，再选择打开/关闭测量参数。这里，设置为仅显示有效值 V_{rms}。再次运行仿真，电压探针仅显示有效值，如图 4.75 所示。

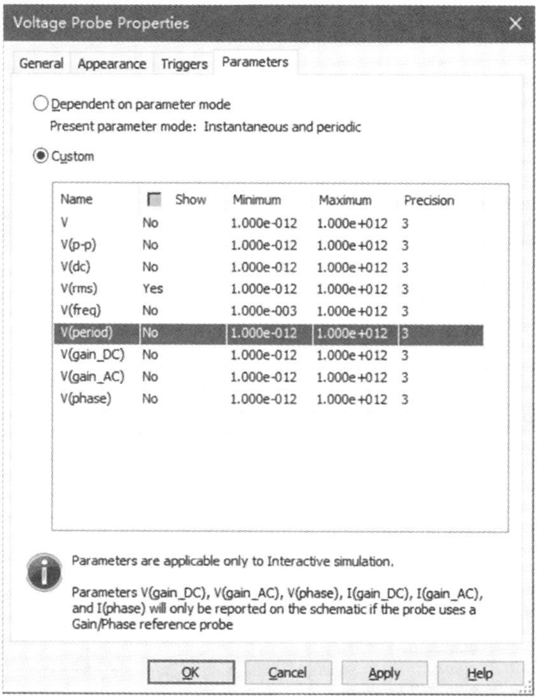

图 4.74　电压探针属性对话框“Parameters”页

4.4.2　比例运算电路仿真实验

本例是由运算放大器构成的反相比例电路的仿真实验，完成电路的绘制，并进行输入、输出特性的测试。电路如图 4.76 所示。文件名称为 20064000。

1. 创建新原理图

(1) 打开 Multisim 14.0。

① 单击“开始”→National Instruments 下的 NI Multisim 14.0。

② 双击桌面上的 NI Multisim 14.0 应用程序的快捷方式图标。

(2) 更改电路名称。

启动 Multisim 14.0 后，程序将自动建立一个名为 Design1 的空白电路文件，用户可以

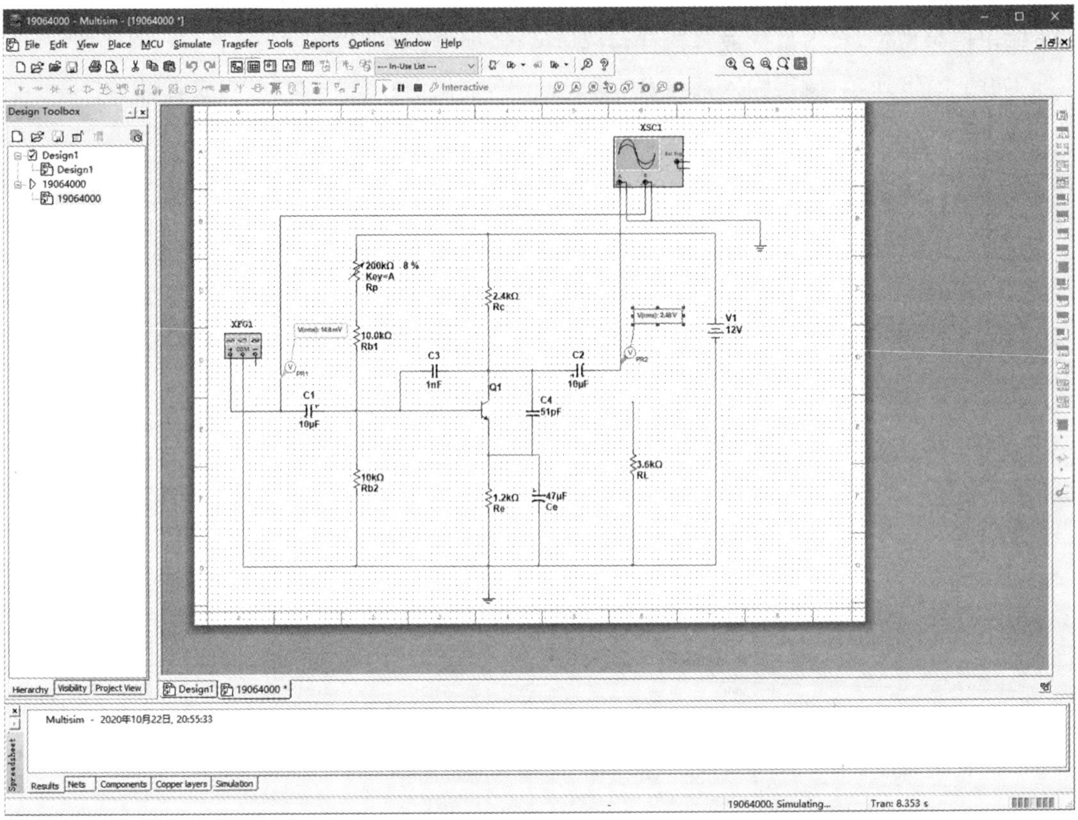

图 4.75　电压探针测量输入、输出信号(仅显示有效值)

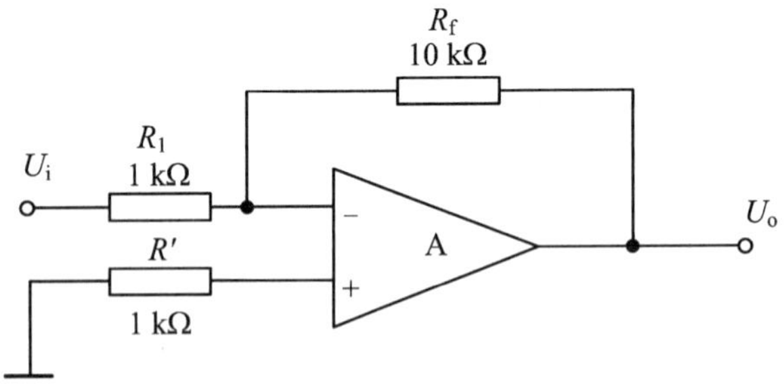

图 4.76　反相比例电路

重新命名。点击“File”菜单下的“Save as”,打开“Save as”对话框,这里我们命名电路图文件名为 20064000。

2. 元器件的选取及设置

(1) 运算放大器的选取及设置。

我们实验实际使用的运算放大器芯片是 LM324。

点击元件工具栏的模拟元器件库图标,打开选择元器件窗口。在选择元器件窗口中(此时 Group 为 Analog),选择运算放大器系列(Family 选择为 OPAMP),Component 栏出现的元器件较多,可以直接在 Component 下方输入 LM324,系统将自动搜索元器件库中所有的 LM324,如图 4.77 所示。这些 LM324 虽有不同的后缀,但它们的功能是基本一样的,都是四路运算放大器，不同的是不同的厂家、不同的封装方式。这里，选择LM324N。

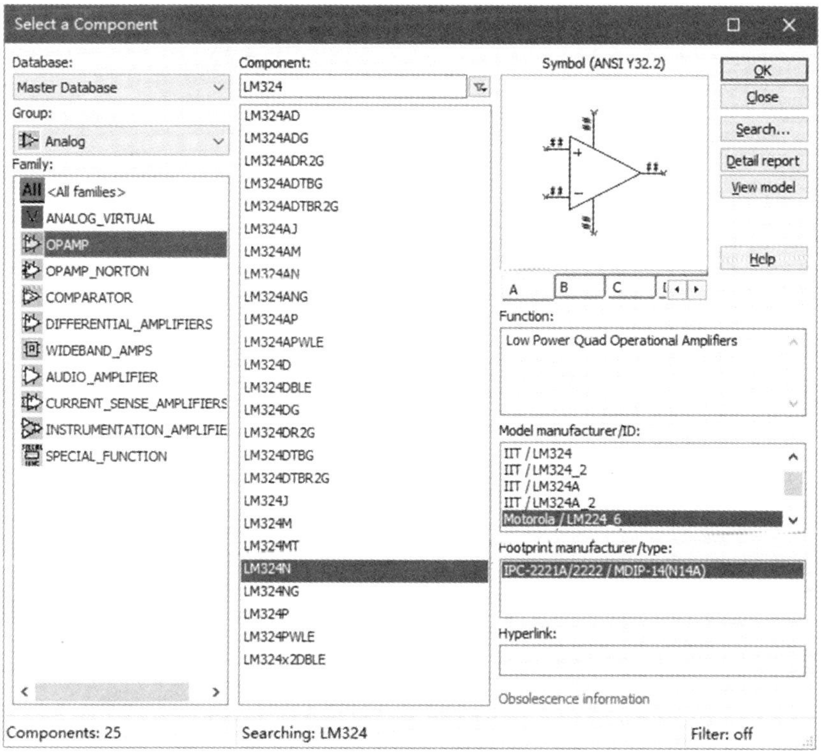

图 4.77　选择运算放大器 LM324N

点击选择元器件界面"OK"按钮，确定放置 LM324N。选择元器件界面关闭后，电路工作区出现对话框，如图 4.78 所示。这是因为 LM324N 内部集成了 4 路运算放大器，软件询问使用其中的哪一路。比如选用 A 路，点击"A"按钮后鼠标箭头上方出现运算放大器图标，这时再单击鼠标，则可将运算放大器放置于电路工作区内。

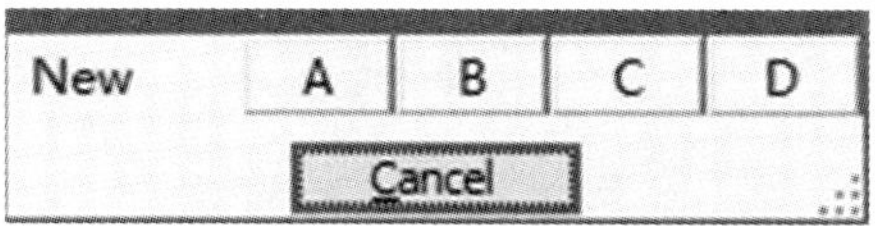

图 4.78　对话框

放置运算放大器后，还会弹出一个对话框询问是否继续放置，是放置新的芯片中的运算放大器还是同一芯片下其他几路运算放大器。本例电路简单，只使用一个运放，点击取消即可。

注意图 4.79 在电路工作区放置的运算放大器的引脚标注。如果接双电源，4 号引脚接正电源，11 号引脚接负电源。此外，由于选择了 A 路运放，1 号引脚为运放输出端，2 号引脚为反相输入端，3 号引脚为同相输入端。为了接线方便，本例需要垂直方向翻转运算放大器，翻转后如图 4.80 所示的运放。

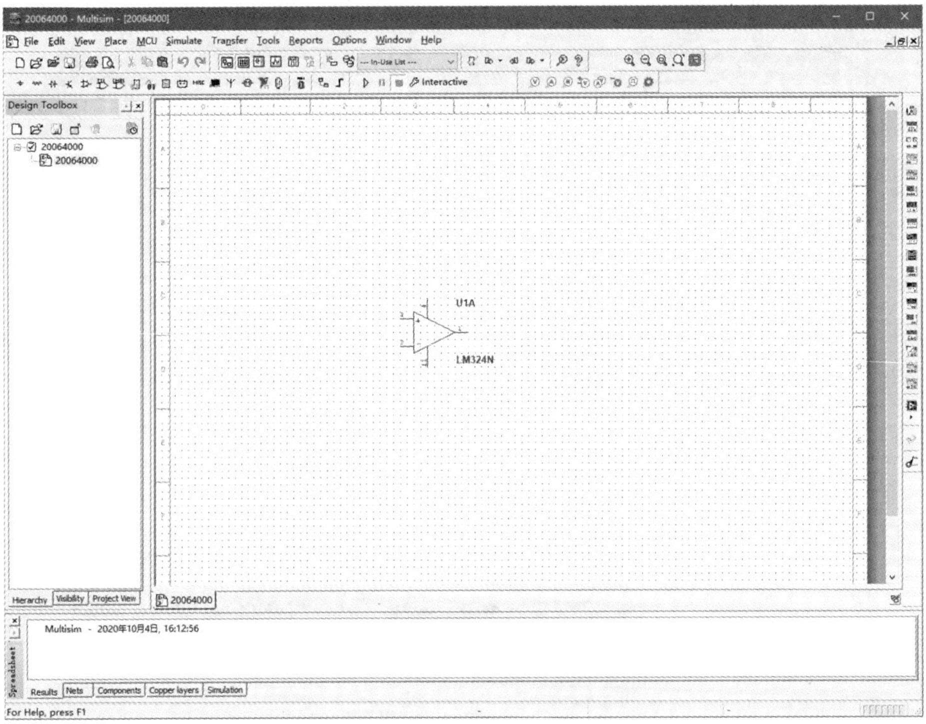

图 4.79　在电路工作区放置运算放大器

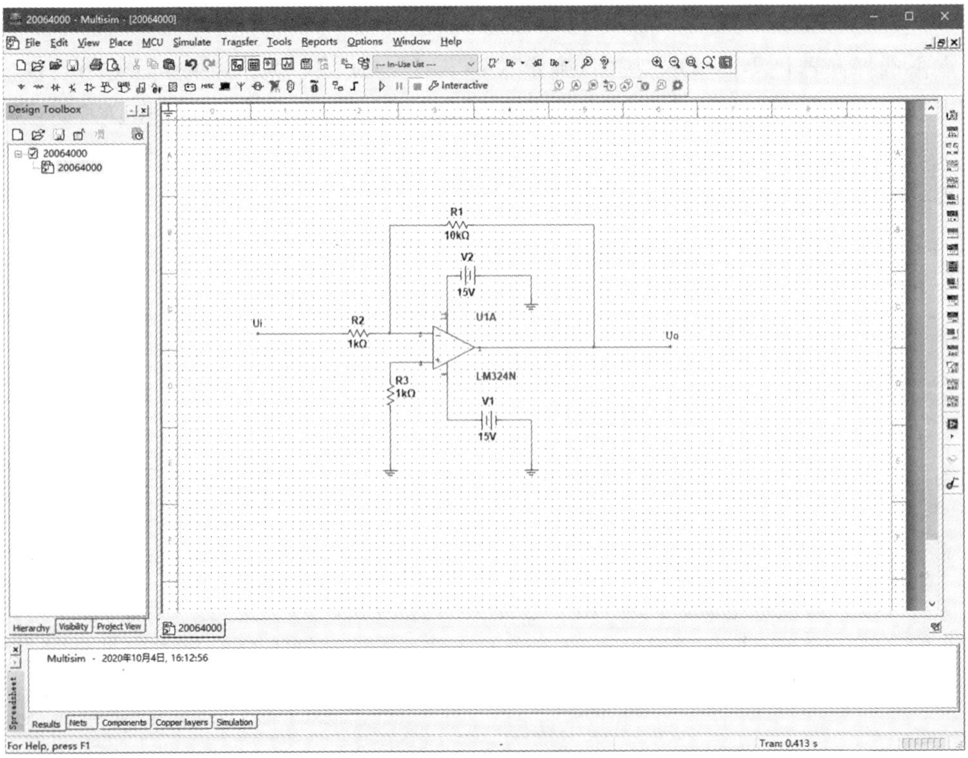

图 4.80　反相比例电路

(2) 电阻的选取及设置。

点击元件工具栏的基本元器件库图标，打开选择元器件窗口。在选择元器件窗口中(此时 Group 为 Basic)选择电阻系列下(Family 选择为 RESISTOR)的 10 kΩ 电阻(Component 选择“10 k”)，如图 4.54 所示。可以直接在 Component 下方输入“10 k”，系统将自动搜索到元器件库中 10 kΩ 电阻(具体操作界面可见本节的前一例)。点击选择元器件界面“OK”按钮，确定放置电阻。在选择元器件界面关闭后，鼠标移至电路工作区后，单击鼠标，可将电阻放置于电路工作区内。

如果修改电阻阻值，需要调出元器件属性对话框。这里我们采用双击元器件的方式。双击电阻图标，如图 4.55 所示，出现 Resistor 元器件属性对话框“Value”页，修改 Resistance (R)后面的电阻阻值即可。

如果修改电阻标识，可在电阻元器件属性对话框“Label”页，修改 Label 后面的电阻标识名称，如图 4.56 所示。在“Label”页可修改元器件编号和标识。其中，标识是用户赋予元器件识别的标记，如 R_f、R_1 等；编号是由软件自动给出的，用户也可以根据需求修改。一般我们修改标识。

在修改电阻标识后，在电路工作区该电阻既显示编号又显示标识，避免混乱，可以定义不显示编号。如图 4.57 所示，打开电阻元器件对话框“Display”页，将“Show RefDes”前的对钩去掉。这样电阻仅显示标识，不再显示编号。

(3) 电源、地的选取及设置。

直流电源的选取是点击元件工具栏的电源库图标，在选择元器件窗口中(此时 Group 为 Sources)选择电源系列下(Family 选择为 POWER_SOURCE)的直流电源(Component 选择 DC_POWER)。

地的选取在同一系列下，点击元件工具栏的电源库图标，在选择元器件窗口中(此时 Group 为 Sources)选择电源系列下(Family 选择为 POWER_SOURCE)的地(Component 选择 GROUND)。

3. 元器件的连接

将鼠标指向要连接的元器件端点时，鼠标变成中间为一圆点的十字光标，此时单击鼠标左键，可引出导线；将鼠标指向目的元器件端点时，改端点变为红色圆点，再次单击鼠标左键，即可完成元器件的连接。

4. 输入、输出特性的测试

如图 4.81 所示，由直流电压源提供直流输入信号，使用指示器件库的电压表测量输入、输出信号。也可使用万用表、电压探针测量。

双击提供输入信号的电压源，改变其 Value 值可改变输入信号的大小，填写表 4.1。注意输出要不饱和。

表 4.1　输入、输出信号的大小

U_i(V)					
U_o(V) 理论					
U_o(V) 实测					

最后，根据测得的数据可绘制反相比例电路的输入、输出特性曲线(略)。

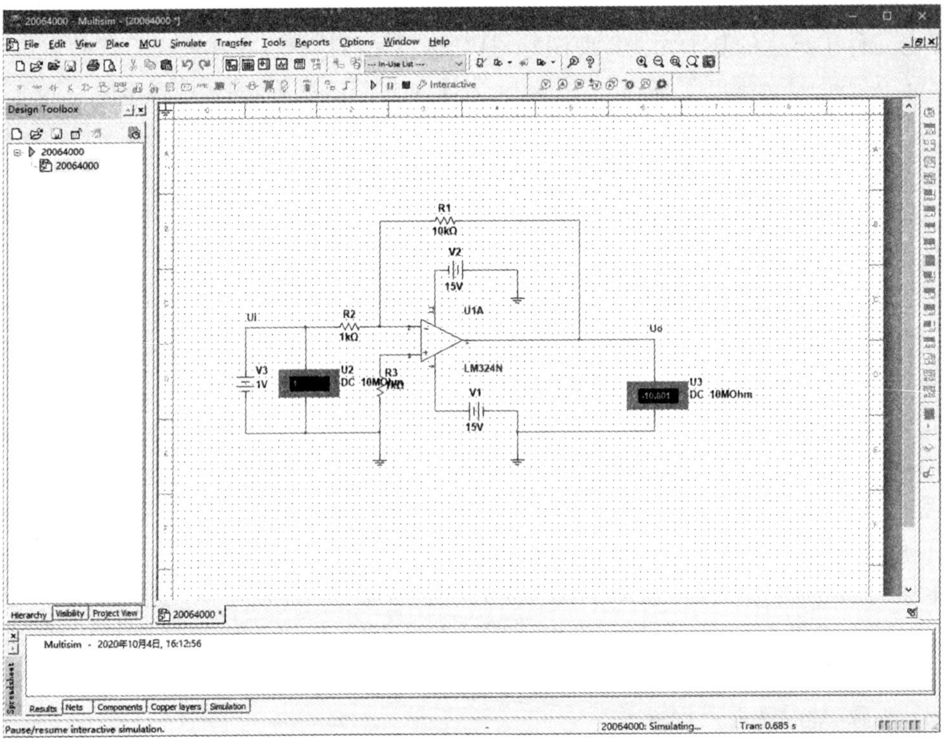

图 4.81　反相比例电路的输入、输出特性的测试

第5章　实验内容

5.1　电路的焊接练习

【实验目的】

(1) 了解并认识常用电子元器件的外形、封装和基本参数。

(2) 了解直流稳压电源及万用表的使用方法。

(3) 学习用万用表测试电阻、二极管、三极管、电解电容等元器件的好坏。

(4) 学习电子电路的焊接。

(5) 学习检查、调整、测量电路的静态工作点。

【实验仪器及元器件】

DM3058 万用表	1台
DP832 稳压电源	1台
烙铁等焊接工具	1套
焊接用电路板	1块
三极管等元器件	若干

【实验任务】

(1) 认识几种常用电子元器件的外形。

(2) 用万用表分别测试电阻、电位器、电解电容、二极管、三极管，判断其好坏。

(3) 用万用表判断二极管、三极管的管脚及类型。

(4) 在练习电路板上焊接一个自选电路(自由练习)。

(5) 在多孔电路板上焊接一个如图5.1所示的三极管放大电路实验板，用稳压电源给V_{CC}加12 V，调节R_p，用万用表直流电压挡测量R_c两端电压，使$U_{R_c}=4.8$ V。

【预习要求】

(1) 预习第2章的有关内容。

(2) 上课前完成“学习通”上面的任务，并提交“学习通”上的作业。

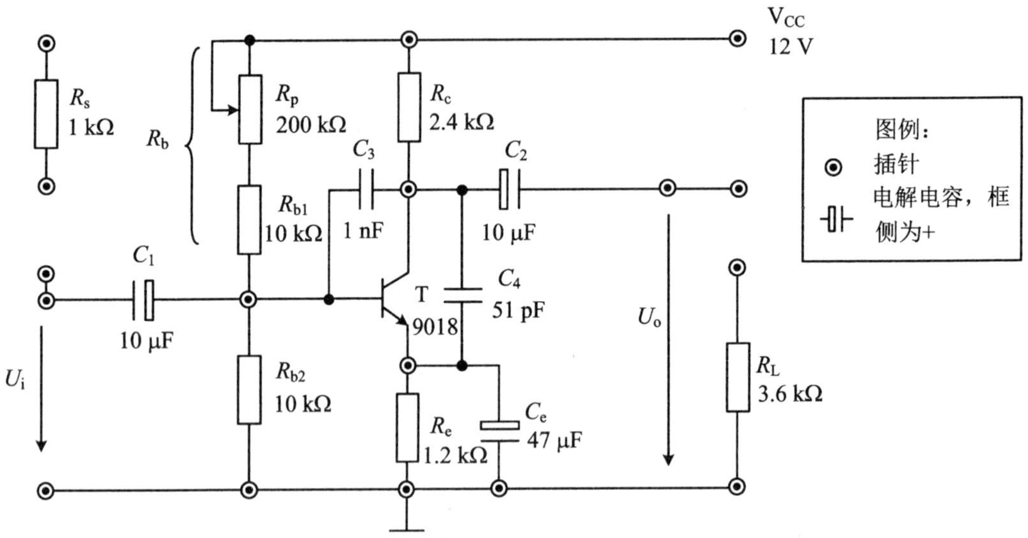

图 5.1　三极管放大电路实验图

5.2　常用电子仪器的使用练习

【实验目的】

了解示波器、信号发生器、直流稳压电源及万用表的使用方法。

【实验仪器及元器件】

DS2302A 型数字存储示波器	1 台
DG4202 型信号发生器	1 台
DP832 型稳压电源	1 台
DM3058 型台式万用表	1 台
三极管放大电路实验板(前次实验已经焊好的)	1 块
面包板	1 块
电阻、电容	若干

【实验任务】

(1) 用示波器观察波形。

① 观察示波器校准信号。

② 观察信号发生器的输出电压波形。

(2) 在面包板上搭接 1 个 RC 一阶电路(滞后电路)，如图 5.2(a)所示。用信号发生器加 5 V_{pp}/10 kHz 的方波信号给输入，用示波器观察输入、输出波形。

(3) 在面包板上搭接 1 个 RC 一阶电路(超前电路)，如图 5.2(b)所示。用信号发生器加 5 V_{pp}/10 kHz 的方波信号给输入，用示波器观察输入、输出波形。

(4) 在三极管放大电路的静态工作点 $I_{CQ}=2$ mA 情况下，输入加 15 mV_{rms}/1 kHz 正弦波，观察输入输出波形。

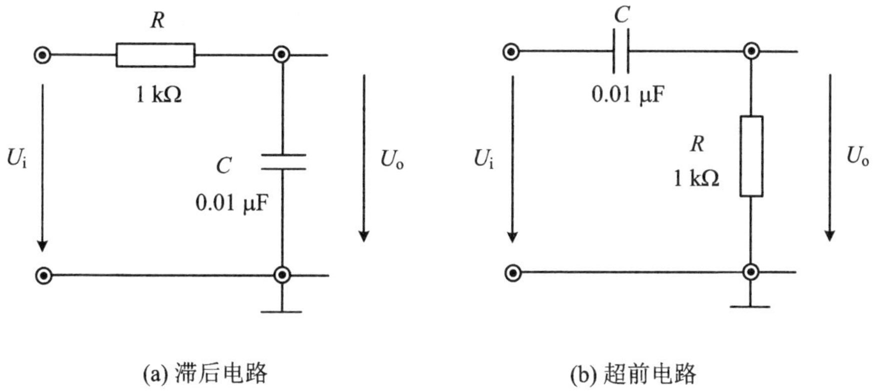

图 5.2 RC 一阶电路

【实验内容和步骤】(仅供参考)

(1) 检查示波器的工作情况,观察示波器校准信号,熟悉示波器各旋钮和常用菜单设置的作用。

① 使用自动测量,分别用 CH1 和 CH2 观察示波器校准信号(示波器右下角"3 V/1 kHz 方波")波形。

② 调节示波器,熟悉"VERTICAL POSITION"(垂直位移)、"HORIZONTAL POSITION"(水平位移)、"VERTICAL SCALE"(垂直挡位)、"HORIZONTAL SCALE"(水平挡位或水平时基)等旋钮的作用。

③ 根据"VERTICAL SCALE"值、"HORIZONTA SCALE"值和波形所占屏幕格数读出信号的幅值、周期等参数。

④ 改变所用测量通道耦合方式以及反向开关的设置,熟悉垂直系统。

⑤ 在边沿触发类型下,调节触发电平旋钮,改变触发源及触发方式,熟悉触发系统。

(2) 观察 RC 一阶电路(滞后电路)的波形。

启动 DG4202 型信号发生器,选择 CH1 输出波形为方波,调节 CH1 信号频率为 1 kHz,幅值为 5 V_{pp}(峰峰值),红夹子接电路输入端,黑夹子接电路地,按亮 Output1。将示波器"CH1"和"CH2"的红夹子分别接电路的输入端和输出端,黑夹子接电路地,调节示波器水平"SCALE"旋钮使 H=500 μs,分别调节示波器 CH1 和 CH2 的垂直"SCALE"旋钮,使其挡位值都处于 2 V 位置,观察输入、输出电压波形。调节有关旋钮和菜单设置,使波形显示合适并稳定。读出信号发生器的输出电压参数,与示波器所测输入波形数据相比较;比较输入、输出波形,理解一阶滞后电路的特点。

(3) 观察 RC 一阶电路(超前电路)的波形。

与第(2)项类似,限于篇幅,此处省略。

(4) 用示波器观察三极管放大电路的输入、输出波形。

参考前面项,自行确定步骤。

【思考题】

(1) 用示波器观察波形时,需调节哪些旋钮,可使:

① 波形清晰且亮度适当。

② 波形大小适当且在屏幕中央。

③ 波形完整。

④ 波形稳定。

(2) 用示波器观察正弦波电压时,若屏幕出现如图5.3所示的波形,应该调节哪些旋钮才能出现满意的波形?

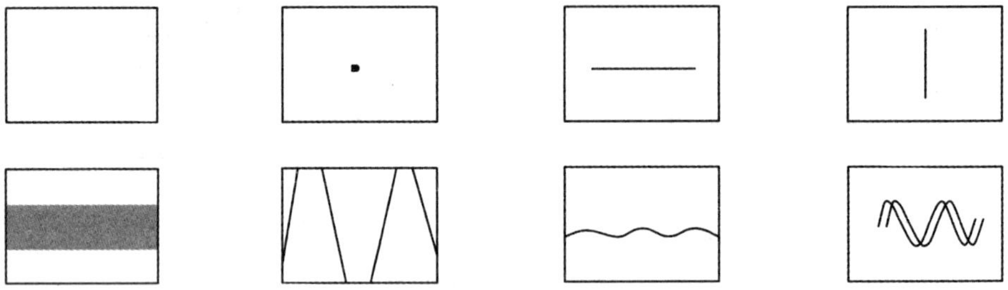

图5.3 调节不妥当的波形

【预习要求】

(1) 实验前必须学习《学生实验守则》等实验室有关规章制度。

(2) 预习本书第1章有关仪器,特别是DS2302A型示波器、DG4202型信号发生器、DM3058型台式万用表、DP832型直流稳压电源的使用说明及注意事项。上课前完成"学习通"上面的任务,并提交"学习通"上的作业。

5.3 三极管放大电路(一)

【实验目的】

(1) 学习检查、调整、测量电路的静态工作点。

(2) 掌握放大电路的电压放大倍数、输入电阻、输出电阻的测量方法。

(3) 掌握输入、输出波形的相位差的测量方法。

(4) 进一步练习示波器、信号发生器和直流稳压电源的使用方法。

【实验仪器及装置】

DS2302A型示波器	1台
DG4202型信号发生器	1台
DP832型稳压电源	1台
DM3058型台式万用表	1台
三极管放大电路实验板(自带焊好的)	1块

【实验电路图】

本实验的实验电路图如图5.1所示。

【实验任务】

(1) 测量放大器的静态工作点,使 $I_{CQ}=2$ mA。

(2) 在空载和带载情况下,测量电压放大倍数。此时要求输入信号 $U_i=15$ mV_{rms}, $f=1$ kHz,输出波形不能失真。

(3) 测量输入、输出波形的相位差。

(4) 测量放大器的输入电阻和输出电阻。

【预习要求、思考题及实验报告】

(1) 预习第3章的有关内容，上课前完成“学习通”上面的任务。

(2) 预习过程需要理论计算，并在上课前把计算结果通过学习通提交作业。计算时，电路图中三极管的β可以按50考虑，$r_{bb'}$可忽略。

(3) 自学使用Multisim仿真软件，对该实验电路进行仿真，并按任务要求测量相关参数。

(4) 完成“学习通”上的作业，并在上课前提交答案。在“学习通”中，特别要回答下列思考题：

① 若将示波器的通道“耦合”分别设置于“交流”和“直流”位置来观察集电极电压U_c的波形，将有何区别？

② 实验在测量输入、输出电阻时，能否直接用定义来测量，为什么？

(5) 待做完5.4节“三极管放大电路(二)”实验后，两个实验在一起写一份“三极管放大电路”的纸质实验报告，要求见“实验须知”。在实验报告中，需要回答(4)中的思考题。

5.4 三极管放大电路(二)

【实验目的】

(1) 学习放大电路频率特性的测定方法。

(2) 学习放大电路最大线性范围的测定方法。

(3) 进一步练习示波器、低频信号发生器和直流稳压电源的使用方法。

【实验仪器及装置】

DS2302A型示波器	1台
DG4202型信号发生器	1台
DP832型稳压电源	1台
DM3058型台式万用表	1块
三极管放大电路实验板(自带焊好的)	1块

【实验电路板图】

本实验的实验电路图如图5.1所示。

【实验任务】

(1) 调整静态工作点，使$I_{CQ}=2\ mA$。

(2) 寻找放大器的中频频率，测量放大器的中频增益。

(3) 测量放大器的通频带，并绘出其对数幅频特性曲线。(绘制曲线起码要有7个测量点，包括f_H、f_L、小于f_L的一个点、大于f_H的一个点以及f_H与f_L之间一个点)。

(4) 研究失真情况。

① 研究输入信号幅值大小对输出波形失真的影响。

② 研究工作点的变化对输出波形失真的影响。

(5) 测量最大线性输入电压值和最大线性输出电压值。

【预习要求、思考题及实验报告】

(1) 预习第 3 章的有关内容,上课前完成“学习通”上面的任务。

(2) 自学使用 Multisim 仿真软件,对该实验电路进行仿真,并按任务要求测量相关参数。

(3) 完成“学习通”上的作业,并在上课前提交答案。

(4) 在“学习通”中,特别要回答下列思考题:

① 为何在实际测量 f_L(或 f_H)时,只要测量输出电压,找出 $U_{OL}=\frac{1}{\sqrt{2}}U_{OM}$(或 $U_{OH}=\frac{1}{\sqrt{2}}U_{OM}$)时的频率即 f_L(或 f_H)?

② 这样做有什么前提条件?实验中应该注意什么?

③ 在测频率特性时,如何做到“保持输入信号幅度不变”?

④ 分析图 5.4 中输出波形是什么类型的失真?是什么原因造成的?如何解决?

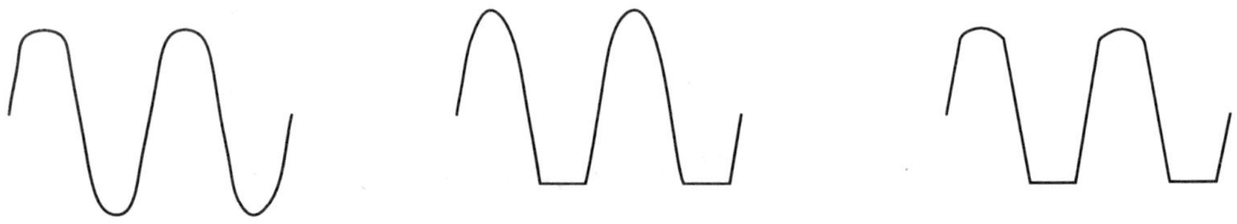

(a)　　(b)　　(c)

图 5.4　三种失真波形

(5) 与 5.3 节“三极管放大电路(一)”实验一起合写一份“三极管放大电路”的纸质实验报告,要求见“实验须知”。在实验报告中,需要回答上述思考题。

5.5　运算电路的练习

【实验目的】

(1) 学习由运放构成的简单运算电路的设计方法和实验方法。

(2) 了解集成运放的使用方法。

【实验仪器及装置】

DS2302A 型示波器	1 台
DG4202 型信号发生器	1 台
DP832 型稳压电源	1 台
DM3058 型台式万用表	1 块
面包板或多孔电路板(自备)	1 块

【给定元器件】

每人分发下列元器件:

(1) 金属膜电阻每种 5 只:1.0 kΩ、1.5 kΩ、2.2 kΩ、3.3 kΩ、4.7 kΩ、6.8 kΩ、10 kΩ、15 kΩ、22 kΩ、33 kΩ、47 kΩ、68 kΩ、100 kΩ。

(2) 电位器1只:3296-10 kΩ。

(3) 独石电容每种2只:0.001 μF、0.01 μF、0.1 μF。涤纶电容2只:0.33 μF。

(4) 二极管2只:1N4148。

(5) 集成运放1片:LM324。

(6) 排针、导线等若干。

【实验电路图】

同学们事先自己设计好实验电路图。

【实验任务】

(1) 接成反相比例器电路(电路自己设计,参数自己确定),进行输入-输出特性测试,绘出 U_i-U_o 特性曲线。

(2) 接成跟随器电路(电路自己设计,参数自己确定),进行输入-输出特性测试,绘出 U_i-U_o 特性曲线。

(3) 接成反相加法器(电路自己设计,参数自己确定),在不同的直流输入数据下,测一组输出数据,确定加法关系式。

【预习要求】

(1) 复习或预习模电中有关运算电路的章节,预习本书第3章的有关内容,上课前完成"学习通"上面的任务。

(2) 根据实验任务,设计反相比例器、跟随器、反相加法器共3个电路,参数自定。画在实验报告纸上实验时带来,作为预习报告。

(3) 使用 MultiSim 仿真软件,对设计的电路图做出仿真。

(4) 完成"学习通"上的作业,并在上课前提交答案。

(5) 在"学习通"的作业中,特别要回答下列问题:

① 在组成运算放大器时,为什么两个输入端的外电路直流电阻必须相等?

② 画出反相电压跟随器电路。

【实验报告】

与5.6节"积分电路的设计和调试"一起写一份"运算电路"的纸质实验报告,要求见"实验须知"。在实验报告中,需要回答"预习要求(5)"中的思考题。

【扩展实验内容】

(1) 接成反相对数电路(电路自己设计,参数自己确定),进行输入-输出特性测试,绘出 U_i-U_o 特性曲线。

(2) 接成反相指数电路(电路自己设计,参数自己确定),进行输入-输出特性测试,绘出 U_i-U_o 特性曲线。

5.6 积分电路的设计和调试

【实验目的】

(1) 学习由运放构成的积分电路的设计方法和实验方法。

(2) 学习积分时间的测定和如何用示波器观察积分电路的方法。

【实验仪器及装置】

DS2302A 型示波器　　1 台

DG4202 型信号发生器　　1 台

DP832 型稳压电源　　1 台

DM3058 型台式万用表　　1 块

面包板或多孔电路板(自备)　　1 块

【给定元器件】

使用 5.5 节实验分发的材料。

【实验电路图】

同学们事先自己设计好实验电路图。

【实验任务】

设计一个反相积分电路(电路形式和参数自定),用示波器观察输入、输出波形曲线,并测量积分时间常数。

【预习要求】

(1) 复习或预习模电中有关运算电路的章节,预习本书第 3 章的有关内容,上课前完成"学习通"上面的任务。

(2) 根据实验任务,设计反相积分器电路,参数自定。画在实验报告纸上实验时带来,作为预习报告。

(3) 使用 Multisim 仿真软件,对设计的电路图做出仿真。

(4) 完成"学习通"上的作业,并在上课前提交答案。

(5) 回答下列问题:设计一个电路能实现下面运算:

$$U_o = -10\int_0^t U_{s1}(t)\mathrm{d}t - 2\int_0^t U_{s2}(t)\mathrm{d}t$$

假定:$t=0$ 时,$U_o=0$。

【实验报告】

与 5.5 节"运算电路的练习"一起,写一份 "运算电路"的纸质实验报告,要求见"实验须知"。在实验报告中,需要回答"预习要求(5)"中的思考题。

【扩展实验内容】

(1) 改进"实验任务"的反相积分电路,解决输出漂移问题。用示波器的直流耦合观察输入、输出波形曲线。

(2) 设计一个同相积分电路,用示波器观察输入、输出波形曲线,并测量积分时间常数。

(3) 设计一个反相微分电路,用示波器观察输入、输出波形曲线,并测量微分时间常数。

5.7 电压比较器的设计和调试

【实验目的】

(1) 加深理解电压比较器的工作原理。

(2) 自行设计、安装和调试电路。

(3) 学习电压传输特性的测试方法。

【实验仪器及装置】

DS2302A 型示波器	1 台
DG4202 型信号发生器	1 台
DP832 型稳压电源	1 台
DM3058 型台式万用表	1 块
面包板(自备)或多孔电路板(自备)	1 块

【给定元器件】

使用 5.5 节实验分发的材料。

【实验任务】

(1) 设计并在面包板上插接或多孔电路板上焊接、调试一个单限电压比较器(参数自定),要求阈值电压可调。

(2) 设计并在面包板上插接或多孔电路板上焊接、调试一个滞回电压比较器(参数自定)。

(3) 测试以上电路的电压传输特性,并画出特性曲线。

【预习要求】

(1) 复习或预习模电中有关电压比较器的章节,预习本书第 3 章的有关内容,上课前完成“学习通”上面的任务。

(2) 根据实验任务,设计单限电压比较器和反相滞回电压比较器共 2 个电路,参数自定。画在实验报告纸上实验时带来,作为预习报告。

(3) 使用 Multisim 仿真软件,对设计的电路图做出仿真。

(4) 完成“学习通”上的作业,并在上课前提交答案。

【实验报告】

与 5.8 节“RC 正弦波振荡电路”一起,写一份 “电压比较器与 RC 正弦波振荡电路”的纸质实验报告,要求见“实验须知”。

【扩展实验内容】

设计并调试一个窗口电压比较器(参数自定),测试其电压传输特性,并画出特性曲线。

5.8 RC 正弦波振荡电路

【实验目的】

(1) 学习文氏电桥振荡电路的设计方法。

(2) 学习振荡电路的调整与测量振荡频率的方法。

【实验仪器及装置】

DS2302A 型示波器	1 台
DG4202 型信号发生器	1 台
DP832 型稳压电源	1 台
DM3058 型台式万用表	1 块

多孔电路板或面包板　　1块

【给定元器件】

使用5.5节实验分发的材料。

【实验任务】

(1) 设计一个正弦波信号发生电路。

(2) 在多孔电路板焊接或面包板上插接并调整该电路,使之产生稳定的正弦波振荡。

(3) 测量输出电压波形和振荡频率。

(4) 观察负反馈强弱对输出波形的影响。

【预习要求】

(1) 复习或预习模电中有关文氏电桥振荡器的章节,预习本书第3章的有关内容,上课前完成“学习通”上面的任务。

(2) 根据实验任务,设计一个文氏电桥 RC 正弦波振荡电路,选频网络参数建议选择 $R=15\ \text{k}\Omega$,$C=0.047\ \mu\text{F}$。画在实验报告纸上于实验时带来,作为预习报告。

(3) 使用 Multisim 仿真软件,对设计的电路图做出仿真。

(4) 完成“学习通”上的作业,并在上课前提交答案。

【实验报告】

(1) 与上节“电压比较器”一起,写一份“电压比较器与 RC 正弦波振荡电路”的纸质实验报告,要求见“实验须知”。

(2) 画出在负反馈深度改变情况下(即改变负反馈电阻大小)的振荡波形,并说明负反馈深度对输出波形的影响。

(3) 在实验报告中,需要分析由给定电路参数计算出的频率与实测值发生误差的原因。

5.9　运放电路的综合

【实验目的】

(1) 学习由运放构成的较综合性电路的设计方法和实验方法。

(2) 学习在实验中如何模拟综合性电路并进行调试。

【实验仪器及装置】

DS2302A 型示波器　　1台

DG4202 型信号发生器　　1台

DP832 型稳压电源　　1台

DM3058 型台式万用表　　1块

面包板或多孔电路板(自备)　　1块

【给定元器件】

(1) 在1.0 kΩ、1.5 kΩ、2.2 kΩ、3.3 kΩ、4.7 kΩ、6.8 kΩ、10 kΩ、15 kΩ、22 kΩ、33 kΩ、47 kΩ、68 kΩ、100 kΩ 中选择电阻标称值;独石电容 0.001 μF、0.01 μF、0.1 μF;二极管 1N4148。

(2) LM324 及 DIP14 插座、排针等。

(3) 三位数字电压表表头。

【实验电路图】

根据实验任务要求，事先自己设计好实验电路图。

【实验任务】

某温度传感器在测量 0～100 ℃时的输出信号电压幅值变化范围为 0～100 mV，输出电压与温度呈线性关系，如果用它来测量水温，采用量程为 0～30 V 的三位数字电压表显示温度值，传感器的输出电压可用信号发生器输出模拟。

(1) 如果测量的水温范围是 0～100 ℃，请设计一个信号调理电路，使数字电压表显示 0～10.0 V(即忽略表头中的小数点)，并通过实验调试出来。

(2) 在(1)的基础上，再设计一个温度报警电路，当温度小于 20 ℃或大于 80 ℃时报警。可采用指示灯报警或蜂鸣器报警。

(3) 在(1)的基础上，如果传感器输出内阻很大(用信号发生器模拟时，可将信号源输出端串联一个 100 kΩ 的电阻)，请修改信号调理电路的设计，使之电路工作正常。

(4) 如果温度传感器的特性是测量 0～100 ℃时，其输出信号的电压幅值在 10～30 mV 为线性变化，请重新设计信号调理电路，使数字电压表仍然显示 0～10.0 V(即忽略表头中的小数点)，并通过实验调试出来。

(5) 如果温度传感器输出的信号叠加了一个 10 mV_{rms}/1 kHz 的正弦干扰，在(4)的基础上重新设计信号调理电路，使数字电压表仍然显示 0～10.0(即忽略表头中的小数点)而不受干扰的影响，并通过实验调试出来，同时用示波器观察最终输出。

【预习要求】

(1) 复习或预习模电中有关运算电路的章节，预习本书第 3 章的有关内容，上课前完成“学习通”上面的任务。

(2) 根据实验任务，设计电路、确定参数及选择元器件。电路图画在实验报告纸上实验时带来，作为预习报告。

(3) 使用 Multisim 仿真软件，对设计的电路图做出仿真。

(4) 完成“学习通”上的作业，并在上课前提交答案。

【实验报告】

写一份纸质实验报告，要求见“实验须知”。

【扩展实验内容】

(1) 设计一个信号发生电路，能同时输出三角波(频率在 100～300 Hz)和 10 Hz 的 SPWM 波(占空比按正弦规律变化的矩形波，即某一脉冲的占空比与同一时段的正弦波的幅值成正比)。SPWM 波受输入端控制。当输入端为 10 Hz/5 V_{pp}/2.5 V_{offset}(偏移 2.5 V)的正弦波时，输出为 10 Hz 的 SPWM 波。

(2) 设计并在面包板上搭接一个可控信号发生器。当控制输入端为 TTL 高电平(2.4～5 V)时，输出为正弦波(频率在 100～200 Hz，幅值自定)；当控制输入端为 TTL 低电平(0～0.7 V)时，输出为直流(电压值不限)。在控制输入为一个 10 Hz 的 TTL 方波时，示波器同时显示控制输入和电路输出波形。

5.10 矩形波发生器

【实验目的】

（1）加深理解非正弦波发生器的工作原理。

（2）自行设计、安装和调试电路。

【实验仪器及装置】

DS2302A 型示波器	1 台
DG4202 型信号发生器	1 台
DP832 型稳压电源	1 台
DM3058 型台式万用表	1 块
面包板或多孔电路板(自备)	1 块

【给定元器件】

（1）设计时，在 1.0 kΩ、1.5 kΩ、2.2 kΩ、3.3 kΩ、4.7 kΩ、6.8 kΩ、10 kΩ、15 kΩ、22 kΩ、33 kΩ、47 kΩ、68 kΩ、100 kΩ 中选择电阻标称值。

（2）10 K 电位器。

（3）二极管 1N4148。

（4）电容 0.1 μF。

【实验任务】

（1）用运放设计并在多孔电路板上焊接、调试一个矩形波发生器，要求频率为 200 Hz，占空比为 50%。

（2）改进以上电路，使占空比可调。

（3）观察输出波形，测量输出频率。

【预习要求】

（1）复习或预习模电中有关文氏电桥振荡器的章节，预习本书第 3 章的有关内容，上课前完成“学习通”上面的任务。

（2）根据实验任务，设计用运放构成矩形波发生器电路，参数自定。设计好的电路画在实验报告纸上实验时带来，作为预习报告。

（3）使用 Multisim 仿真软件，对设计的电路图做出仿真。

（4）完成“学习通”上的作业，并在上课前提交答案。

【实验报告】

写一份“矩形波发生器”的纸质实验报告，要求见“实验须知”。

附录 A　2019 年操作考试样卷

"电路电子实验 A2"操作考试试卷

得分

选课时间________　考试组号________　班级________　学号________　姓名________

任务(仅自选考题填写):____

____

答题注意事项:

(1)"电路原理图"只需画出考题所要设计部分的原理电路和参数标注,不用画实验板外部所连接的设备。

(2) 答卷上要写清"选课时间""考试组号""班级""姓名""学号"。如果自选题目,需写上"任务"。

考试注意事项:

(1) 严格遵守考场纪律,杜绝任何作弊或违纪行为;不得涂改题目要求。

(2) 结束后,仪器、元件和导线等要求照原样清理整齐,并清理好桌面废弃线头。

考题:

(1) 设计一个滞回比较器,输入一个锯齿波,观察输入输出波形。(85 分)

(2) 在题(1)的基础上,改造成一个锯齿波发生器,频率、倾斜度自定,观察输出波形。(15 分)

(3) 自选题目设计,测量其功能和参数。(65 分,不计题(1)、题(2)成绩)

(1)(3)的电路原理图(考生根据考题画。原理图中必须标注元件参数,如阻值、容值等。)

(1)或(3)的数据记录与处理

(1)或(3)的结论

* * 第(2)题的电路原理图(含元件参数)、数据记录与处理、结论写在反面。注意右侧留出装订线。

参考文献

[1] 华成英,童诗白. 模拟电子技术基础[M]. 4 版. 北京:高等教育出版社,2006.
[2] 阎石. 数字电子技术基础[M]. 5 版. 北京:高等教育出版社,2006.
[3] 北京普源精电科技有限公司. DG4000_UserGuide_CN[Z/OL]. (2013-12).
[4] 北京普源精电科技有限公司. DM3058_UserGuide_CN[Z/OL]. (2014-1).
[5] 北京普源精电科技有限公司. DP800_UserGuide_CN[Z/OL]. (2014-10).
[6] 北京普源精电科技有限公司. DS2000A_UserGuide_CN[Z/OL]. (2013-12).
[7] 周润景,崔婧编. Multisim 电路系统设计与仿真教程[M]. 北京:机械工业出版社,2018.
[8] 张新喜. Multisim 14 电子系统仿真与设计[M]. 2 版. 北京:机械工业出版社,2017.
[9] 王连英. 基于 Multisim 10 的电子仿真实验与设计[M]. 北京:北京邮电大学出版社,2009.